改訂版
育種における細胞遺伝学

渡辺 好郎 監修
福井 希一・辻本 壽 共著

養 賢 堂

監修者の序

「育種における細胞遺伝学」が養賢堂（東京）から出版されてはや四半世紀が経過した．当時，研究の緒についたばかりのバイオテクノロジーはその後急速に発展し，組織培養・葯培養・細胞融合の時代を経て遺伝子組換えの実用化に突入している．アメリカでは除草剤耐性の遺伝子を組換えたトウモロコシやダイズの育成に成功し，それらの産物が日本にも入ってきている．前刊ではバイオテクノロジーについてほとんどふれていないが，当時，同じ研究所におられた福井希一氏（現大阪大学教授）と氏の学友の辻本壽氏（鳥取大学教授）のご協力をいただいてバイオテクノロジー関連を補足し，ここに最新刊として本書を出版することができた．前刊以来，育種家も研究者も世代が交代した．本書が若手育種家，研究者，学生の勉学の助けとなれば幸甚の至りです．

平成22年6月　大阪府茨木市水尾の寓居にて

渡辺好郎

改訂第1版への序

　渡辺好郎博士の手による「育種における細胞遺伝学」が1982年に上梓されてから早27年の歳月が流れた．この間，「育種における細胞遺伝学」はわが国における本分野の唯一の成書として，育種家のみならず植物育種・遺伝学分野の研究者，院生，学生に広く利用されてきた．

　しかしながら，最近の生物学各分野における研究の著しい発展により細胞遺伝学分野においても分子細胞学の興隆，ゲノム研究の進展，画像解析法など情報処理・工学的新手法の利用などの新しい動き，技術的展開が計られ，本書に記載されている細胞遺伝学の根幹は不変であるものの，新たに得られた多くの知見を取り入れて育種分野における細胞遺伝学の成書として内容を一新する必要に迫られていた．

　こうした中で，筆者の一人である福井は1997年春，当時勤務していた農林水産省北陸農業試験場にて渡辺博士より本書改訂の依頼を受けた．しかしながら，日々の研究に追われ，改訂作業を一人で行うことについて困難を覚えていたところ，染色体研究分野で大きな成果を挙げている新進気鋭の研究者である鳥取大学農学部の辻本壽博士に協力していただけることとなった．そこでともに図って，本書を分担して現在の研究状況に即した内容に改めることにした．

　その際の基本的な方針としては，渡辺博士の書かれた細胞遺伝学の枠組みはなるべく生かすと同時に内容については現代における最新の成果を取り入れることとした．さらに図版を出来るだけ用い，視覚的にも理解を助けるものにした．用語などで最近は用いられなくなったものは最近のものに改訂した．改定に際しては当初から元農業・食品産業技術総合研究機構・中央農業総合研究センターの牧野徳彦博士には全編を通じて詳細にわたる多大なコメントをいただいた．前東京大学教授の鵜飼保雄博士には全編を通じてご校閲いただき極めて有益な種々のご示唆をいただいた．神戸大学准教授近江戸伸子博士，農業生物資源研究所　若生俊行博士および農研機構・

東北農業研究センター研究員の秋山征夫博士には表紙や図版の整理・編集などの上で御助力をいただいた．また本書に用いた図版等は多くの方々からご提供いただいたものである．本文中に出典を記すと同時に，ここに厚く御礼申し上げる．

　また出版に当たっては養賢堂及川清社長および矢野勝也・池上徹・奥田暢子・佐藤武史編集員の長期間にわたるご尽力を得た．謹んで感謝の意を表します．

　　　　　　　　　　平成22年6月　澄み切った空の下，大阪平野を遠望しつつ
　　　　　　　　　　　　　　　　　　　　　　　　　　福井希一・辻本　壽

第1版への序

　最近，「細胞工学」という語を頻繁に耳にするが，「細胞遺伝学」を「細胞構成要素と遺伝との関係を扱う科学」として把握すれば「細胞工学」も「細胞遺伝学」の範疇に包含されよう．1968年12月，当時平塚市（神奈川県）にあった農業技術研究所遺伝科において第1回育種講習会が開催された際，「育種における細胞遺伝学の新しい役割」と題して著者が半日講義したことがある．受講者は農林省（当時）の各研究機関の育種担当者であったが，その際用いた謄写印刷の小テキストが意外に好評を博し，本印刷にして出版するようにと励めて下さる方もあったが，印刷するからにはもっと手を加えてからと思いながら10年余を経過してしまった．その間，遺伝科長として特別研究，「作物の細胞工学的育種法の開発とその応用」の計画・立案に関与しその副主査をつとめ，これを機会に若手育種家のための細胞遺伝学の手引書を作ろうと思いたち昔の原稿に補足追加して成ったのが本書である．農林水産省に勤めて30有余年，コムギとイネの細胞遺伝学的研究に従事してきた．その間に得た情報・知見・知識にもとづいて稿を草したがもとより浅学菲才，日進月歩の『遺伝学』に追いつくのが精一杯であった．このささやかな手引書がいくらかでも若手育種家および育種研究を志す学生諸君の勉学の助けとならば望外の喜びである．また出版に当っていろいろお力添えを頂いた養賢堂及川鋭雄社長および同社編集部佐々木清三氏に謹んで感謝の意を表します．

　　　　　　　　　　　　　昭和56年12月常陸大宮，放射線育種場官舎にて
　　　　　　　　　　　　　　　　　　　　　　　　　　　　渡辺好郎

普遍的で永遠なる自然法則のどれを研究するにせよ，巨大な星あるいはもっとも小さい植物の，生命，生長，構造，運動に関してであろうと，われわれが自然の解釈者の一人になったり，世の中のために価値ある仕事を創造する者の一人になることができるには，諸々の偏見，定説，それに一切の個人的な偏見と先入観を取り除いておかなくてはなりません．そして忍耐強く，静かに，敬虔に，自然が教えてくれるはずの授業に，一つ一つ耳を傾けて従っていくことです．そうすれば，自然は以前謎であったものに光を注いでくれます．自然の真理を，それがわれわれを何処へ導いていこうと，示唆されたとおりに受け入れるとき，われわれは全宇宙が協調してくれているのを経験するのです．

Luther Burbank 1849.3.7－1926.4.11
（新井昭廣 訳*）

＊ピーター・トムプキンズ＋クリストファー・バード/新井昭廣 訳
「植物の神秘生活」工作舎，1987．

目　次

1章　育種における細胞遺伝学 …………………………………………… 1
　1. 細胞遺伝学の歴史 …………………………………………………… 1
　2. 細胞遺伝学と細胞工学 ……………………………………………… 4
　3. 育種における細胞遺伝学の役割 …………………………………… 5
2章　細胞から個体へ：細胞分裂と生殖 ………………………………… 7
　1. 細胞の構造と機能 …………………………………………………… 7
　2. 細胞から個体へ ……………………………………………………… 13
　3. 細胞周期と細胞分裂 ………………………………………………… 17
　　（1）細胞周期 ………………………………………………………… 18
　　（2）体細胞分裂 ……………………………………………………… 21
　　（3）減数分裂 ………………………………………………………… 24
　　（4）配偶子の形成 …………………………………………………… 33
　4. 受精と結実 …………………………………………………………… 35
　　（1）受粉と受精 ……………………………………………………… 35
　　（2）結　実 …………………………………………………………… 38
　　（3）種々の生殖過程 ………………………………………………… 39
　5. 自家不和合性と交雑不稔性 ………………………………………… 43
　　（1）自家不和合性 …………………………………………………… 44
　　（2）不稔性 …………………………………………………………… 46
　　（3）その他の不稔性 ………………………………………………… 55
3章　細胞からDNAへ：ゲノムと染色体 ………………………………… 56
　1. 細胞核の構造と機能 ………………………………………………… 56
　　（1）細胞核の構造 …………………………………………………… 56
　　（2）細胞核内における染色体の高次構造 ………………………… 58
　　（3）植物個体と染色体 ……………………………………………… 60

2. ゲノムの構造と機能 …………………………………………… 60
- (1) ゲノムの概念 ………………………………………………… 60
- (2) ゲノムの構造と機能 ………………………………………… 67
- (3) 比較ゲノム学 ………………………………………………… 70

3. 染色体の構造と機能 ………………………………………… 72
- (1) 染色体の構造と機能 ………………………………………… 72
- (2) 染色体の可視的構造 ………………………………………… 80
- (3) 基本染色体数と倍数性 ……………………………………… 86
- (4) 染色体の数と大きさ ………………………………………… 88
- (5) 染色体の記載法と核型 ……………………………………… 89
- (6) 種々の染色体 ………………………………………………… 98
- (7) 染色体地図 ………………………………………………… 104

4章 染色体異常とその利用 ……………………………………… 109

1. 染色体異常の種類と染色体行動 ………………………… 109
- (1) 欠失と重複 ………………………………………………… 109
- (2) 逆　　位 ………………………………………………… 110
- (3) 転　　座 ………………………………………………… 112
- (4) 端部動原体染色体と等腕染色体 ………………………… 116
- (5) 環状染色体 ………………………………………………… 117
- (6) 不安定な染色体構造異常 ………………………………… 118

2. 染色体異常の誘発と利用 ………………………………… 118
- (1) 欠失系統の誘発と利用 …………………………………… 118
- (2) 相互転座の利用 …………………………………………… 119

3. 分裂過程に見られる異常 ………………………………… 121
- (1) 不対合と解対合 …………………………………………… 121
- (2) 染色体モザイク …………………………………………… 121
- (3) 切断－融合－染色体橋（BFB）サイクル ……………… 122
- (4) 雑種に生じる染色体異常 ………………………………… 123

5章　染色体の置換と添加 ································· 124
1. 相同染色体の置換 ····································· 124
（1） 相同染色体置換系統の育成法 ························ 124
（2） 相同染色体置換系統の利用法 ························ 127
（3） 単一染色体組換え系統 ······························ 128
2. 異種染色体の置換 ····································· 129
3. 異種染色体の添加 ····································· 131
4. 同種染色体置換 ······································· 133

6章　異数体とその利用 ····································· 135
1. 異数体とその作出 ····································· 135
（1） モノソミック植物の作出 ···························· 135
（2） ナリソミック植物の作出 ···························· 138
（3） トリソミック植物の作出 ···························· 138
2. 異数体利用の遺伝分析 ································· 141
（1） ナリソミック分析 ·································· 142
（2） モノソミック分析 ·································· 142
（3） トリソミック分析 ·································· 146
（4） 端部動原体染色体（テロソーム）よる遺伝地図の作成 ············· 150

7章　半数体とその利用 ····································· 152
1. 半数体とその作出 ····································· 152
（1） 半数体誘発頻度の高い系統の選抜 ···················· 152
（2） 異種間交雑による半数体の誘発 ······················ 153
（3） 葯培養による半数体の作出 ·························· 154
（4） 細胞質置換系統を利用した半数体の作出 ·············· 155
2. 半数体の減数分裂における染色体行動と稔性 ············· 155
3. 半数体の育種利用 ····································· 156
（1） 半数体の直接利用 ·································· 156
（2） 倍加半数体による育種期間の短縮 ···················· 157
（3） 同質倍数体の倍数レベルの低減による育種 ············ 157

(4) 異数体の供給源……………………………………… 158
　(5) その他………………………………………………… 158
8章　倍数体とその利用…………………………………… 160
　1. 同質倍数体…………………………………………… 162
　　(1) 同質倍数体の成因と染色体行動………………… 162
　　(2) 同質倍数体の特徴………………………………… 162
　　(3) 同質三倍体………………………………………… 163
　　(4) 同質四倍体………………………………………… 167
　2. 異質倍数体…………………………………………… 171
　　(1) 異質倍数体の種類………………………………… 171
　　(2) 異質倍数体の遺伝………………………………… 171
　　(3) 異質倍数性による進化…………………………… 172
　　(4) 異種ゲノム間雑種における自然染色体倍加…… 173
　　(5) 複二倍体の作出と特徴…………………………… 174
　　(6) 複二倍体の形態と遺伝子間相互作用…………… 175
9章　種属間雑種とその利用……………………………… 177
　1. 種属間交雑による新しい種の作出………………… 177
　　(1) ライコムギ………………………………………… 178
　　(2) ノリアサ…………………………………………… 179
　　(3) ハクラン…………………………………………… 180
　　(4) ヒエンソウ………………………………………… 181
　2. 種属間交雑による有用遺伝子の導入……………… 182
　　(1) イネの耐虫性育種………………………………… 182
　　(2) パンコムギの赤さび病抵抗性育種……………… 184
　　(3) パンコムギ5B染色体の利用…………………… 185
　3. 細胞融合法による種属間雑種の作出……………… 187
　　(1) 対称融合法………………………………………… 189
　　(2) 非対称融合法……………………………………… 190
　4. 形質転換法による異種遺伝子の導入……………… 192

10章　ゲノム・染色体研究における手法……………………………… 195
　1. ゲノム・染色体解析法……………………………………………… 195
　　(1) 種々の顕微鏡技術…………………………………………………… 195
　　(2) 遺伝子，染色体，ゲノム解析……………………………………… 204
　2. 染色体操作法………………………………………………………… 211
　　(1) 染色体ソーティング法……………………………………………… 211
　　(2) 染色体移植法………………………………………………………… 214
　　(3) 染色体の微細加工とダイレクトクローニング法………………… 215
　　(4) 光ピンセット法……………………………………………………… 217
　　(5) 人工染色体の構築…………………………………………………… 217
　3. ゲノムプロジェクト………………………………………………… 218
　　(1) 植物のゲノム解析…………………………………………………… 218
　　(2) ポストゲノム研究の方法…………………………………………… 222
　4. 細胞遺伝学における情報処理……………………………………… 224
　　(1) 染色体画像解析法…………………………………………………… 224
　　(2) 文献情報に見る細胞遺伝学関連諸分野の研究動向……………… 226
　　(3) インターネットによる情報検索と細胞遺伝学関連データベース… 227
11章　これからの育種と細胞遺伝学…………………………………… 229
学名・品種名索引………………………………………………………… 234
用語索引…………………………………………………………………… 237

1章　育種における細胞遺伝学

1. 細胞遺伝学の歴史

　1665年，コルク栓がなぜうまく空気を瓶の中に閉じ込めるのかを解こうとした英国人の顕微鏡学者 R. Hooke によって細胞（cell）が発見された．それ以来，細胞の構造に関する研究がすすみ，核（nucleus, *pl.* nuclei）（Brown 1831），染色体（chromosome）（Nägeli 1842）が引き続いて発見された．19世紀の終り頃までには W. Flemming や E. Strasburger, O. Hertwig さらには A. Weismann らによって細胞分裂の過程および染色体の行動が明らかにされ，細胞学（cytology）の基盤が築かれた．

　メンデルの法則（1865）とその再発見（1900）から2年後には Sutton (1902) が減数分裂における相同染色体の対合と後期における染色体の分離をメンデルの法則と対応させて説明した．また翌年には1本の染色体上には多数の遺伝因子が存在し，そのため形質が連鎖することを示唆した．その後 Morgan (1910) らによる遺伝の染色体説によってそれまでの細胞学は遺伝学（genetics）と結びつき，ここに細胞遺伝学（cytogenetics）が誕生した．

　この時期は細胞遺伝学の黎明期であり，たとえばイネの染色体数が $2n=24$ であること（Kuwada 1910）など，主な作物の染色体数はこの時期にほとんどが決定された．また1930から1940年にいたり，木原均は Winkler (1916) によるゲノムの概念を拡大発展させてゲノム分析法（genome analysis）を確立した．これによりコムギ属（木原），アブラナ属・イネ属（盛永），エンバク属（西山）を皮切りに多数の作物でそれらのゲノム構成が明らかにされた．また，Delaunay (1922) によって核型（karyotype）を比較研究して系統進化を究明しようとする核型分析（karyotype analysis）が提唱され，わが国では篠遠らによって核型分析を用いて種々な植物の類縁関係が解明された．こうした一連の動きの中で Blakeslee *et al.*(1920) はヨウシュ

チョウセンアサガオでトリソミック植物（trisomic plant）を見いだし，その後そのシリーズが人為的に作られた．また同じ時期に木原と小野（1923）は高等植物のスイバで初めて性染色体を見いだした．Blakeslee and Avery（1937）はコルヒチンの倍数化効果を発見し，植物における倍数体の作製を容易にした．

1940年代から80年代にかけては細胞遺伝学の発展期と位置づけることができる．染色体を人為的に操作することを意味する染色体工学（chromosome engineering）という用語もこの間に生まれた（Rick and Khush 1966）．染色体工学の生まれた土壌は木原（1944），McFadden and Sears（1944）らによるパンコムギの合成を端緒とした新種の含成，すなわち複二倍体（amphidiploid）の作出である．Sears（1939-54）による品種，Chinese Springのモノソミックシリーズ（monosomic series），ナリソミックシリーズ（nullisomic series）の完成にともない，異数体分析のような細胞遺伝学研究のみならず，染色体の置換と添加を人為的に行えることが実証された．さらにテロセントリックシリーズ（telocentric series）の完成によって染色体腕上に遺伝子を位置づける，遺伝子の染色体マッピング（chromosome mapping）もパンコムギでは可能となった．また小型の染色体を有するイネ属では，渡辺ら（1978）が属内での種間雑種，さらにはコルヒチン処理により多数の人為四倍体を得て，倍数体の有する形質の特徴を明らかにした．またアブラナ属では細田，皿嶋ら（1950-91）が多数の種間雑種を作出した．B. McClintockはトウモロコシを用いて連鎖する遺伝子と組換えの関係を細胞学的に詳細に調べあげ，その中から動く遺伝子（トランスポゾン Ds/Ac系）の概念を生み出した（McClintock 1951）．これは1984年のノーベル賞受賞に至る．

一方，この時期はWatson and Click（1953）によりDNAの三次元構造が明らかにされた時期でもある．Taylor et al.（1957）はオートラジオグラフィーを用いてソラマメ染色体が半保存的に複製されることを示し，ヒトの染色体数が$2n = 46$と決定されたのもこの時期である（Tjio and Levan 1956）．電子顕微鏡や位相差顕微鏡，ノマルスキー微分干渉顕微鏡など染色

体を可視化する顕微鏡技術が格段に進歩し，新しい顕微鏡技術が染色体研究に用いられるようになった．また Caspersson et al.(1968)によるキナクリンマスタードを用いた分染法の開発は類似の形態を有する染色体の識別・同定に大きく貢献した．とくにギムザ染色液を用いたG分染法は動物染色体の識別・同定に広く用いられる技術となった．植物ではC分染法によりライムギ染色体（Gill and Kimber 1974），コムギ染色体（Endo 1986）が完全に同定された．日本においても Matsui and Sasaki (1973)がN分染法を開発した．

　1980年代以降は細胞遺伝学の展開期であり，他分野の研究と広範な交流が行われ，多彩な成果が生み出された．この時期には分子生物学の手法を取り入れた分子細胞学（Molecular cytology）が植物染色体の分野でも大きく発展した．とくにDNA配列の相補性を利用してシグナルを検出する in situ ハイブリダイゼーション（ISH）法（Gall and Pardue 1969）は遺伝子の核や染色体上の位置を明らかにする上で有効な手法として広く用いられるようになった．当初，ラジオアイソトープ，呈色反応による反復配列の染色体上での可視化から始まった ISH 法を用いて，パンコムギでは Appels et al. (1981)，イネでは Fukui et al.(1987)が初めて rDNA の位置を染色体上で可視化することに成功した．ISH 法はその後，シグナル検出に蛍光色素を用いた蛍光 ISH（FISH）法，プローブにゲノム DNA を用いるジェノミック in situ ハイブリダイゼーション（GISH）法（Schwarzacher et al. 1989），複数の蛍光色を同時検出するマルチカラー FISH 法（Leitch et al. 1991），DNAファイバーを対象にした伸長 DNA 鎖 FISH（EDF-FISH）法（Fransz et al. 1996）など種々の有効かつ特色ある方法が開発された．

　この時期には染色体の単離とプロトプラストへの導入（Greisbach et al. 1982），さらにはマイクロレーザビームを用いた染色体の微細加工（Fukui et al. 1992）など交雑によらない染色体操作法が試みられた．また画像解析法を用いた植物染色体の解析（Fukui 1986）により，細胞遺伝学の黎明期に数が明らかになったイネ（Kuwada 1910）やナタネ（Karpechenko 1922）の定量的な染色体地図が作製された（Fukui and Iijima 1991, Kamisugi et al.

1998). 現在ではDNAレベルの可視化から細胞や核レベルでの三次元的なDNA配列やタンパク質の分布や動態を見ることも可能となり，可視化技術は細胞遺伝学に大きく貢献している（Wako et al. 2002, 2003）．さらに二十世紀末からは生物のゲノム全体のDNA配列を解読するゲノムプロジェクト（genome project）がイネやアラビドプシスなどのモデル植物において取り組まれ，アラビドプシスにおいては2001年，イネにおいては2002年にゲノムの概要配列が発表された．これらの情報の育種学的解明および利用については今後の課題であるが，ゲノム全体をカバーする塩基配列が明らかになったことは細胞遺伝学にとっても福音である．従来全容が知られていなかった染色体関連タンパク質の解析についてもヒト染色体ではプロテオーム解析法などの新手法を用いて研究が進められており（Uchiyama et al. 2005），細胞遺伝学はこれらの情報を活用して今後さらに発展していくものと考えられる．

2．細胞遺伝学と細胞工学

渡辺（1982）は細胞遺伝学について「細胞構成要素と遺伝の関係を扱う科学」と定義し，この定義に立って細胞工学（cell engineering）は細胞遺伝学の応用分野として細胞遺伝学に包括されるものと見なした．細胞工学は常脇（1977）によると「細胞の遺伝質を計画的に変更する技術と，その様な技術を開発する研究分野」と定義されており，対象とする遺伝情報によって，遺伝子工学，染色体工学，ゲノム工学，細胞質工学および細胞交雑の5分野があるとされた．細胞工学の分野についてはその他に，細胞質工学および細胞交雑を狭義の細胞工学の中に含め，細胞工学全体を，狭義の細胞工学，染色体工学，遺伝子工学の3分野とする定義（福井1985），さらには染色体工学を染色体工学とゲノム工学にさらに分割したもの（福井1997）などがある．

現在の遺伝子工学や細胞工学の発展を見るならば，細胞遺伝学が細胞工学を包括するとした第1版での位置づけは当時の研究状況の反映として見るのが妥当であろう．分野間の融合や連携が当然となった現状では学問分野

を定義することや基礎と応用に別けること自体があまり意味の無いものと言えるかもしれない．そうしたことを理解したうえで細胞遺伝学を位置づけるならば，「染色体やゲノムおよびそれらが関係する遺伝現象を取り扱う基礎生命科学の一分野」と定義することが可能である．すなわち染色体やゲノムの構造，動態，遺伝様式，遺伝情報の発現に関わる基礎原理を明らかにし，またそれに関連して染色体やゲノムの種々の操作法に関わる基礎技術の開発を含む学問領域と言える．一方細胞工学は生化学，分子細胞生物学，細胞遺伝学などの基礎学問分野を基盤として，さらに光学，情報科学，ナノテクノロジーなどの種々の手法を取り入れた細胞，ゲノム，染色体さらには遺伝子を操作する応用生命科学の一分野といえる．細胞遺伝学は操作法の基礎技術開発という点で細胞工学とも重なり合い，本書でも染色体やゲノムの最新の観察法や操作法について第10章でふれる．

3．育種における細胞遺伝学の役割

　細胞遺伝学が上記のように定義される以上，遺伝情報の具体的な改良を目的とする育種と細胞遺伝学は不可分の関係にあると言える．細胞遺伝学は育種を支える基盤的学問分野の一つであり，細胞遺伝学的原理の理解は実際の育種を効率的に進める上で，さらには有効な新しい育種法を考えだす上で多くの示唆を与えてくれる．なぜなら本書で述べる細胞遺伝学に関する知見は育種家がその育種目標に従って育種を進める際に用いる育種法の適否，効率を判断する上での科学的根拠を提示するものであるからである．
　Sybenga (1992) は育種における細胞遺伝学の役割について種々挙げているが，染色体やゲノム組成の操作の他に育種過程におけるそれぞれの段階での情報を抽出できるという点が重要であるとした．すなわち細胞遺伝学により，相同，類似のゲノムの間での組換え頻度の予測が可能となり，雑種不稔などの異常についても情報を得ることができる．たとえばGISHなど分子細胞学的な手法を用いて遠縁交雑後代における野生種と栽培種との染色体の挙動をそれぞれ別個に追跡でき，統計的に推論される結果とは異な

る染色体の挙動が明らかにされている（Uozu 1996）．こうした事実から Paroda（1997）は植物育種の原則は普遍的であるが，個々の作物への実際の適用はきわめて個別的であり，個々の作物における実際の育種戦術の決定，採りうる手法群，さらには実際に用いる技術の選択には最新の細胞遺伝学的知識が不可欠であると述べている．

一例としてライコムギの育種が挙げられる．被子植物の30％から35％は倍数性種であり（Stebbins 1950），とくにイネ科植物では75％が倍数性種であると推定されている（Swanson 1957）．それにも関わらず人為倍数性種では不稔など種々の問題がみられる．ライムギ（RR）とコムギ（AABBDD）の染色体を併せもつ八倍性のライコムギも同様に不稔などの不良形質をもつ．こうした問題は，ライコムギ六倍性種の作出，RゲノムのDゲノム染色体への置換，さらには稔性，タンパク質含量，環境適応性などに関与する複数の遺伝子が座乗する染色体の同定，雑種後代における挙動の細胞遺伝学的予測と制御を組み合せることにより，基本的に解決された．その結果，コムギ由来の高タンパク質含量，高収量とライムギ由来の高リジン含量と不良環境適応性とが組み合されたライコムギが飼料作物として栽培されるようになった．

以上述べてきたように細胞遺伝学は染色体やゲノムを対象とする育種の科学的基盤であり，ゲノムプロジェクトによる情報や遺伝子操作技術と同様，実際の育種を進める上での大きな役割が期待される．

2章 細胞から個体へ：細胞分裂と生殖

1. 細胞の構造と機能

　細胞（cell）は図2.1に示す真核生物（Eukarya, eukaryote），真正細菌（Bacteria）および古細菌（Archea）の三つの領域（domain）に分類される全ての生物の構成単位であり，これらの生物は全て細胞から構成されている．真正細菌と古細菌は細胞質と明確と区分された核構造を持たないことから原核生物（prokaryote）とひとくくりにされる場合もある．細胞が生物の基本単位であるという概念は1838年にM. Schleidenが植物は細胞から成り立つこと，翌年にはT. Schwannが全ての生物は一つまたはそれ以上の細胞からなることおよび細胞が生物の構造上の単位であることを提唱して生まれたものである．さらに1857年になりR. Virchowが「全ての細胞は細胞から生じる」ことを示し，「細胞説」として確立された．それ以降細胞を研究対象する学問領域として細胞学（cytology）が誕生した．とくに，1970年代以降には細胞の構造と機能について多くの新しい発見がなされた．図2.2は植物と動物の細胞の構造を比較し，いくつかの細胞小器官を示したものである．いずれの細胞も核膜（nuclear membrane）で明瞭に区分された核をもつ点で真核生物に共通の特徴を有する．一方，植物と動物細胞の大きな違いは，植物細胞は細胞壁（cell wall）と葉緑体（chloroplast）を有している点である．これにより植物は多くの動物のように骨格を必要としないし，また光合成（photosynthesis）により，大気中の二酸化炭素を固定し，デンプンに変えることができる．それ以外の大部分の細胞小器官はいずれの細胞においても同じである．微小管，ミクロフィラメント，中間径フィラメントは繊維状のタンパク質であり，細胞の形と強度を保持するためのもので細

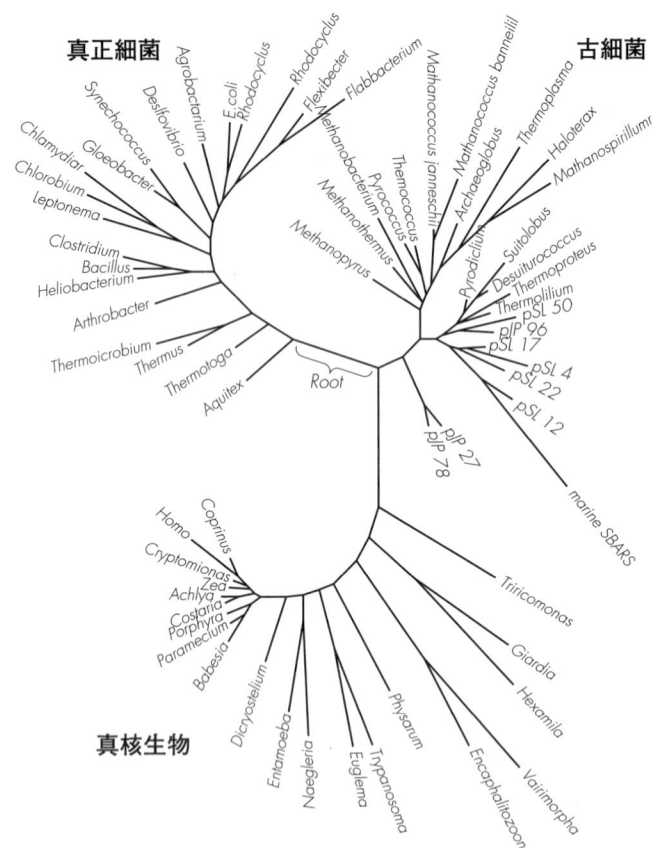

図2.1 生物界における3つの領域（古細菌，真正細菌，真核生物）
古細菌と真正細菌をひとくくりにして原核生物ともいう．Root（根）に全ての生物の共通祖先を仮定している．（Barns *et al*. 1996, *Proc Natl Acad Sci USA* 93：9188 – 8193. © National Academy of Sciences, U.S.A.許可を得て一部改変）

胞骨格（cytoskeleton）をなしている．

　細胞遺伝学と最も関係が深い細胞小器官は核である．核は核孔（nuclear pore）をもつ二重のリン脂質の膜に囲まれた球状の細胞小器官であり，外膜は粗面小胞体とつながっている．内膜内部には染色体数に相当するDNA分子が納められており，細胞がもつ遺伝情報のほとんどを占めている．核内の染色体DNAは通常，ヒストンタンパク質の8量体からなるコアに約2回

1. 細胞の構造と機能 （ 9 ）

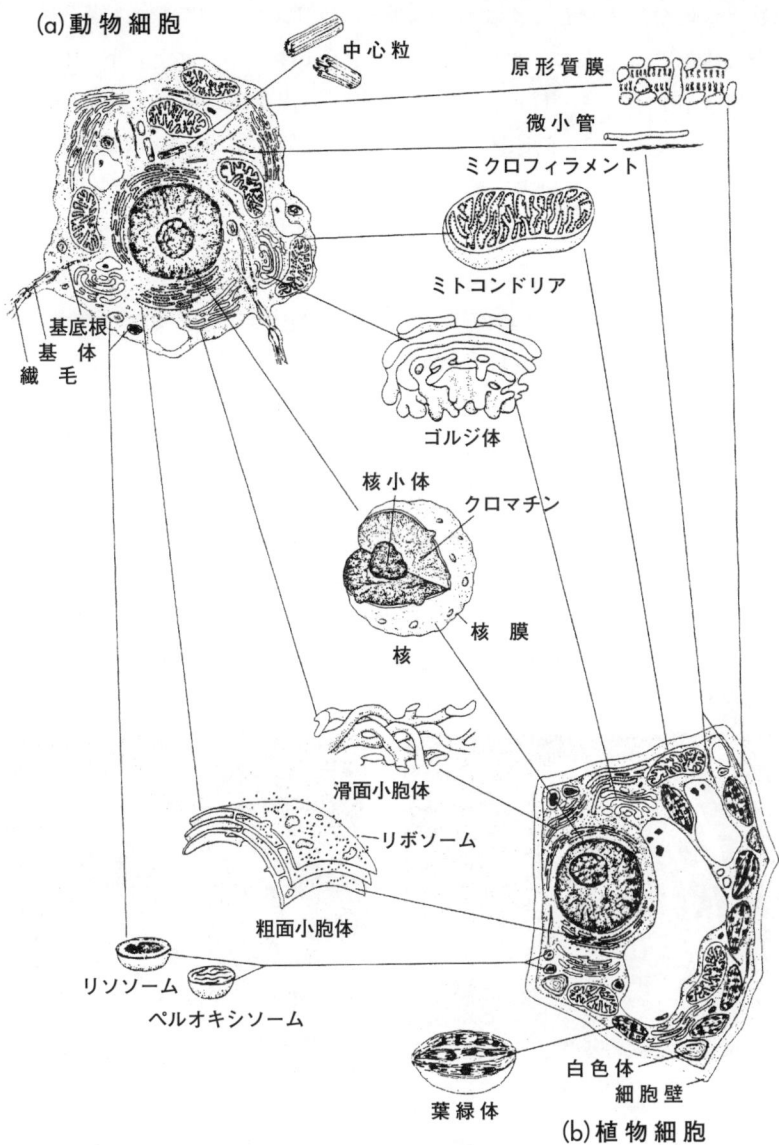

図2.2 動物 (a) および植物 (b) の細胞の模式図
(Singer and Berg 1991, *Genes and Genomes*, © University Science Book許可を得て一部改変)

転巻きついた形で存在しており，細胞分裂時にはさらに高次の構造体である染色体となる．また，サンショウウオ（Rabl 1885），タマネギ（Barnes *et al.* 1985），オオムギ（Dong and Jiang 1998），出芽酵母（Jin *et al.* 1998）などいくつかの生物では動原体が一方の半球，動原体半球（centrosphere）にリング上に配列し，反対側の末端半球（telosphere）にテロメアが散在して分布するという染色体の超構造，すなわちラーブル構造（Rabl orientation）をとることが知られている（図2.3 a）．構造的には核内に核小体（nucleolus, *pl.* nucleoli）とよばれる光学顕微鏡では円から楕円形に見える構造物があり，リボソームRNAが合成される（図2.3 b）．タンパク質と結合したリボソームのサブユニットは核膜孔を通して細胞質に放出される．

　細胞中の核以外の領域である細胞質（cytoplasm）では解糖系（glycolysis）により4分子のグルコースから2分子のピルビン酸とATP（adenosine triphosphate）が作られる．ミトコンドリア（mitochondrion, *pl.* mitochondoria）ではピルビン酸さらにはその産物のアセチルCoAがクエン酸回路（citric acid cycle）あるいはTCA回路（tricarboxylic acid cycle, TCA cycle）の中で酸化され，二酸化炭素を作る過程で生成される水素イオン濃度勾配

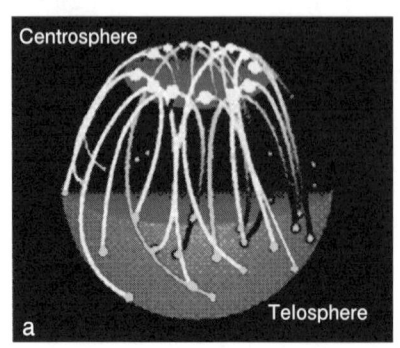 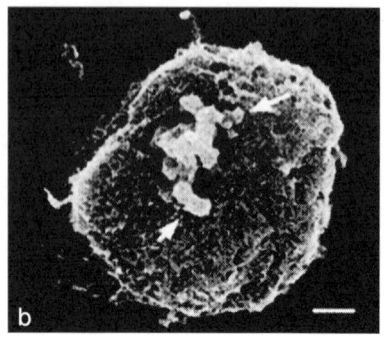

図 2.3　オオムギの細胞核
a）染色体群の構造図（ラーブル構造の模式図）．b）走査電子顕微鏡で見た核と核小体（矢印）．長い矢印は核と核小体繊維の結合点を示す．バーは 1 μm.（a；Wako *et al.* 2003, *Plant Mol Biol* 51：533 − 541, © Springer Science and Business Media, b；Iwano *et al.* 2003, Scanning 25：257 − 263, © John Wiley & Sons, Inc. それぞれ許可を得て転載）

を利用してエネルギー貨幣であるATPが合成される．解糖系とクエン酸回路で生じた高エネルギー電子が電子伝達鎖（electron-transport chain）の中で受け渡しされる過程をへて1分子のグルコースが完全に異化された際には36分子のATPが産生される．実際に産生されるATPの数は細胞内における条件により変化する．ミトコンドリアは長さ$1〜4\mu m$，幅$0.4〜2\mu m$で外膜と折れ込んだ内膜からなり，内膜上でATPが産生される．

葉緑体は植物細胞に特有な光合成の場である．二酸化炭素を取り込み，クロロフィル（chlorophyll）が吸収した光のエネルギーを利用して水素イオン濃度勾配を作り，ATPの合成を経て六単糖の重合体であるショ糖あるいはデンプンを作る．葉緑体は通常，幅が$2〜4\mu m$であり，全長は$5〜10\mu m$である．一細胞中に十から数百程度含まれ，ミトコンドリアと同様内膜と外膜がある．内膜は円盤状のチラコイド小胞を作り，これらが重なり合ってグラナとよばれる構造を取る．葉緑体内の内膜系以外の空間をストロマとよび，二酸化炭素の固定はストロマで行われる．グラナには光エネルギーを捉えるクロロフィルが存在している．

ミトコンドリアと葉緑体はいずれも環状のDNAを持つ細胞小器官である．ミトコンドリアのDNAは動物とは異なり，高等植物ではマルチパータイト構造とよばれる様々の長さをもつ環状のDNA群からなる．ミトコンドリアDNAは細胞がもつ全DNAの約1％を占め，ATP産生系酵素複合体サブユニットの遺伝子，チトクローム酸化酵素，NADH脱水素酵素などの遺伝子を有する．葉緑体DNAは全DNAの約15％を占め，光合成に関係するリブロースリン酸カルボキシラーゼ遺伝子などをもつ．図2.4に示すようにイネの葉緑体DNAおよびミトコンドリアDNAの全塩基配列はそれぞれ135 kbpおよび491 kbpであり，それぞれ1989年，2002年に解読が終了した（Sugiura *et al.* 1989, Notsu *et al.* 2002）．

これらの細胞小器官がゲノムを有することは，もともとは別種の生物であり，進化の過程で独立した生物が共生関係をまず成立させた上で細胞小器官としての位置を最終的に得たことを示唆している．細胞内共生説（endosymbiont theory）（Margulis and Sagan 1995）によれば，ミトコンドリアの

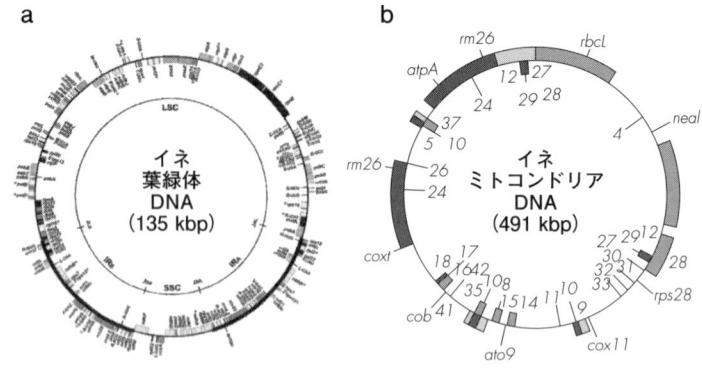

図2.4 イネの細胞小器官におけるゲノム
a) 葉緑体. b) ミトコンドリア. (a ; Hiratsuka *et al.* 1989, *Mol Gen Genet* 217 : 185 − 194, b ; Notsu *et al.* 2002, *Mol Gen Genomics* 268 : 434 − 445, ⓒ Springer Science and Business Media. 許可を得て一部改変)

起源は20億年程前に原真核細胞に取り込まれた好気的原核生物であり, 葉緑体の起源はミトコンドリアとの共生が成立した後, 原真核細胞に取り込まれた光合成を行うシアノバクテリアであるとされている. 細胞内共生説は真核生物の誕生をうまく説明でき, 現在の核を提供した生物は古細菌と考えられている. 事実古細菌はヒストン様タンパク質をもつ, DNAはヌクレオソーム様構造をとる, 翻訳開始にMet-tRNAを使用する, など真核生物と共通する点が多く認められている.

ミトコンドリアや葉緑体のDNAと核ゲノムDNAとの間でDNAの交換があることも知られている. たとえばアラビドプシスの第2染色体の動原体近傍部にはミトコンドリアDNAの大きな断片 (620 kbp) が挿入されていることが明らかになっている (Stupar *et al.* 2001). そのためミトコンドリアや葉緑体を作るタンパク質の多くは核の遺伝情報に支配されており細胞質で合成された後, 運び込まれる. ミトコンドリアや葉緑体は独自の分裂装置を用いて分裂, 増殖し, 娘細胞に分配される.

小胞体 (endoplasmic reticulum, ER) は細胞質側にリボソームが付着した粗面小胞体 (rough ER) とリボソームが付着していない滑面小胞体 (smooth ER) とに区分される. 後者は有機化合物の代謝さらには酸化や修飾による

解毒などの働きをする．前者で合成される分泌タンパク質はシグナル配列 (signal sequence) を介して小胞体膜と結合し，小胞体膜の中に輸送される．そして輸送小胞に詰められてゴルジ（複）体 (Golgi body, Golgi complex) に送られる．ゴルジ体は C. Golgi により 1898 年に発見された細胞小器官であり，粗面小胞体で作られたタンパク質の濃縮や細胞内輸送を担っている．すなわち糖タンパク質に糖鎖を付加することなどにより，タンパク質の標識を行い，分泌小胞などによりタンパク質を目的の場所に輸送する．植物のペルオキシソーム (peroxisome) は多くの酵素を含む直径 $0.1〜1\,\mu m$ の膜に囲まれた小胞である．過酸化水素の合成と分解の場であり，脂肪酸やタンパク質の酸化的代謝を行う．葉緑体で合成されたグリコール酸を受け取り，グリオキシル酸，さらにはアミノ転移反応によりグリシンに変えてミトコンドリアへ送る働きをしている．液胞 (vacuole) は多くの植物細胞の容積の 90％ を占め，そこではタンパク質，糖などの高分子，イオンやアミノ酸などの栄養物や老廃物の貯蔵が行われている．

2．細胞から個体へ

一つの受精卵から出発した細胞は活発に体細胞分裂をくり返し，細胞数を増やすとともに，分化して，組織 (tissue) や器官 (organ) を作る．組織とは機能，形態，起源を同じくする細胞集団を指し，表皮系，維管束系，基

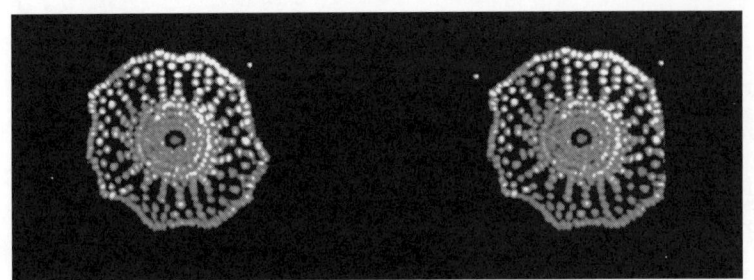

図 2.5 オオムギ根横断切片のステレオグラム
左目で左の図，右目で右の図を見るとそれぞれの細胞核が立体視できる．（若生原図）

本組織系と分ける方法，あるいは表皮，皮層，中心柱に分ける方法がある．いくつかの組織が集まって一定の形態と機能を持つようになった細胞集団を器官とよぶ．茎，葉，根，がく，花弁，雌ずい，雄ずいなどがそれに相当する．

図2.5に輪切りにしたオオムギの根のDNAを蛍光染色し，共焦点顕微鏡を用いて作成したステレオグラムを示す．ステレオグラム（10.1.4項）は左目で左，右目で右の図を見ると蛍光染色され，白く見えている核が立体的に浮かびあがる．根の中心柱から放射状に細胞が表皮に達し，最低限の細胞数で必要な根の強度を作り出すと同時に根端の細胞まで物質交換を容易にしている根の構造が構築される．すなわち器官レベルでの制御機構により細胞が位置づけられていることが理解できる．

種々の器官を含む個体ではさらに高次の制御機構が働いている．図2.6はイネ個体を節板（nodal plate）で区分された，節間，葉，根，分げつ，節そ

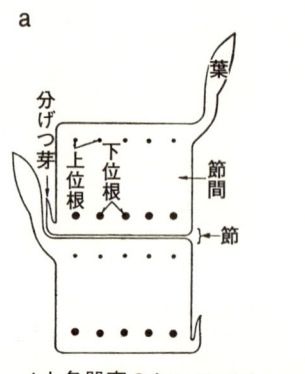
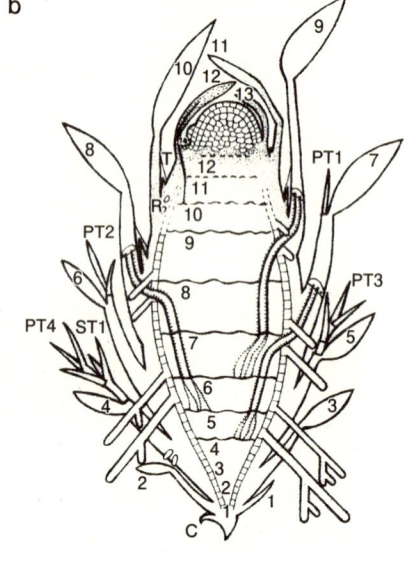

図2.6 イネ各器官のシステマティックな発生と成長
a）イネ科作物における要素の模式図．b）葉齢9のイネ縦断模式図．数字は各要素番号およびその要素から出葉あるいは出根した一次根を示す．Cはコチレドン，PTは一次分げつとその番号を示す．STは二次分げつ，R, Tはそれぞれ根および分げつ原基を示す．（川原 1973 作物学，後藤ら著，朝倉書店，pp. 47－90）

---

1) 片山佃（1951）稲・麦の分蘖研究．養賢堂．東京．1－117

れぞれ一つずつを含む要素（phytomer, leaf-internode unit）からなると考え（図2.6a），要素から構成されたイネ個体を同伸葉・同伸分げつ理論[1]（片山1951）に基づいて葉齢9，すなわち第10葉の葉身が出葉開始期のイネを模式化して各器官が時系列的に協調して成長する様子を示したものである（図2.6b）．

要素とは1枚の要素葉，要素根，要素節，要素芽からなる植物個体の基本構成単位であり，植物体は基本的には要素の積み重ねにより構成されているというものである（川原ら1968）．また同伸葉・同伸分げつ理論は葉身，葉鞘，一次根，二次根などイネ個体を構成する器官が分げつにいたるまで時系列的に規則正しく発生し，伸長するというものである．

図2.6bにイネの葉齢9（第10葉葉身の出葉開始期）の個体を示す．この個体での各器官の発生と伸長を川原（1968）にしたがって説明する．まず葉についてみると，第10葉の葉身（leaf blade）は伸長が終了し，葉鞘（leaf sheath）が伸長しつつあり，合せて第11葉の葉身は約1cmであり伸長中である．第12葉は約1mm，第13葉原基はフード状に成長点を覆い，第14葉原基は分化直後である．葉原基は栄養生長期では5, 6日で規則正しく分化する．根については第10要素根が分化し，第9, 8, 7要素根が出根して伸長している．第6要素根では二次根の形成が始まり，第5要素根では三次根が形成される．分げつについて見ると，第10要素の分げつ生長点では2枚の葉原基が分化しつつあり，第9要素では分げつ第1, 2葉が伸長しつつあり，第8要素では分げつ第1葉が第7葉葉鞘から出葉している．以下第7, 6要素ではそれぞれ分げつ第2, 3葉を出葉する．第5要素での分げつは分げつ第4葉と二次分げつ第1葉を出葉する．以上のように一つの要素は葉身，葉鞘，節間の順に伸長するので，第10要素の葉身，第9要素の葉鞘，第8要素の節間が同時に伸長している．この様な個体レベルでの成長に関しては出葉周期が成育後期には遅くなるなどの例外も知られているが，通常の条件下では植物個体は統合された制御下にあるといえる．

日長あるいは温度など外界からの刺激により，幼穂の分化期を迎えるとそれまでの植物体を大きくするという栄養生長期から生殖生長期という子

孫を残すための時期に移る．植物個体内では新しく生殖器官が分化し，次世代を作るための減数分裂が始まる．個体の形態形成は細胞核内の遺伝情報に支配されており，分裂組織の形成，器官の属性決定とそれに基づく器官形成がなされる．こうした植物体や花器の形成に関与する遺伝子はアラビドプシスで精力的に研究されている．

花器の形態形成にはABCモデル (ABC model) が提唱されている (Coen and Meyerowitz 1991, Bowman and Meyerowiz 1992, Theissen 2001, Theissen and Saedler 2001)．ABCモデルは花器を構成する四つの器官，すなわちがく片，花弁，雄ずい，および雌ずいを構成する心皮の原基が外側からこの順で同心円状の四つの輪生体 (whorl) 上に形成されているとし，隣り合う二つの輪生体の形成に関与する三つの機能遺伝子，クラスA遺伝子 (*APETALA1*, *AP1*; *APETALA2*, *AP2*)，クラスB遺伝子 (*APETALA3*, *AP3*; *PISTILLATA*, *PI*)，クラスC遺伝子 (*AGAMOUS*, *AG*) が同定されている．

すなわちがく片にはクラスA遺伝子 (*AP1*)，花弁にはクラスA，B遺伝子，雄ずいにはクラスB，C遺伝子，心皮にはクラスC遺伝子が働いて，花器の器官の属性を決定し，花器形成が進行する (図2.7)．逆にA，B，Cの全てのクラスの遺伝子が欠損すると花の器官は全て葉となる．これらの遺伝子は*AP2*を除いていずれもホメオティック遺伝子に共通の57アミノ酸残基からなる高度に保存されたMADS-boxをN末端領域に有する同一のファミリーに属するものである．これに加えて現在ではさらに三つのMADS-box遺伝子*SEPALLATA1* (*SEP1*), *SEP2*, *SEP3*が葉原基からの花器の形成に関与していることが明らかとなり (クラスE遺伝子)，これらの遺伝子産物が四量体を形成し，花器を構成する四つの器官形成に関与する遺伝子発現を制御していることが提唱されている (Honma and Goto 2001)．

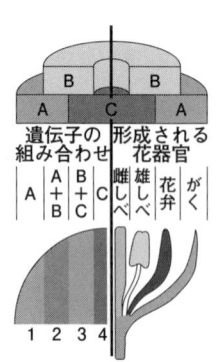

図2.7 花器決定のABCモデル
大文字のアルファベットは本文中のA～Cクラス遺伝子の翻訳産物を示す．(荒木 2001, 花：性と生殖の分子生物学, 日向康吉編著, 学会出版センター, pp. 41-51)

3. 細胞周期と細胞分裂

　初めて生命が地球上に誕生した時，それは Oparin（1936）の述べたコアセルベート（coacervate）のように閉じた微小空間からなるものであったと考えられる．こうした原始生命体が現在の多様な生物に進化するための基本的条件はこれらの原始生命体がやがて分裂し，増殖を始めたことである．またそのために必要な物質と情報を貯えることが重要であった．またそうした過程で当初は単純な構造体であったものがやがて細胞として複雑な構造をもつものとなり，不規則に分裂していた段階から周期性のある規則正しいものすなわち細胞周期（cell cycle）をもつものとなった．一度も完全に停止したり，途絶えることの無かった細胞分裂（cell division）のお陰で，人間を含む全生物は原始生命体と生命の糸で繋がっている．

　細胞周期の中で真核生物の分裂期は核が消失し染色体が出現するなど細胞形態の劇的な変化を生じるため19世紀から注目を集め，細胞遺伝学の主要な研究対象となってきた．細胞分裂はその様式により，有糸分裂（mitosis）と直接分裂（無糸分裂，amitosis）に，また有糸分裂はその目的に応じて体細胞分裂（mitosis, somatic mitosis）と減数分裂（meiosis）に大別される．有糸分裂は主として真核生物における分裂様式であり，微小管（microtuble）が動原体に付着することにより，染色体の分裂が進行する．一方，直接分裂は核，細胞質ともにほぼ等量にくびれて分裂する様式をいう．

　体細胞分裂は生物の成長に不可欠な細胞数を増やすものであり，細胞分裂後も核内の染色体数は細胞分裂前と等しくかつ新たに生じた娘細胞間でも等しく保たれる．一方，減数分裂は雌雄の生殖細胞を作るための分裂であり，染色体数は分裂前の半分に減少する．その後受精の過程を経て，染色体数は親と同じ数に復帰する．

(1) 細胞周期

細胞周期は細胞分裂により生じた新しい細胞が再び細胞分裂を行い，完了するまでの期間をいう．細胞周期は G_1 期（G_1 phase），S 期（S phase），G_2 期（G_2 phase），M 期（M phase）からなる（図2.8）．G は gap の頭文字に由来する．このうち M 期あるいは分裂期（mitotic phase）で細胞分裂が行われる．G_1 期，S 期，G_2 期はそれぞれ DNA 合成準備期，DNA 合成期および細胞分裂準備期と位置づけられ，まとめて間期（interphase）とよばれる．細胞が細胞分裂に入るどうかの判断は G_1 期の開始点（Start，酵母），あるいは制御点（regulation point，動物細胞）で行われ，細胞分裂に入らない細胞は G_0 期とよばれる細胞周期からはずれた状態になり，増殖を停止する．開始点を過ぎると基本的に細胞は細胞周期を完了する．表2.1に1細胞周期に要する時間をクレピス，ダイズ，タバコ，トウモロコシ，ニンジンで示す．大

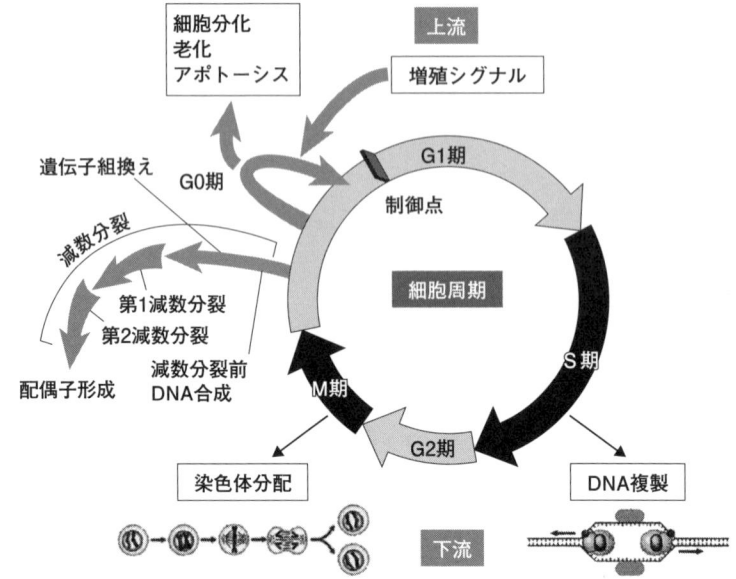

図2.8 細胞周期の模式図
（中山 2001, 細胞周期がわかる，羊土社）

3. 細胞周期と細胞分裂

表2.1 種々の細胞の細胞周期（時間）

細胞の種類	G_1期	S期	G_2期	M期	文献
クレピス（根端細胞）	2.4	3.6	3.0	0.7	Langridge et al.1970
ダイズ（非同調懸濁細胞）	13.1	13.2	6.2	1.9	Chu and Lark（1976）
タバコ（同調懸濁細胞）	2.5	5.0	4.0	2.0	Nagata et al.（1992）
トウモロコシ（根端細胞）	1.7	5.0	2.1	1.1	Verma（1980）
トウモロコシ（非同調懸濁細胞）	23.9	7.1	3.9	2.1	Gould et al.（1983）
ニンジン（根端細胞）	1.3	2.7	2.9	0.6	Bayliss（1975）
ニンジン（非同調懸濁細胞）	39.6	3.0	6.2	2.4	Bayliss（1975）
ヒト（HeLa細胞）	8.4	6.0	4.6	1.1	Puck and Steffen（1963）

腸菌の細胞周期は20分で，ヒト細胞は約24時間で終了する．大きなゲノムサイズを有する細胞はDNA合成を行うS期の時間が長い傾向にある．

　細胞周期を進める生化学的な機構がカエルの卵母細胞の成熟に関する研究やウニ卵の細胞分裂の解析を通じて明らかにされてきた．細胞周期を統括する生化学的な機構は当初トノサマガエルの卵母細胞で卵の成熟を誘起する卵成熟促進因子（maturation-promoting factor, MPF）として Masui and Markert（1971）により発見された．その後体細胞分裂に対する効果が明らかになったことから，この因子はより一般的な名称である有糸分裂促進因子（mitosis promoting factor）あるいは分裂期促進因子（M-phase-promoting factor）とよばれるようになった．MPFは2種類のタンパク質のサブユニットからなり，一つは調節サブユニットで細胞周期のM期で増加して，間期で減少する周期的な変動を示すサイクリン（cyclin）である．他の一つは触媒サブユニットで基質となるタンパク質の特異的なセリンやトレオニン残基にリン酸基を転移するサイクリン依存性キナーゼ（cyclin dependent kinase, Cdk）である．Cdkとサイクリンが結合したMPFはタンパク質をリン酸化するキナーゼ活性を有し，細胞をM期へと導く（Lohka et al. 1998）．

　図2.9に細胞周期の進行にかかわる生化学的なモデルを示す．酵母やヒトでは細胞周期の異なる段階で異なるサイクリン-Cdk複合体が働くことが知られている．酵母で明らかになっている細胞分裂の生化学的機構は次のようである．細胞周期のM期への進行にはまず有糸分裂Cdkが有糸分裂サイクリンと結合し，MPFを形成することから始まる．有糸分裂Cdkは14番目

と15番目とのアミノ酸残基,トレオニン14とチロシン15および161番目のトレオニンがリン酸化を受けるが,前二者は有糸分裂Cdkのキナーゼ活性に関して阻害的に働き,後者は促進的に働く.したがって細胞周期の進行のためにはトレオニン14とチロシン15が脱リン酸化され,その後トレオニン161のみがリン酸化された活性型のMPFにより細胞分裂が開始される.

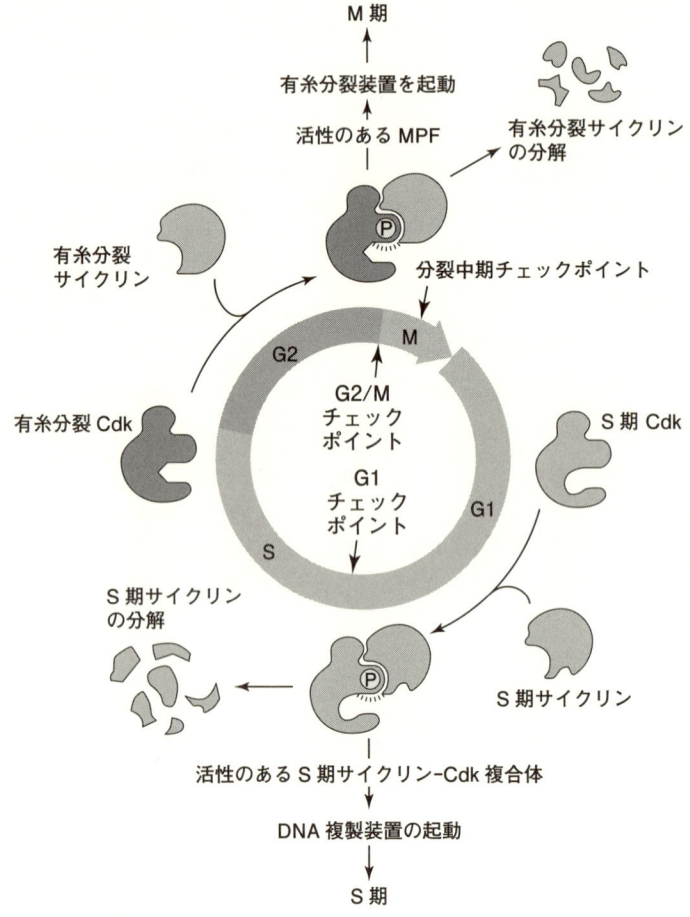

図2.9 細胞周期の生化学的基盤
(Alberts *et al.* 2003, *Essential Cell Biology*, © Garland Science. 許可を得て一部改変)

細胞分裂は活性型 MPF のサブユニットである有糸分裂サイクリンが有糸分裂 Cdk から遊離し，さらには分解されて終了する．一方 G_1 期から S 期にかけての細胞周期の進行は S 期サイクリンが S 期 Cdk に結合した MFP によりなされる．S 期に細胞周期が進行すると先の場合と同様に，S 期サイクリンは S 期サイクリン-Cdk 複合体から遊離して分解される．哺乳類ではより多種類の Cdk とサイクリンがあり，各種のサイクリン-Cdk 複合体により細胞周期の進行が厳密に制御されている．植物の場合も同様の機構が考えられているが，未だ詳細は不明である．

　細胞周期にはすでに述べた開始点や制御点の他，ある特定の段階が終了したかどうかを監視するチェックポイントとよばれる機構が存在し (Hartwell, 1989)，増殖因子や栄養さらには DNA の修復が完了したかどうかをみる G_1 期チェックポイント，DNA の複製の完了をみる G_2/M 期の境界，M 期での染色体の赤道面での整列をみる中期と後期の境界のチェックポイントなどが知られている．たとえば G_1 期に放射線を照射された哺乳類の細胞では p21 とよばれるタンパク質が合成され，p21 は Cdk のキナーゼ活性を阻害する．その結果，細胞は S 期へ細胞周期を進められなくなり，その間に切断された DNA 鎖を修復するための時間が余分に得られる．

(2) 体細胞分裂

　図 2.10 に有糸分裂の各時期を示す．材料はオオムギであるが，基本的に高等植物は同様の過程を経る．体細胞分裂期 (M phase) は前期 (prophase)，前中期 (prometaphase)，中期 (metaphase)，後期 (anaphase)，終期 (telophase) の 5 つの段階をへて完了する．通常有糸分裂に引き続いて細胞質分裂 (cytokinesis) が行われる．前期の前，終期の後の時期は間期，中間期あるいは静止期とよばれる．この時期は核形態には変化がないものの，種々の代謝活動や DNA の合成が活発に行われているので代謝期 (metabolic stage) ともよばれる．M 期内における各時期は核や染色体の形態および染色体の位置的な変化により区分され，命名されたものである．体細胞分裂は分裂している母細胞 (mother cell) の染色体を均等に娘細胞 (daughter

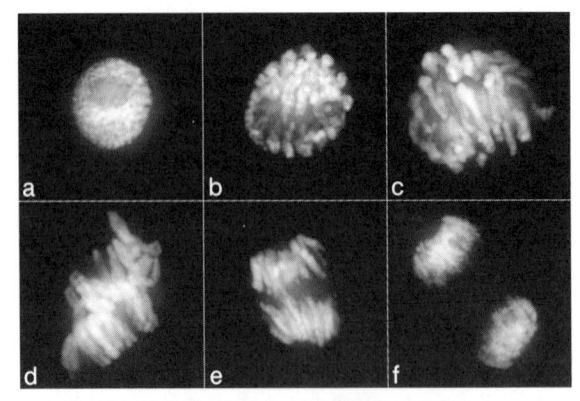

図2.10 オオムギの体細胞分裂各期における染色体の挙動
a) 間期. b) 前期. c) 前中期. d) 中期. e) 後期. f) 終期.（若生原図）

cell）に分配し，同じ染色体数を有する細胞の数を倍加させる．

　前期は細胞周期のS期で複製された2本のDNAが互いに離れることなくクロマチン繊維としてクロマチン凝縮（chromatin condensation）を開始する．凝縮の進行にともない，光学顕微鏡で可視的な二つの染色分体（chromatid）からなる繊維状構造を構築するようになる．同時に染色分体を娘細胞に分配する紡錘体（spindle body）の形成が開始される．

　前中期はM期において一番長い時期であり，個々のクロマチンが凝縮中心（condensation center）から次第に高次に折り畳まれて2本の染色分体からなる染色体構築が完了する時期である．凝縮中心はイネ，アラビドプシスなどの小型染色体（S-type chromosome）では染色体の各腕（arm）における動原体近傍（proximal region）に通常1カ所のみ存在し[2]，染色体内および染色体間で凝縮能も異なる．クロマチンファイバー自体の長さも異なる結果，凝縮の過程でクロマチンは様々な不均一に凝縮した凝縮型（condensation pattern）を示す．そこで前中期は異なった凝縮のパターンを用いて個々の染色体を識別・同定することが可能となる．また紡錘体が完成し，微小管が動原体に結合する．この時期では核小体が見かけ上消失し，核膜が多数の小胞となり（核膜崩壊, nuclear envelope breakdown）核も観察されなくなる．

---

[2] イネ第11染色体は長腕上に2カ所の凝縮中心を有する．（Fukui and Iijima 1991）

中期は完成した染色体が細胞の両極を結ぶ軸を直角に二等分する赤道面（equatorial plane）に向かって移動し，動原体（centromere）が赤道面上に並び赤道板（equatorial plate）あるいは核板（nuclear plate）を形成する．全ての姉妹染色分体（sister chromatids）の動原体は微小管により，両極と結ばれる．微小管はおのおの直径4nmの球状タンパク質であるαとβチューブリンが重合した円筒形のタンパク質である．中期で染色体は最も凝縮しかつ安定した構造を取る．中期は大型染色体（L-type chromosome）を核型分析法（karyotype analysis）や分染法（banding method）などを用いて識別・同定するのに好適な時期である．そのため，コルヒチン（colchicine）を始めとする微小管形成阻害剤が染色体観察に多用される．コルヒチンは染色体数を倍加し巨大核を形成させることが1934年にJ. P. Dustinにより発見され，実際に倍数体が作成された（Blakeslee and Avery, 1937）．高濃度のコルヒチンは微小管の重合，脱重合を阻害し，微小管の伸長，短縮などの動きが止まる．これにより染色分体は両極へ移動できず染色体のままの状態が保たれる．コルヒチンなどにより染色体が赤道面に留まった状態をC-mitosisとよび，そのまま細胞質分裂が起こらずに細胞周期が進行すると染色体数が倍加した細胞が形成される．

後期は染色体が姉妹染色分体に縦裂する．染色分体は互いに分離してそれぞれ独立に，動原体を先頭に，微小管に沿って両極に移動を始める．その結果，二つの娘細胞に同じ染色体に由来する染色分体が均等に配分される．染色分体の運動は動原体に付着した微小管が動原体および極の近傍で脱重合して短縮し，染色分体を極に引っ張ることにより生じる．

終期は両極に集まった染色分体がクロマチンに脱凝縮（decondensation）する過程を経て，二つの娘細胞に核膜が再生され，再び核構造をもつようになる．同時に核小体が再び形成される．続いてセルロースやその他細胞壁前駆物質を含むゴルジ体に由来する分泌小胞が赤道面に集合し，互いに融合して赤道面に隔膜形成体（phragmoplast）を作る．隔膜形成体はその後，細胞板（cell plate）さらには細胞壁となり細胞質分裂が完了する．細胞板が形成される位置はG_2期に細胞を取り巻く前期前微小管バンドとよばれる微

小管のリングが形成される位置と一致する．細胞板が完全に赤道面を覆わないところは原形質連絡（plasmodesma, pl. plasmodesmata）とよばれる通路となり，娘細胞間の細胞質どうしの連絡が確保される．このようにして基本的には同一の遺伝情報を有する二つの娘細胞が形成される．

(3) 減数分裂

減数分裂は雌雄の配偶子（gamete）を作るための細胞分裂であり，成熟分裂または還元分裂ともよばれる．その機能は，まず体細胞の染色体の数を半減させることにある．また両親から受け継いだ遺伝情報を組換えることも重要な機能である．減数分裂には，生活環の中で減数分裂の生じる時期と一倍体で過ごす期間により，配偶子型（終結型）減数分裂，接合子型（開始型）減数分裂，胞子型（中間型）減数分裂の三型に区別される．全ての高等植物と一部の藻類は胞子型減数分裂を行い，配偶子形成や受精に関係しない段階で減数分裂が生じる．

減数分裂は第一分裂（first division）と第二分裂（second division）の連続した2回の分裂を通じて完成する．第一分裂以前にDNA合成は完了しており，染色体は2本の染色分体から構成される．第一分裂は減数分裂中最も時間がかかる時期であり，パンコムギでは全24時間の内17時間を，ユリでは7日間の内6日間を占める．第一分裂は第一分裂前期（first prophase, PI）から始まる．第一分裂前期は，細糸期（leptotene），接合糸期（双糸期）（zygotene），太糸期（パキテン期，pachytene），複糸期（diplotene），移動期（diakinesis）の各期を経て，第一分裂中期（first metaphase, MI），第一分裂後期（first anaphase, AI），第一分裂終期（first telophase, TI）へと進行する．その後，DNA合成を行わない間期を経て第二分裂が始まる．間期は種によっては無い場合もある．

第二分裂は染色体が再凝縮する第二分裂前期（second prophase, PII），染色体が赤道面に並ぶ第二分裂中期（second metaphase, MII）を経て，第二分裂後期（second anaphase, AII）に入る．後期ではそれぞれの染色分体は反対の極へ移動し，第二分裂終期（second telophase, TII）で核を形成する．

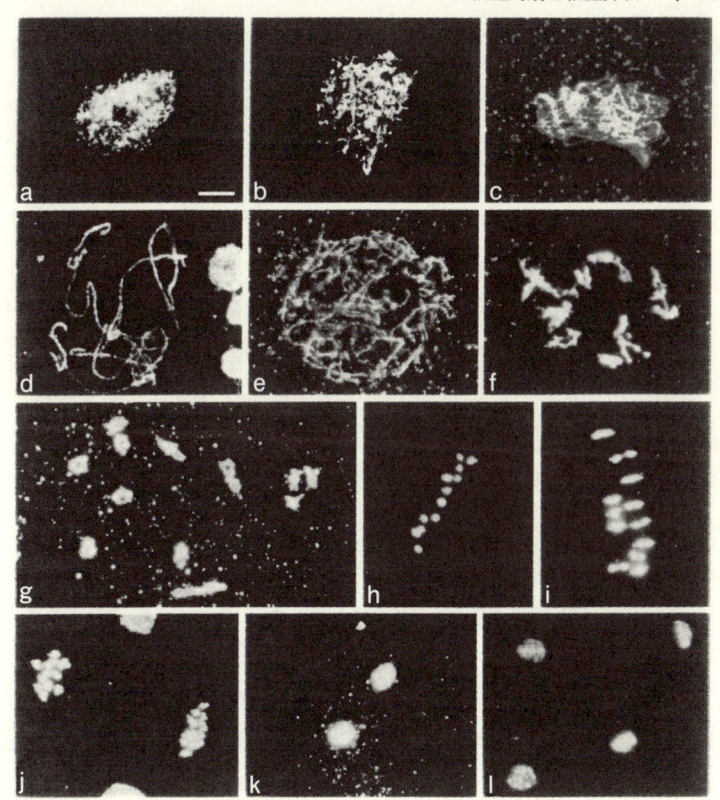

図2.11　イネにおける減数分裂の各時期
a, b) 細糸期：DNAの倍加を終えた間期核のクロマチンは凝縮が強まり，レプトネマ（leptonema）とよぶ細い糸状体になる．c) 接合糸期：この染色糸は相同染色体に当たるものどうしで2本ずつ並び，側面で対合を始める．d) 太糸期：この対合の際に乗換えが起る．対合が終ると染色糸は太くなる．e, f) 複糸期：この太い染色糸は，キアズマの部分を残して2個おのおのの縦裂した姉妹染色分体が見分けられるようになる．g) 移動期：染色糸はらせん状に巻くので染色体は太く短くなる．h, i) 第一分裂中期：染色体は赤道面に並ぶ．j) 第一分裂後期：4本の染色分体の2本ずつが紡錘体の両極に分れる．k) 第一分裂終期：半数の二分染色体を含む中間期の核となる．l) 第二分裂終期．（近江戸原図）

　第二分裂の結果，2本の相同染色体の4本の染色分体が1本ずつ四つの娘細胞に分配され，一倍体の雌雄の配偶子（gamete），すなわち卵細胞（egg cell）と花粉（pollen）とが作られる．図2.11にイネの減数分裂過程を示す．

　第一分裂における相同染色体の分離が，父側からきた染色体と母側から

きた染色体とがおのおの対合面で分かれて別々の極に行き，第二分裂での
そのおのおのが縦裂面で分かれて均等に分離する場合を前還元（pre-reduction）または前減数という．この反対に第一分裂で縦裂面から均等に分かれ，
第二分裂では対合面で別々に分離するものを後還元（post-reduction）または後減数という．前還元が一般的であるが，父側の染色体と母側の染色体
の間に乗換え（交叉）（crossing-over, cross over）が生じ，部分交換が行われ
ていると，ある部分は前還元になり，ある部分は後還元になる．もし，第
一分裂か第二分裂のいずれかで2娘核に分かれることに失敗すれば非還元
（non-reduction）または二倍性の生殖細胞が作られ，両方失敗すれば四倍性
の生殖細胞が形成されることになる．

　減数分裂で最も一般的な前還元型の各期についてさらに詳細に見ると，まず第一分裂前期の細糸期ではDNA合成を終えた染色体が凝縮を始め，細長
い染色体（レプトネマ）となって観察されるようになる．この時期の染色体
は染色糸（chromatin thread）ともよばれる．接合糸期での相同染色体対合[3]
を円滑に進めるため，細糸期の終りに全ての染色体の末端が核の特定の部
位に集合し，ブーケ構造（bouquet）を作ることが酵母やトウモロコシで知ら
れている．ブーケ構造は減数分裂の進行に特徴的な核内における染色体配
置といえる．トレニア（ナツスミレ）では染色体の相同性に関係なく対合が
動原体部位で生じ，次第に相同染色体対を作るように染色体を交換してい
くことが知られている（Kikuchi et al. 2007）．

　接合糸期では相同染色体の対合すなわちシナプシス（synapsis）が各相同
染色体対の一端から始まり，染色体全長にわたって進行する．この時相同
染色体間の距離は200 nm程あり，一次対合とよばれる．一次対合は不安定
であるが，シナプトネマ構造（synaptonemal complex）とよばれる構造が染
色体上に作られるにつれて安定したものとなる．シナプトネマ構造は1956
年MoensやFawcettにより電子顕微鏡を用いて別個に報告されたもので，相
同染色体の染色分体の一部領域が凝縮し，タンパク質が付着した幅100～

---

[3] 対合にはシナプシスを介して起こる相同染色体の構造的な会合と相同染色体の空間的な近
接配置の二つの場合がある．

200 nm の両側方要素とそれに挟まれた密度の低い中央要素からなるリボン状あるいははしご状の構造体である．相同性の不足，遺伝子の働きや環境条件などにより，相同染色体が対合できない場合を不対合（asynapsis）とよぶ．また一旦は対合した染色体が第一分裂前期の途中から対合を解き一価染色体（univalent chromosome）として行動する場合を解対合（desynapsis）とよぶ．接合糸期では光学顕微鏡では染色糸上に珠子玉様の凝縮部，染色小粒（chromomere）が観察される．二倍体生物では対合が完了した相同染色体が二価染色体（bivalent chromosome）を形成する．

　対合した相同染色体の染色分体間では乗換えが生じ，2本の染色分体のDNAが対応する部分で切断され，異なった染色分体間のDNAと繋がれる．その結果として部分的な染色分体の交換，ひいては形質の組換えが生じる（図2.12）．この現象はT. H. MorganおよびE. Cattellにより1912年にショウジョウバエで見いだされたものであり，DNA鎖の交換が生じる個所を乗換え点とよぶ．乗換え頻度が染色体部分の長さに比例して単調増加することに基づいて，乗換え頻度に基づく遺伝学的地図（連鎖地図）が作られる．乗換えが染色体の長さから期待される以上に生じる所をホットスポット

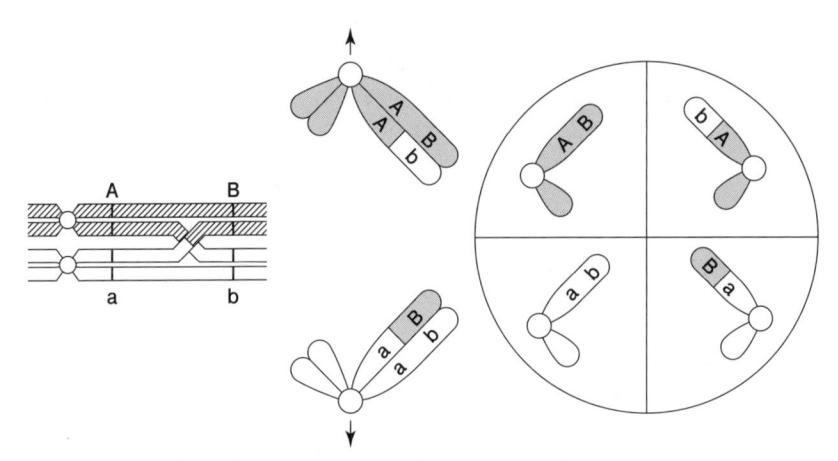

図2.12　相同染色体間の乗換えによる部分的な染色分体の交換
（Rieger *et al.* 1976, *Glossary of Genetics and Cytogenetics : Classical and Molecular*, © Springer Science and Business Media. 許可を得て転載）

(hot spot)，逆のところをコールドスポット（cold spot）とよぶ．DNA鎖の乗換えの結果として，染色体にキアズマが生じる．染色体上に連鎖している遺伝子座間で同時に複数の乗換えが生じることを併発（coincidence）とよび，1916年H. J. Mullerによりショウジョウバエで発見された．

染色体上のある特定区間で併発が生じる確率は干渉（interference）の有無により影響される．干渉にはキアズマ干渉と染色分体干渉とがある．キアズマ干渉は，相同染色体上で二つの乗換えが近傍に生じる場合，乗換え頻度が影響される現象をいう．正の干渉では相同染色体間の乗換えが生じた近傍では別の乗換えが生じにくくなり，負の干渉では染色体間で乗換えが生じた近傍では別の乗換えが生じやすくなる．干渉の程度は併発指数で表され，正の干渉では併発指数が1より小さくなり，負の干渉では1より大きくなる．干渉が無い場合は期待値と観察値が一致し，1となる．1933年，K. Matherは2本の相同染色体に由来する4本の染色分体間で生じる乗換え頻度が期待値と異なることを染色分体干渉（chromatid interference）と命名した．染色分体干渉とは相同染色体の染色分体間に連続して出現する二つの乗換えにおいて，乗換えの対象となる染色分体が無作為に選ばれるのではなく偏りを生じることをいう．すなわち連続する二つの乗換えに四つの染色分体が無作為に乗換えの対象に選ばれたとすると二つの染色分体が関係する二糸型，三つが関係する三糸型，四つである四糸型の二重乗換え頻度の期待値は1：2：1となるが，期待される二重乗換え頻度からの偏りが実測された場合，染色分体干渉が生じたとみなし，四糸型乗換えの頻度が増加した場合を正の染色分体干渉，二糸型乗換えの頻度が増加した場合を負の染色分体干渉という．負の染色分体干渉は菌類で観察されている．

染色体の乗換えは本質的にはDNAおよび遺伝子の組換えを意味している．遺伝子の組換えは普遍的組換え（相同組換え）とよばれ，相同な塩基配列をもつ2本のDNA鎖が相同な配列をもつ領域で切断されて相手のDNA鎖に再結合され，2本のDNA鎖が部分的に交換されるものである．実際には切断と再結合される場所は離れていることが多いので生じた2本のDNA鎖の一方のDNA鎖はDNAが付加され，他方は失うことになる．これを不

等交叉（unequal crossingover）とよぶ．普遍的組換えは二つのDNA鎖上の切断と再結合が順序正しく行われる．まず相同の2本鎖DNA（図2.13A）の対応する領域の左側に示すDNA鎖にニック（nick）が入り（図2.13B），また右側に示すDNA鎖にも切断端が生じる（図2.13C）．DNA鎖交換の交叉点（乗換え点）は互いに連結され安定化する．このようにして形成される構造は提案者にちなんでHolliday構造（Holliday structure, Holliday 1964）（図2.13D）とよぶ．こうした組換えに必要な各種の酵素についても詳細な研究が進められている．図2.13DでHolliday構造が回転した場合（図2.13F, G），交差したDNA2本鎖の切断，交換によりDNA分子の一部分を交換した染色体が生じる（図2.13H, I）．

以上述べてきたように，乗換えは生物に遺伝的多様性をもたらすうえできわめて重要な細胞学的機構であるといえる．また体細胞分裂期に異なった相同染色体の染色分体間に生じる乗換えが1936年にC. Sternによってショウジョウバ

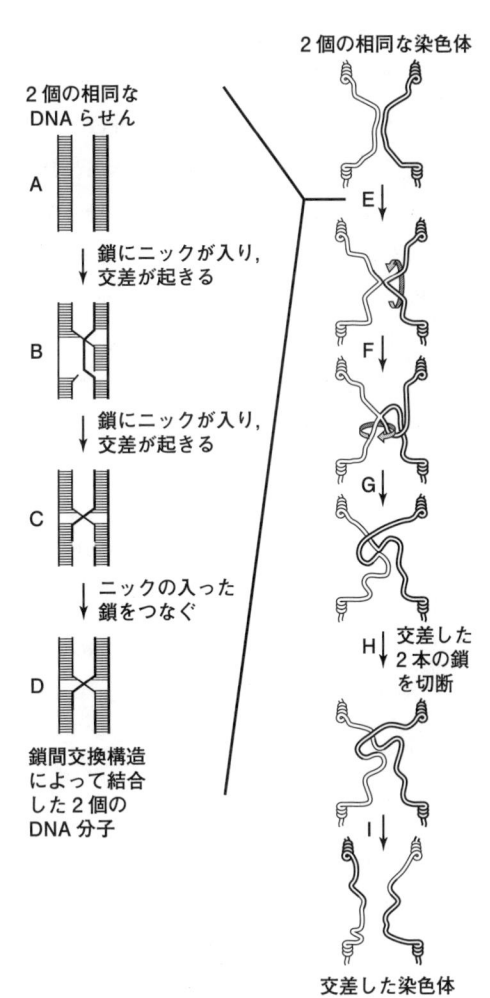

図2.13 組換え染色体の形成
（Alberts *et al.* 2003, *Essential Cell Biology*, © Garland Science. 許可を得て一部改変）

エを用いて報告されている．体細胞乗換えはヘテロな対立遺伝子がホモ化する一つの原因となる．この時期に見られる染色糸の核内の特定領域への集合を第一収縮期 (first contraction) とよぶ．

パキテン期は相同染色体が全長に渡って対合を終えた時期である．シナプトネマ構造も染色体の全長に渡って完成し，相同染色体間の距離も 100～130 nm 程度と近接する．この時期の二価染色体はさらに凝縮を続け，染色体上には染色液に強く反応する領域，染色小粒が明瞭に認められる．パキテン期は二価染色体が凝縮するために時間を要する過程であり，その間染色体は長く伸びた状態を保持し，染色体小粒が染色体全長に渡って構造的な目印を提供する．したがってパキテン期は古くから S 型染色体 (3.3.2 項) の識別・同定さらには精密な地図の作製に用いられてきた (Shastry et al. 1960, Nishimura1961, Kurata et al. 1981, Khush et al. 1984, Kato et al. 2003)．この時期の染色体を用いて作られる地図をパキテン地図 (pachytene chromosome map) とよぶ．またこの時期では相同染色体間の対合 (pairing) の状態から相同染色体間のゲノムの相同性，逆位 (inversion) や欠失 (deletion) などの染色体異常 (chromosome aberration) などの細胞学的な基本情報が得られる (第4章)．

複糸期ではシナプトネマ複合体が分解され，対合していた相同染色体は乗換えが生じた部分を残して離れ始め 4 本の染色分体が認められるようになる．この状態の染色体をとくに四分染色体 (chromosome tetrad) という．異なる染色体の染色分体間で乗換えが生じた部分はしばらくその場所で結びついたまま残り，X 字型の交わりが作られる．これをキアズマ (chiasma, pl. chiasmata) とよぶ．キアズマは二つの染色分体間の DNA 分子に生じた乗換えの細胞学的表現といえる．この期の終りに生じる染色体の凝縮を第二収縮期 (second contraction) とよぶ．

移動期では相同染色体はキアズマで結ばれたままさらに凝縮を続け，キアズマは当初生じた位置からテロメア方向へ移動し，キアズマの末端化現象として知られる．また相同染色体自体も赤道面上へ移動を開始し，二価染色体が相同の 2 単位からなることが明瞭に観察できる．この期の終りに各

染色体は再び密集し，各染色体の識別が困難となる（第三収縮期，third contraction）．

　第一分裂中期では核膜が消失し，代りに紡錘体が発達して対合した相同染色体が赤道面上に並ぶ．その際姉妹染色分体の動原体は平行に同じ極に向かい合って位置するため，同じ極からの微小管は同一の染色体を構成する姉妹染色分体の両方の動原体に結合する．この時期は相同染色体間の相同性，構造異常などの調査に好適である．

　第一分裂後期ではそれぞれの相同染色体が互いに2本の染色分体ごと両極に分かれる．すなわち相同染色体における染色分体は分離しない．

　第一分裂終期では全ての相同染色体が二つの極に集まり，染色体の高次構造は消失して核膜が作られるが，核膜が再生されない場合もある．二倍体の植物の場合，娘細胞の核中にはDNA複製が終わった二価の相同染色体が1本ずつ含まれることとなる．単子葉類（monocotyledons）の場合は細胞壁が再合成され，細胞壁で二分された娘細胞が作られる．双子葉類（dicotyledons）の場合は細胞壁は形成されない．以上により染色体数は半減する．

　中間期は第一分裂が終り第二分裂が開始されるまでの短い期間である．

　第二分裂前期で染色体は再び凝縮を始めるが，染色分体どうしは密着した状態を保つ．第二分裂中期では核膜が小胞に分解され，一方で紡錘体が形成される．染色体は赤道面上に並ぶが，凝縮の程度は第一分裂の中期より緩やかで，体細胞分裂時と類似する．第二分裂後期では染色体の二つの染色分体の動原体がそれぞれ別の極に対面する結果，異なった極に由来する染色体微小管がそれぞれの動原体に付着する．これにより染色体が縦裂し姉妹染色分体はそれぞれ反対の極に移動する．すなわち均等分裂となる．

　以上の過程により，減数分裂に入る前にDNAが複製された二倍体では2本の相同染色体それぞれについて2本の染色分体が生じて合計4本の染色分体が形成される．そしてこの4本の染色分体が4個の娘細胞に1本ずつ分配されることになる．第二分裂の分裂面は単子葉類においては第一分裂の場合と平行，双子葉類の場合は直交する場合が多い．第二分裂終期では核膜の形成に引き続き細胞壁が合成され，1個の母細胞から4個の娘細胞が形成

される.これらを四分胞子(spore tetrad)あるいは四分子(tetrad)とよび,花粉が形成される場合は花粉四分子(pollen tetrad)とよぶ.双子葉類では,前後2回の核分裂が完了した後に初めて細胞壁が形成される.

減数分裂の第1の機能は染色体数が半減した配偶子を形成することである.減数分裂の第2の機能は娘細胞へ伝わる遺伝情報の組換えである.染色体上に直線的に配列された遺伝情報はまず,第一分裂中期において反対の極に移行する相同染色体が任意に選ばれることにより,父方,母方に由来するそれぞれn本の染色体は娘細胞の中では2^{n-1}の組合せのいずれかをもつことになる.また二つの娘細胞間では全く逆の染色体のセットを持つことになる.すなわち父母に由来する染色体間での組換えが生じる.しかもそれに先立つ第一分裂パキテン期では父方,母方の相同染色体は乗換えにより,部分的に遺伝情報を交換している.すなわち染色体内での組換えが生じる.結果として父,母方から由来する遺伝情報の配偶子における組合せはきわめて多様なものとなる.このように有性生殖は後代における遺伝的多様性を拡大し,より環境に適した子孫を作りだす可能性を広げる.

減数分裂に関与する突然変異体やその遺伝子も古くから知られており,その解析も進められている.とくに減数分裂の異常に関する突然変異体は数多く知られており,対合の異常,乗換えの異常など減数分裂のそれぞれの過程での多くの突然変異体が同定されている.パンコムギではA,BそしてDの同祖群間の染色体の対合を抑制する遺伝子 *Ph*(Okamoto 1957)がX線照射により変異した突然変異体が知られている(Sears 1975).イネでは花粉母細胞と胚のう母細胞の数がともに増加する突然変異体 *MSP1* が知られており,減数分裂は前期で停止して雄性不稔となる.*MSP1* 突然変異は受容体型タンパク質キナーゼをコードする遺伝子に,イネのレトロトランスポゾンである *Tos17* が挿入することによる遺伝子破壊が原因であることが明らかになっている(Nonomura *et al.* 2003).アラビドプシスでは減数分裂異常の原因遺伝子が同定され,ユリではDNAの組換えや修復に関係する大腸菌の *RecA* や酵母の *Rad51* と相同性や共局在を示すタンパク質の遺伝子,*LIM15* が同定された(Kobayashi *et al.* 1993).出芽酵母の *LIM15* 相同遺伝

子は *DMC1* であり，アラビドプシスでの相同遺伝子，*AtDMC1* の破壊株では減数分裂時の染色体挙動の異常と稔性の著しい低下が認められている (Couteau *et al.* 1999)．その他コムギでは対合に関連する遺伝子，熱ショックタンパク質遺伝子，タンパク質の正常な折り畳みを手助けするシャペロン機能を有するタンパク質の遺伝子などが見つかってきている．しかし減数分裂を開始させるあるいは各時期の進行に直接かかわる遺伝子群については今後の課題として残されている．

(4) 配偶子の形成

図2.14aに被子植物の花器の模式図を示す．がく片，花弁，雄ずい，心皮（雌ずい）の四つの器官からなり，それらは同心円状に配置されている．雄ずいは花糸とその先端に位置する葯 (anther) から，また雌ずいは柱頭 (stigma)，花柱 (style)，子房，花托からなる．子房の花托に対する相対的な位置関係により，子房上位，子房中位，子房下位の3種に分けることができる（図2.14b）．これらの構成要素は発達の過程で相互に融合，変換する場合が多く認められる．たとえば，園芸上有用な八重咲は多くの場合，雄ずいが花弁化したものであり，ABCモデルからはCクラス遺伝子の変異として説明される．表2.2に果実と花器の発生学的対応関係を示す．

配偶子の形成は若い葯の表皮直下に形成され内容が充実した胞原細胞 (archesporium) において始まる．胞原細胞はまず，数回分裂して花粉母細胞 (pollen mother cell, PMC) となり，1個の花粉母細胞は先に述べた減数分

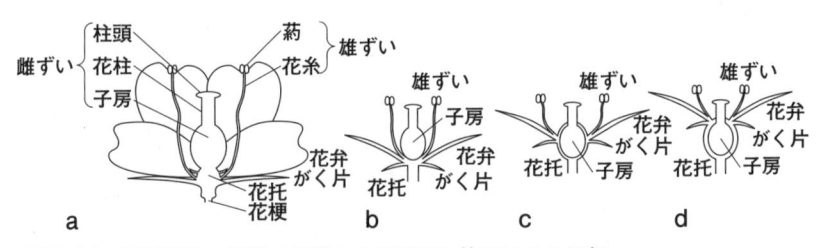

図2.14　被子植物の花器の構造および子房の位置による分類
a) 花器構造の模式図. b) 子房上位. c) 子房中位. d) 子房下位. （若生原図）

裂の過程を経て4個の花粉四分子となる．花粉四分子おのおのは急速に発達して花粉（pollen）となるが，その過程で葯壁細胞に面して発芽孔を作る．ついで核は分裂して栄養核（vegetative nucleus, 花粉管核 pollen-tube nucleus）と生殖核（雄原核 reproductive nucleus）を形成する．栄養核（花粉管核）は葯壁に面して作られ，生殖核（雄原核）はその反対側に位置する．生殖核は間もなく栄養核に近づき，2回目の分裂を行って第一雄核（第一精核）と第二雄核（第二精核）を生ずる．以上の過程を花粉分裂（pollen mitosis）という（図2.15）．そのため花粉の中で雄性配偶子は入れ子となって存在する．

一方，胚のう（embryo sac）

表2.2 被子植物の花器と果実の発生学的対応

花	果実
花梗（花柄）	果梗
花托	
がく（がく片）	
花冠（花弁）	
雄ずい ─ 葯 　　　 └ 花糸	
雌ずい ─ 柱頭 　　　 ├ 花柱 　　　 └ 子房 ─ 胚珠 　　　　　　　├ 胎座 　　　　　　　└ 子房壁	胚，胚乳，種皮（種子） 果皮 ─ 外果皮 　　　 ├ 中果皮 　　　 └ 内果皮

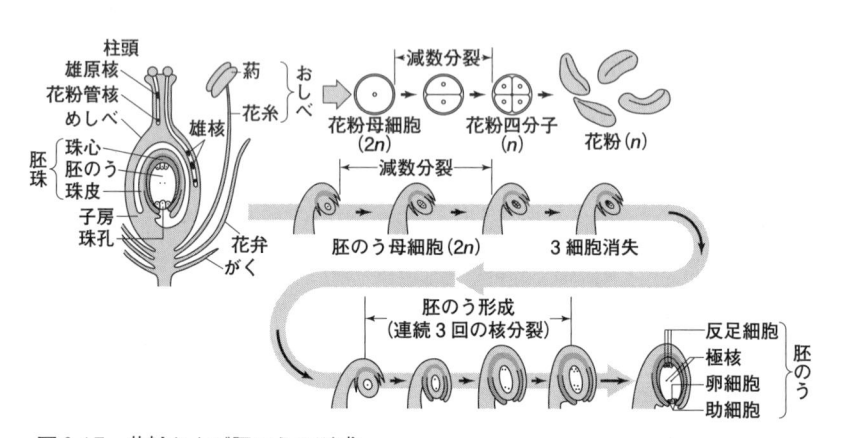

図2.15 花粉および胚のうの形成
（富樫ら，1997，ビジュアルリファレンス　生物総合資料　改訂版，実教出版．一部改変）

および卵細胞の形成を見ると（図2.15），胚珠（ovule）の中に他の細胞より大型の胞原細胞が生じ，多くの被子植物ではこれがそのまま胚のう母細胞（embryo sac mother cell, EMC）となって減数分裂を行う．その結果，形成された4個の細胞は通常直線上に並ぶが，それら4個の細胞の内で最内部の1個が発育して胚のうとなり，他の3個は退化，消滅する．残った1個の胚のう核（primary embryo sac nucleus）は3回分裂を行って8個の核となるが，1回目の分裂で生じた2個の内，1個は胚孔部に，他はその反対側に移行し，ここで各々2回分裂を繰り返して，それぞれ4個ずつの核となる．それら4個ずつの核から1個が中央部に移動して2個の極核（polar nucleus）となる．その後，これらは融合して後生胚のう核（secondary embryo sac nucleus）となる．上下に残ったそれぞれ3個の核はその周囲に細胞質を集めて細胞膜の無い細胞となるが，珠孔近傍にある3個の内1個は大きく他は小さい．大きいものは卵（egg），小さい2個が助細胞（synergid）とよばれる．助細胞は花粉管を誘導するタンパク質（LURE1, LURE2）を分泌しており（Okuda et al. 2009），受精に不可欠な役割を果しているが（Higashiyama 2001），次第に退化，消失する．珠孔の反対側にある3個の細胞を反足細胞（antipodal cell）といい，イネ科植物などでは細胞分裂により多数の反足細胞をもつものがある．これらは受精後数日にして退化する．

4．受精と結実

(1) 受粉と受精

花粉が飛散して雌ずいの柱頭に着くことを受粉（pollination）といい，雌雄両配偶子が合体することを受精（fertilization）という．受粉しても受精が行われなければ種子は形成されない．図2.16はイネの生活環を模式的に示したもので，表2.3にはイネの花器の発達経過を示した．

花粉が柱頭に着くと発芽孔から花粉管（pollen tube）を出し，柱頭ならびに花柱の誘導組織（conductive tissue）の中を通って子房に達する．珠孔か

ら進入して胚のう内の助細胞に達すると，花粉管の先端が破れて2個の雄核は助細胞内に入る．そのうち一つは卵と合体して胚（embryo）を形成する．他の一つは二つの極核と合体して胚乳（endosperm）を作る．この現象を重複受精（double fertilization）といい，被子植物特有のものである．受精が終わると染色体数は胚が$2n$，胚乳が$3n$となる．

受粉してから受精に至るまでの経過時間は植物によって異なり，温度などの環境条件によっても異なる．イネで5〜6時間，ライムギ7時間，トウモロコシ18〜24時間，チョウセンアサガオ25時間，ギンリョウソウ5日間，ペカン（アメリカクルミの1種）5〜7週間，アカガシでは13〜14カ月である．

受粉様式は植物の種類によって異なり，大きく分けて自家受粉（self pollination）と他家受粉（cross pollination）になる．これは花器の構造や受粉機構の差による．自家受粉とは同一個体内の雌雄ずい間で受粉が行われることで，同一花内の自家受粉（狭義）と同一個体内の異花間に行われる自家受粉（広義）とがあるが，通常自家受粉と言えば前者を指し，後者は隣花受粉とよんで区別される．しかし，両者は遺伝学上は同じ意味をもつ．純系内の個体相互間の受粉も遺伝学上は同じと見なせる．他家受粉は交雑受粉ともいい，遺伝組成を異にする個体間の受粉である．次のような場合は花器の構造上，他家受粉が強制される．

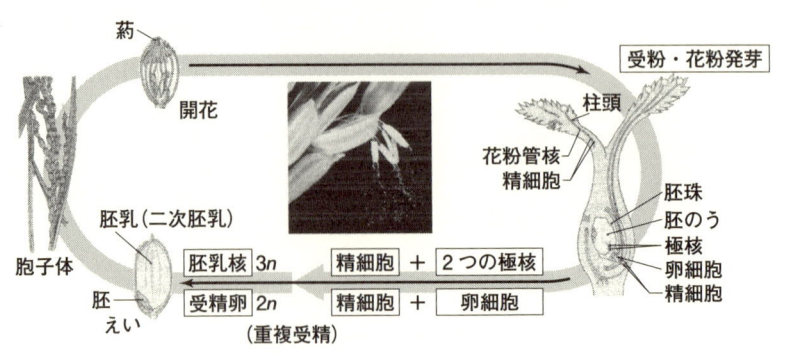

図2.16 イネの生活環
（富樫ら 1997, ビジュアルリファレンス 生物総合資料 改訂版, 実教出版. 一部改変）

表2.3 イネ花器の発達経過（陸羽132号を供試）
（渡辺 1982より一部改変）

幼穂長 (cm)	出穂前日数 (日)	備　考
0.2	24	内外頴・雌雄ずい始原体の形成期
0.5	20	幼穂の発育緩慢
1.5	16	花粉母細胞の形成開始　胚のう母細胞の分化期
2.5	14	葯が伸長・花粉母細胞の内容充実・細胞間隔拡大
8	12	減数分裂期
12.5	10	花粉外殻形成初期　胚のう4分子退化
18	8	花粉外殻形成期
19	6	花粉内容の充実・花粉管・発芽孔の分化・胚のう各細胞の分化
20.5	4	花粉の充実進むもなお不整形　胚のうの核分裂ほぼ終了
20.5	2	幼穂の伸長停止　花器はほとんど完成
20.5	0	出穂開花

　花器が雌ずいか雄ずいしか持たない単性花（unisexual flower）でかつ同一個体の中に雄花と雌花を有する雌雄同株（monoecism）では，たとえばスイカ，トウモロコシなどのように自家受粉と他家受粉を行うものがある．雌雄異株（dioecism）すなわち雌花と雄花が別株につくもの（ホウレンソウ，アスパラガス，アサなど）は他家受粉を行う．一方，一つの花器の中に雄ずいと雌ずいをともに持つ両性花（両全花，hermaphrodite flower）には雌雄同熟（adichogamy）と雌雄異熟（dichogamy）とがあり，後者は雄ずい先熟と雌ずい先熟に別れるがいずれも自家受粉しない．

　ただし，雌雄同熟のもののうち，スミレなど蕾の状態で受粉する閉花受粉（cleistogamy）のものは自家受粉のみをする．開花受粉するもののうち，同一種の個体間の二つの花器に形態的な違いがない同型花（homomorphous flower）は通常自家受粉し，形態の異なる異型花（heteromorphous flower）は他家受粉をする．同型花でも自家不和合性（self-incompatibility）のものは他家受粉をする．

　他家受粉植物でも，自家受粉植物でも，自然界における花粉の媒介には昆虫による虫媒花（entomophilae），水による水媒花（hydroplilae），風による風媒花（anemophilae）などがあり，これらを総称して自然受粉（open pollination）という．育種上，人為的に行う授粉は人工授粉（artificial pollination)という．後で述べる雄性不稔の利用（2.5.2項）は，自然受粉で他家受粉を強制する方法であるが，育種上は自家受粉を強制するための人工自家授粉という操作も行われる．

　自家受粉によって受精する植物を自家受精植物（autogamous plant）といい，作物ではイネ，オオムギ，コムギ，ダイズ，アズキ，ナス，トマトなどがこれに入る．他家受粉によって受精する植物を他家受精植物（allogamous plant）といい，単性花および両性花の自家不稔のものがこれに含まれる．自家不稔の原因としては，雄ずい先熟（タマネギ，ビート，キク，ホウセンカなど），雌ずい先熟（アブラナ科植物，モクレン，イヌサフランなど）が挙げられる．また異型花のうち，雄ずいと雌ずいの長さが異なる異型花柱性（異型ずい性，heterostyly）（カタバミ科，ソバ，ホテイアオイなど）では異なる花柱をもつ花の花粉どうしが受精にあずかる．異型花柱性についてはダーウィンによってサクラソウ属の例が詳細に調べられている．さらに葯と柱頭が離れた位置にあること（雌雄離熟性，herkogamy）やこれらの成熟が時間的にずれること（雌雄異熟性，dichogamy）によっても自家受粉が抑制される．自家受粉植物でも僅かながら他家受精を行う（イネやコムギ，〜4％）．自然交雑による他家受精が4％以上のもの，たとえばソルガム（5〜6％），ワタ（5〜10％），アルファルファ（7〜40％）などは部分他家受精植物（partial allogamous plant）とよぶ．

（2）結　実

　受精によって胚と胚乳が形成され，その肥大成熟によって種子となる．果実には子房のみが発達した果肉と種子のみから構成されるカキのような真果（true fruit）と，果肉が花托の発達によるイチゴやリンゴのような子房以外の部分も発達した偽果（pseudocarp）とがある．胚と胚乳は次代の植物であるが，種皮や果皮は母体の一部であるから，両者は遺伝組成を異にする（図2.17）．

　胚は二倍性，胚乳は三倍性であるが，これは両親の倍数性によって違ってくる．たとえば，コムギ属の3系統間で正逆交雑（reciprocal crossing）を行

うと，表2.4のように種々の倍数性の胚と胚乳が生じる．

　胚乳の形質が花粉の影響を受けることもある．これをキセニア（xenia）という．たとえば，モチイネではウルチイネの花粉が着くと種子の胚乳がウルチの性質を示す．また，キセニアにより胚乳に現われた花粉の影響がさらに真果であるか偽果であ

表2.4　コムギ属3系統間交雑における胚と胚乳の倍数関係
（渡辺　1982より一部改変）

交雑組合せ		倍数性	
		胚	胚乳
一粒系（Ⅰ）	$2x \times 2x$	$2x$	$3x$
二粒系（Ⅱ）	$4x \times 4x$	$4x$	$6x$
普通系（Ⅲ）	$6x \times 6x$	$6x$	$9x$
Ⅰ×Ⅱ	$2x \times 4x$	$3x$	$4x$
	$4x \times 2x$	$3x$	$5x$
Ⅰ×Ⅲ	$2x \times 6x$	$4x$	$5x$
	$6x \times 2x$	$4x$	$7x$
Ⅱ×Ⅲ	$4x \times 6x$	$5x$	$7x$
	$6x \times 4x$	$5x$	$8x$

るかを問わず母体の一部である果実の性質に影響を及ぼすことをメタキセニア（metaxenia）といい，リンゴ，ナシ，カキなどの果実の大きさ，味，果色で知られている．

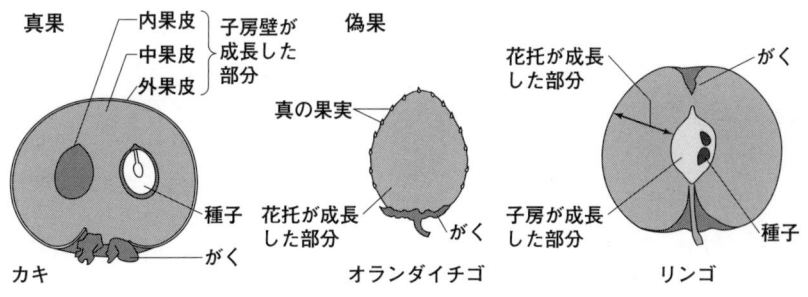

図2.17　真果と偽果
（鈴木　2000, 視覚でとらえるフォトサイエンス　生物図録, 数研出版. 一部改変）

(3) 種々の生殖過程

　雌雄両配偶子を形成し，それらが受精して接合子（zygote）を作るものを有性生殖（sexual reproduction）という．これに対し，本来，有性生殖を行うべき植物が受精を行うことなく接合子を作る現象を無性生殖（asexual reproduction）あるいは無接合生殖（無融合生殖，apomixis）という．完全に無接合生殖を行う植物を絶対的アポミクトとよび，部分的なものを条件的アポ

ミクトという．被子植物では少なくとも126属でアポミクシスが観察されている（Carman 1997）．無接合生殖によりヘテロ接合体の種子をその遺伝組成を変えることなく増殖することが可能となる．この点を生かしてキャッサバやギニアグラス（ナツカゼ，ナツユタカ）などで品種が育種されている．また通常は無接合生殖をしない植物に無接合生殖を行わせて，遺伝的な均一性を保持させることを目標として無接合生殖を行う遺伝子の研究が進められている．

1）不定胚形成（nucellar embryony, somatic embryogenesis, adventitious embryony）

珠心（nucellar）や珠皮起源である造胞体の細胞が胚のうの中に入って不定胚（adventive embryo, adventitious embryo）や胚様体（embryoid）を作る場合で，受粉の刺激を必要としないものと配偶子の合体後にのみ生じる場合とがある．後者の例としてミカンのように1胚珠の中に多数の胚が出来る多胚（polyembryony）現象が知られている．とくにミカンの遠縁交雑による F_1 では全て母方の珠心細胞から胚を形成し，珠心性胚（nucellus-embryo）とよばれる．組織培養条件下で形成される体細胞由来の胚に対しても同様に受粉過程を経ることなく胚形成が行われるので，同様に不定胚，不定胚形成という用語が用いられる．

2）配偶体アポミクシス（gametophytic apomixis）

不定胚形成では胚のうは作られない．一方，胚のうを作る場合，配偶体アポミクシスとよび，次の二つに分類される．

（ⅰ）全数性単為生殖（diploid parthenogenesis，または複相胞子生殖 diplospory）：非減数生殖によって生じた全数性の配偶子が単独発育する．表2.5に通常は全数性単為生殖をする植物の例を示す．全数性単為生殖は少なくとも二つの遺伝子座によって制御されていることが報告されている（van Dijk et al. 1999, Blakey et al. 2001）．

（ⅱ）無胞子生殖（apospory）：胚珠の珠心組織や珠皮の栄養細胞から胚のうが発達してくる場合で，胚は非減数生殖で全数性（$2n$）であり，生じた胚のうと同じとなる．イネ科植物のアポミクシスはほとんどこれである．分

離試験の結果から，これは単一の遺伝子座か，分離することのない密接な遺伝子座に支配されていることが報告されている（Ozias-Akins et al. 1998, Labombarda et al. 2002）．チカラシバでは配偶体アポミクシスを制御する染色体の存在が明らかとなっており，その染色体の付加により有性生殖植物であるパールミレットにアポミクシスを付与した例が報告されている（Akiyama et al. 2004）．

以下にその他の無性生殖について説明する．

3）栄養生殖（vegetative reproduction）

特定の生殖細胞を作らずに，体細胞の一部が増殖して次代植物を作る現象を栄養生殖という．バレイショの塊茎（tuber），サツマイモの塊根（tuberous root），オランダイチゴの匍匐枝（stolon, runner），ヤマノイモのムカゴ（propagule），ユリの鱗茎（bulb）などによる増殖や，挿し木（cutting, cuttage），接ぎ木（grafting）による永年性作物のいわゆる栄養繁殖などがこ

表2.5 全数性単為生殖をする植物の染色体数
（和田と佐藤 1959．基礎細胞学，裳華房．）

属 名	x	$2n$	$3n$	$4n$	$5n$	$6n$	$7n$	$8n$
イバラ科								
Alchemilla ハゴロモグサ	(7)	–	49(7n)	105(15n)		112(16n)	119(17n)	
Sorbus ナナカマド	17	34	51	68				
ジンチョウゲ科								
Wickstroemia アオガンピ	9	18				52+		
キク科								
Antennaria チチコグサ	14	28	42	52〜56		84		
Eupatorium フジバカマ	17	34	51					
	10	20		40*				
Erigeron ヒメジョオン	9	18	27					
Chondrilla	5	10	15	20				
Hieracium ヤナギタンポポ	9	18	27	36	45			
	7	14						
Taraxacum タンポポ	8	16	24	32	40	48	62+	
Ixeris ニガナ	7	14	21	28				
	8	16		32*				
Youngia オニタビラコ	11	22	33	44	55		77	88
イネ科								
Poa スズメノカタビラ	7	14	21	28				
				28*		42*		56*, 70*

*印は正常の両性生殖をする

れに入る．

4）**無配生殖**（apogamy）

　胚が卵細胞以外の細胞から形成される場合で，たとえばハゴロモソウの一種では助細胞，ニラでは反足細胞からの胚形成がしばしば見られる．シダ植物で比較的多く見られる．

5）**半数性単為生殖**（haploid parthenogenesis）

　減数分裂を経て半数になった染色体を持つ卵細胞が受精することなく発育して種子を作る場合で，この種子をまいて得られる植物は半数体（ハプロイド）となる．シロバナチョウセンアサガオ，タバコ，ワタ，コムギ，クレピス，トマト，トウモロコシ，オオムギなどで報告がある．

6）**童貞生殖**（androgenesis）

　雄性配偶子が単独に分裂して胚を形成する現象で，マツヨイグサ属，オニタビラコ属，ツツジ属などの種間雑種では，雄性配偶子が核のない卵細胞または核の退化した卵細胞の中に入って胚を作る．生じた植物は父親の形質を示す半数体となる．チョウセンアサガオ（Guha and Maheshwari 1964）を初めとし，イネ（Niizeki and Oono 1968）やタバコの他多くの植物で広く行われている葯培養（anther culture）あるいは花粉培養（pollen culture）による半数体の育種（第7章）は人為的童貞生殖と見なすことができる．イネでは実際には再分化してくる個体の多くは染色体数が自然倍加しており，これにより，遺伝的固定の操作を必要とすることなく，直ちに純系としての選抜が可能となる．

7）**単為結果**（parthenocarpy）

　単為結実ともいう．被子植物で子房だけが発達し，無種子の果実を生ずる現象で，自然状態では花粉の発育不良のため受粉はするが受精しない二倍性バナナ，ウンシュウミカン，自家不和合性のため花粉は正常でも受精できないパイナップル，開花期に低温になると受精が不能になるナシ，リンゴ，パパイア，個体の老化によるカキ，タバコの例などが知られている．人為的にも誘起することができ，たとえば遠縁の組合せでは受粉の刺激により単為結果を生じる，ナス×ペチュニア，トマト×ナス，キュウリ×

カボチャ，ハクサイ×キャベツ，ダイコン×ハクサイで知られている．ナシ，リンゴ，スイカなどでは植物ホルモンなどの処理で誘起可能であり，種なしブドウはジベレリン処理による単為結果である．

8）多胚（polyembryony）

被子植物ではA. van Leeuwenhoekが1719年にオレンジで発見した現象で，一つの受精卵から2個以上の胚が生じる現象を指す．1卵細胞の胚形成の過程で2個以上の胚となるもの，胚のう中の卵以外の半数性細胞からも卵細胞が生じるもの，1珠心内に多胚のうができるもの，胚のう以外の組織からできるものなど種々のものが知られている．

5．自家不和合性と交雑不稔性

有性生殖は子孫を残すという点だけからみると効率の悪いものではあるが，有性生殖を通じてもたらされる遺伝情報の組換えによる多様性の増大は種の存続さらには進化的には有利に働く．遺伝的組換えによる多様性（diversity）の確保が有性生殖の本質であるとするならば，遺伝的に同等の相手との交雑は無意味と言える．そのため生物は生殖時を利用して，自家不和合性（self-incompatibility）という機構により，自己（遺伝的に同一なもの）と非自己（遺伝的に異なるもの）を認識し，積極的に異なった遺伝情報を取り込み，後代における多様性を確保しているといえる．すなわち自家不和合性とは花粉や胚のうは完全な機能を有しているにもかかわらず，遺伝的に決められたプログラムにより，遺伝的に同一と判断された花粉と胚のうの間に受精が行われない機構を指す．

一方，限度を超えた遺伝情報の違いは個体の維持にとっても不利益となり，その場合は受精卵が発育しないあるいは個体を作っても不稔となって，子孫を残すことが出来なくなる機構も備えている．これをそれぞれ交雑不稔性（cross-sterility）あるいは雑種不稔性とよび，とくに不和合性によるものを交雑不和合性（cross-incompatibility）とよぶ．不稔性（sterility）とは有性生殖の過程において，自殖であれ，他殖であれ，種子が形成されない

現象をいい，広義には交雑の次代あるいはその後代に健全な子孫のできない場合を含む．すなわち生物は遺伝的に大きく異なる種からの遺伝的侵入を不稔性という機構により，生殖時およびその後代の形成時の二つの段階で排除しているといえる．不稔性は不和合性（incompatibility）とは異なる．不和合性で受精が行われないのは植物体内の生理的な機構によるが，不稔性では種々の染色体異常や致死遺伝子の作用が認められる．

(1) 自家不和合性

自家受粉による不和合性（incompatibility）を自家不和合性（self-incompatibility）という．自家不和合性とは，同種の花粉と雌ずい間で自己，非自己の認識が行われ，自己の花粉が受精から排除され，非自己の花粉が受精にあずかる現象である．一方特定の交

表2.6 各種植物の自家不和合性
（日向1999, 植物の育種学, 朝倉書店）

異形花柱型		サクラソウ科（サクラソウ） タデ科（ソバ）
同形花柱型	胞子体型	アブラナ科（ハクサイ，キャベツ，ダイコン） ヒルガオ科（サツマイモ） キク科（コスモス）
	配偶体型	ナス科（野生二倍体タバコ，野生ペチュニア） バラ科（ナシ，リンゴ） ケシ科（ケシ），ツバキ科（チャ） マメ科（アカクローバー，シロクローバー） イネ科（ライムギ）

雑組合せでみられるものを交雑不和合性という．また自家不和合性は異型花柱型と同型花柱型に分類され，後者はさらに遺伝様式から二つの型に大別される（表2.6）．一つは配偶子の遺伝子型によって不和合性が決定されるものであり，配偶体型不和合性（gametophytic incompatibility）とよばれる．他の一つは両親の遺伝子型によって決定されるもので，胞子体型不和合性（sporophytic incompatibility）とよばれる（図2.18）．これら2種類の不和合性は進化上の系統樹の中で入り交じっている場合があり，自家不和合性はこれらの科が分化してから生じたことを示している．

1) 異型花柱による自家不和合性

異型花柱をもつ植物の自家不和合性についてもよく知られている．異型花柱とは雄ずい，雌ずいの長さが系統によって異なり，しかもそれが遺伝的に決まっているものを指す．通常，異なった長さの雄ずい，雌ずいをも

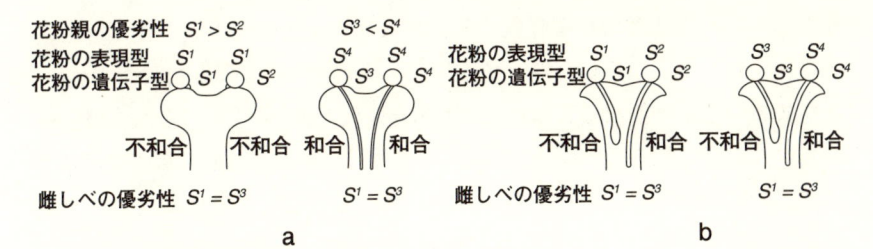

花粉親の優劣性 $S^1 > S^2$　　　$S^3 < S^4$
花粉の表現型　S^1　S^1　　S^4　S^4　　花粉の表現型　S^1　S^2　　S^3　S^4
花粉の遺伝子型 S^1　S^2　　S^3　S^4　　花粉の遺伝子型 S^1　S^2　　S^3　S^4

　　　　不和合　不和合　和合　和合　　　　　　不和合　和合　不和合　和合

雌しべの優劣性 $S^1 = S^3$　　$S^1 = S^3$　　雌しべの優劣性 $S^1 = S^3$　　$S^1 = S^3$

　　　　　　　　a　　　　　　　　　　　　　　　　b

図2.18　自家不和合性の2つの型
a) 胞子体型，b) 配偶体型，雌しべ側は$S^1 S^3$の共優性（S^1とS^3の両方の表現型を示す）とした場合について示す．花粉中はSの遺伝子型，花粉上にはSの表現型を示す．Sの表現型が花粉と雌しべで一致したときに不和合性となる．(a) 胞子体型の場合，花粉の表現型は花粉を生じた親植物によって決定される．(b) 配偶体型の場合，花粉の表現型は，その花粉のもつ1個の遺伝子によって決まる．雌しべでは共優性となる．（日向1999, 植物の育種学, 朝倉書店）

つ個体間でのみ交雑が可能というものである．アマ，ソバ，サクラソウは二形花型であり，花柱が長く花糸が短いpin型（長柱花）と花柱が短く花糸が長いthrum型（短柱花）がある．交雑は異なった二つの型の間でのみ行われる．さらに花柱の長さが長，中，短の三つに分化している三形花型のミソハギ，ホテイアオイがある．ホテイアオイは日本ではほとんどが中柱花である（坂口と福井1983）

2) 配偶体型不和合性

配偶体型不和合性は不和合性が花粉と雌ずい側のS複対立遺伝子により決定されるもので，花粉中のS遺伝子と同じS遺伝子を雌ずい側がもつ場合にその花粉は受精に授ることができず，不和合性となる．リンゴやナシなどバラ科植物や野生のタバコ，ジャガイモ，トマトなどのナス科植物では不和合性の原因物質として柱頭中のRNA分解酵素（S-RNase, S-Ribonuclease）が関与していることが知られている（Lee et al. 1994, Murfett et al. 1994）．

3) 胞子体型不和合性

胞子体型不和合性は花粉親と雌ずい側のS複対立遺伝子により不和合性が決定されるもので，花粉親のS遺伝子と同じS遺伝子を雌ずい側がもつ場合に不和合性となる．この場合，花粉自体のS遺伝子が雌ずい側のS遺伝子と

異なっていても不和合性が発現する．すなわち花粉の表現型と雌ずいの表現型が一致した際に不和合性となる．アブラナ科植物で広く知られており，これまでの遺伝学的な研究の結果，不和合性は1遺伝子座のS複対立遺伝子系により決定されることが明らかとなっている．ただしこれらのS遺伝子間に優劣の関係があり，不和合性の発現に関してはこれを考慮に入れる必要がある（日向1976）．こうした遺伝的研究のため，ナタネ，キャベツでは遺伝的バックグラウンドをなるべく同じにしたそれぞれ30，50種類以上のS対立遺伝子ホモ系統も育成されている．現在，花粉側のS決定因子が花粉表層にあるシステインリッチなタンパク質であることが明らかとなりSP11（S-locus protein11）と名づけられている（Suzuki *et al.* 1999, Takayama *et al.* 2000, Shiba *et al.* 2001）．柱頭側では膜貫通型のプロティンキナーゼSRK（S-receptor kinase）がS決定因子であり，SP11がSRKに結合して自己リン酸化を引き起こすことにより，不和合反応を誘導することが示された（Takayama *et al.* 1996）．サツマイモなどヒルガオ科では別のキナーゼが関与していると考えられている（Kowyama *et al.* 1996）．

(2) 不稔性

1) 交雑不稔性

　種内交雑の場合は不和合性でない限り，どの様な系統間でもふつう正逆両方向でF_1種子が得られる．しかし遺伝的類縁関係が遠くなるにつれて，すなわち両親ゲノム間の塩基配列が異なるにつれて，雑種の獲得は次第に困難となりついには雑種の形成が不可能になる．これは柱頭上での花粉の不発芽あるいは花粉管の花柱内での伸長不能による不受精現象，すなわち，交雑不和合性と，受精しても胚や胚乳の発育が中絶して種子形成にいたらない雑種致死などのためである．雑種形成能の程度は両親種の分類学上の類縁性と平行しているのが一般であるが，常にそうであるとは限らない．ウシノケグサ属やキイチゴ属のように，属内の異なる種間で交雑ができるものや，ワタ属のようにグループ内の種間交雑よりもグループ間の種間交雑の方が容易なものもある．

(i) 雑種形成不能の要因：一般的に両親ゲノムの塩基配列が非常に異なるときにみられる現象であるが，交雑の方向や雑種不稔遺伝子なども関係する．染色体数の差異が関係することもあり，栽培イネでは通常の二倍体とその四倍体との交雑は困難で，とくに四倍体を花粉親にするときには非常に困難である．一方で四倍体を花粉親にすると雑種の獲得が容易である場合もあり，正逆交雑での交雑の難易度は用いる材料により異なる（香川1957）．同じ倍数性でも種間や属間交雑ではその難易度が交雑の方向，すなわち正逆交雑によって異なる場合がある．ダイコン×キャベツの交雑は容易で，その逆交雑は困難である（Karpechenko 1924, 1927, 1928, 柿崎1925, Fukushima 1929）．インゲン×モヤシマメ（*Phaseolus mungo*），あるいはオシロイバナ×ナガバオシロイバナでも同様である．

染色体数を異にする組合せでは，正逆方向によって受精後の胚や胚乳の発育に差異のあることが多い．自家受粉では花粉と花柱の染色体数比はいうまでもなく1:2であるが，二倍種×四倍種（花粉親）ではこの比は1:1となる．この逆交雑では4:1となるが，一般に染色体数の少ない方を花粉親にすれば交雑しやすいことが経験的に知られている．たとえば，チョウセンアサガオでは四倍種×二倍種における花粉の発芽率は67.4％であるが，その逆交雑では13.3％にすぎない．またゲノムを異にする種間雑種の複二倍体がその両親種との交雑親和性を欠く場合がある．ダイコン×キャベツより得た複二倍体（Karpechenko and Shchavinskaja 1927）やタイサイ×ダイコンの複二倍体（寺沢 1932）は両親種のいずれとも交雑不稔である．タイサイ×キャベツおよびアビシニアガラシ×キャベツは花粉親の二倍性キャベツとは交雑しないが，四倍性キャベツとは容易に交雑する（Karpechenko 1937）．

胚乳の染色体数は重複受精の結果，通常は三倍性となるので倍数性の異なる種間雑種においては倍数性や遺伝子量（gene dosage）の違いは胚より大きなものとなる．これにより種子中の胚は正常でも胚乳の発育不良により種子の発芽率が悪くなることがある．たとえば一粒系コムギ×パンコムギなどで典型的にみられる．

(ii) 交雑不稔性の克服：ゲノム間の塩基配列の違いが大きい種属間交雑において雑種形成ができないことは，系統的関係の研究や種属間交雑による育種目標達成のための大きな障害となる．そのため種々の方法が試みられてきた．それらの方法には胚培養法（embryo culture, embryo rescue），放射線処理法，橋渡し植物法（bridging plant），および細胞融合法（cell fusion）などがある．

胚培養法はタバコ，ワタ，トマト，ダイコン，ユリなどで広く用いられている．イネでも種間交雑に胚培養法が多く用いられ，*O. sativa* × *O. brachyantha* の雑種などAゲノムを有する栽培種と異なるゲノムを有する種間の種々の組合せで雑種が得られており，種間雑種の獲得に胚培養法は不可欠なものとなっている．放射線処理法は，それぞれ自殖は可能であるが交雑が困難な2種間において母本となる片親の花粉に1000Gy程度のγ線を照射して完全に発芽能力を消失させ，雑種を得たい父本となるもう片親のほぼ同量の花粉と混合して受粉させる方法である．橋渡し植物法は雑種を得たい2種を直接交雑するのが困難であるとき，その2種のいずれとも交雑可能な第3の種（橋渡し植物）を仲介して目的とする2種の雑種を得る方法である．Sears（1956）はパンコムギに *Aegilops umbellulata* の赤かび病抵抗性遺伝子を導入する際，両種と容易に交雑する *T. dicoccoides* を橋渡し植物とした（9.2.2項）．細胞融合法は遺伝的な交雑障壁によるもの以外の一切の生殖機構による障壁をなくす手法といえ，その意味では交雑不稔性，不和合性をともに打破する技術といえる．植物細胞融合には図2.19に示すような細胞壁を酵素的に除いたプロトプラスト（protoplast）が用いられる（Takebe *et al.* 1968）．第9章でより詳しく述べるが，細胞融合法は細胞壁を取り除いた裸の細胞ともいうべきプロトプラストどうしの融合を種にかかわらず可能とし，核の融合，カルスの形成，植物体の再分化をへて雑種を得る方法である（Melchers *et al.* 1978）．

2）雑種不稔性

これには雑種第一代（F_1）不稔性と雑種崩壊（hybrid breakdown）が含まれる．前者は F_1 植物自体の生育は正常であるが，それが作る雄性または雌性

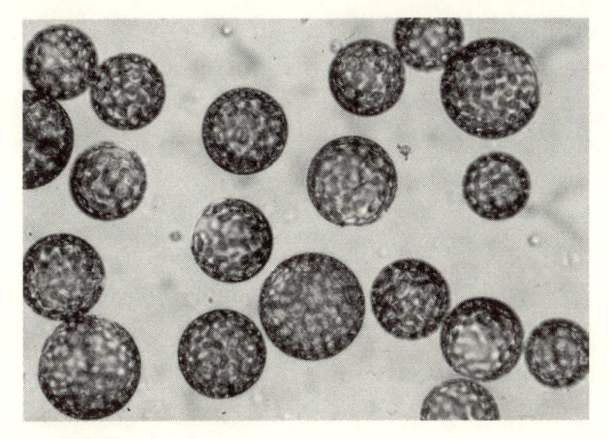

図2.19 タバコ葉肉細胞由来のプロトプラスト
（福井原図）

配偶子のいずれか一方あるいは双方が機能を欠く場合を指し，染色体行動の異常，遺伝子の組換え，雑種不稔遺伝子，細胞質と核内遺伝子との相互作用などによって生じる．後者は，雑種F_1は健全であるが，遺伝子の組換えなどの結果，F_2およびその後代において不稔個体，弱勢個体あるいは発育異常個体などを多く生じ，雑種個体およびその後代が次第に集団中から失われる現象をいう．

　(i) 遺伝子の組換えによるF_1の不稔性：F_1雑種の不稔性が，染色体行動の異常や不稔細胞質によるのではなく，雑種における両親由来の遺伝子の働きによって生じる場合がある．すなわち，親品種では正常に機能しているが，遠縁交雑でヘテロな状態におかれると配偶子致死をもたらす配偶子致死遺伝子（gametic lethality gene）がイネやトマトで知られている．たとえば栽培イネの二つの亜種，日本型イネ（ssp. *japonica*, Japonica）[4]およびインド型イネ（ssp. *indica*, Indica）[4]は第6染色体上の稃先色やモチ遺伝子と連鎖する配偶子致死遺伝子$S^j S^j$および$S^i S^i$をもち，ホモ接合体の状態ではS^i，

---

[4] 種の同定は保管されたタイプ標本との比較によりなされる．日本型イネ，インド型イネについてはそれを亜種として記録し保管したタイプ標本が無い．したがって厳密に言えば亜種として定義することはできないが，便宜的に亜種として取り扱われる場合も少なくない．

S^jいずれの配偶体も正常に受精するが，日本型およびインド型のF_1では配偶子致死遺伝子はS^i/S^jのヘテロ接合体となりS^jを持つ配偶子が致死する．したがって日本型とインド型イネの交雑のF_1では部分雑種不稔が生じる．一方ジャワ型イネ（熱帯ジャポニカ，Javanica）イネのKetan Nangkaなどの品種はS^iおよびS^j遺伝子の他に雑種不稔を生じない広親和性遺伝子S^nがあり，S^i/S^nあるいはS^j/S^nの組合せは配偶子致死を示さないので，日本型とインド型イネ品種の交雑や雑種強勢育種に利用されている．日本型，インド型イネ両方に交雑しても不稔性を示さないこうした品種は広親和性品種（wide compatibility variety, WCV）とよばれ，この遺伝子を取り入れたイネ中間母本熱研1号，2号が育成されている（Ikehashi and Araki 1986, 池橋2000）．

　また交雑して得られたF_1雑種が著しい弱勢を示すことがある．イネでは雑種弱勢（hybrid weakness）に働く二つの遺伝子座，Hwc-1とHwc-2が同定されている．前者はペルーのジャマイカという品種に見いだされ，後者は日本型イネに広く分布する．またインド型イネではその劣性型，hwc-2が広く見いだされる．交雑により得られたF_1雑種においてHwc-$1/Hwc$-2の組合せになった時，幼苗期において半数の個体が致死する．同様の例はインゲンマメでも知られており，アンデス産の品種の一部と中米産の品種の間の雑種には，$DI1$（中米起源）と$DI2$（アンデス起源）の二つの遺伝子が見つかっており，これらが共存した場合に弱勢が生じることが報告されている（池橋1996）．

　(ii) 細胞質雄性不稔性：正逆交雑を行った場合にみられるF_1の花粉稔性の差異は細胞質雄性不稔性によるものが多い．その例はトウガラシ属に見られる．*Capsicum chinense* × *C. annum*の交雑ではF_1個体は幼苗期に枯死するが，この逆の交雑では正常に発育する．細胞質は母方から伝わるので*C. chinense*の細胞質と*C. annum*の核遺伝子の相互作用が考えられる．

　細胞質による雄性不稔性はたとえばニンジン，タマネギ，テンサイ，トウモロコシの育種に広く利用されてきた．最近ではイネでもその実用化がはかられている．トウモロコシの細胞質雄性不稔性はミトコンドリアゲノ

ム上にある遺伝子が関与していることが知られている．図2.20に細胞質雄性不稔系統の育種と利用についての模式図を示す．核内の稔性回復遺伝子（restorer gene, *Rf*）が劣性 *rf* である時，雄性不稔が生じる細胞質をS細胞質とする．そこでS細胞質をもち，かつ核内に *rf* 遺伝子に関してホモである雄性不稔系統（A-line）を作り，それを母方として *Rf* 遺伝子をホモにもった稔性回復系統（fertility restorer, restorer）（C-line）を交雑する．雑種種子の核は *Rf/rf* の遺伝子構成となり，雑種個体自体の稔性は回復するが，その自殖後代では形質の分離が見られ，1/4 が雄性不稔となる．雄性不稔系統の維持は毎代雄性不稔系統を作る際に用いた花粉親すなわち *rf* 遺伝子をホモ接合にもつ維持系統（maintainer）（B-line）の花粉を交雑して行う．雄性不稔系統は特定の系統と交雑した際にのみ生じる雑種強勢（heterosis, hybrid vigor）を育種的に利用する上できわめて有用であり，トウモロコシやイネで広く利用されている．

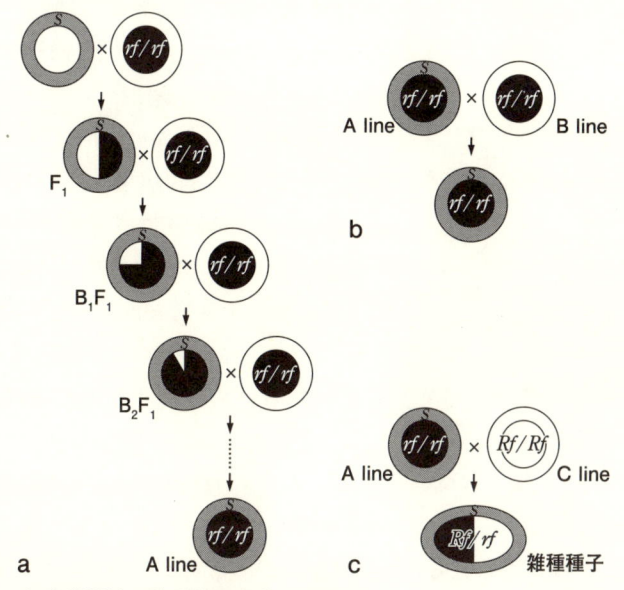

図2.20　細胞質雄性不稔系統の育成と利用
a) 連続戻し交雑法による細胞質雄性不稔系統の育成．b) 細胞質雄性不稔系統の維持．c) 細胞質雄性不稔系統の利用．（若生原図）

雄性不稔機構については現在多くの研究がなされており，たとえば，カルシウムによって活性化されるカルシウム依存性・カルモジュリン非依存性プロティンキナーゼの遺伝子が単離され，花粉形成に重要な機能をもつことが明らかになった（Estruch et al. 1994）．この遺伝子の発現を抑制した形質転換体では花粉が形成されず，雄性不稔になることが認められている．またタバコのタペート細胞（tapetum）で発現するプロモーターを利用してRNase遺伝子を発現させ，タバコタペート細胞を破壊して雄性不稔にした形質転換体が得られている．ナタネの雄ずいを無くした雄性不稔ナタネも実用化されている．

(iii) F_2以降の雑種崩壊：近縁種間ないし亜種間交雑のF_1は，減数分裂が正常で稔性も高く見かけ上は何の異常もないのに，その自殖によるF_2およびその後代に発芽異常，弱勢，不稔個体などが分離する場合が少なくない．これを雑種崩壊といい，雑種としての系統維持が困難であることを意味する．たとえば，日本型イネ（木下モチ）とインド型イネ（白殻早仔），あるいはインド型イネのSom Cauと金仙のF_1の稔性は両親系統と同様であるが，F_2では花粉および種子稔性について幅広い分離がみられる．そして半不稔性個体を自殖すると，後代では半不稔性の固定系統が得られた（Oka 1957）．

(iv) 外来染色体による不稔性：交雑育種では病害抵抗性など有用遺伝形質を野生種から導入することがしばしば試みられてきた．このとき導入する染色体を異種染色体（alien chromosome）とよぶ．外来染色体が1本のみ加わったものをモノソミック異種染色体添加系統（monosomic alien chromosome addition line, MAAL）とよぶ（第5章）．この外来染色体が導入された植物体で不稔の生じる例が多く知られている（Multani et al. 1993, Cheng and de Jong 2005）．

タバコは疫病に対して感受性であるが，野生種は抵抗性の優性遺伝子，Bsをもつ．したがって，この遺伝子が座乗する染色体（P）をもつMAALを作ると疫病抵抗性が得られる．抵抗性植物の減数分裂を調べると，胚のうでも花粉母細胞でも$n = 24 + P$である細胞の割合は約15％であった．これは多くの場合外来染色体が両極に移行せず小核を形成して消失するからであ

る。その上，花粉稔性についても約15％であり，Bs 遺伝子と強く連鎖する花粉致死遺伝子 Kl の存在が推定された。すなわち Kl は $n = 24$ の染色体構成を有するタバコの花粉を選択的に致死させる。$n = 24$ の花粉は四分子期直後から発育を止め退化することが認められた。ただし Kl は雌性配偶子には影響しないので，通常のタバコを花粉親として MAAL と交雑すれば得られた F_1 の97％が Bs 遺伝子をもち，疫病に対して抵抗性であった（Cameron and Moav 1957）。

コムギでも同様の例が報告されている（5.3節）。Endo (1990) はパンコムギに近縁の *Aegilops* 属植物の染色体が MAAL となって存在すると，*Aegilops* 属の染色体を含まないパンコムギの染色体だけの配偶子が選択的に致死することを見いだし，配偶子致死効果（gametocidal effect），またその外来染色体を配偶子致死染色体（gametocidal chromsome）と名づけた。その後の研究で配偶子致死染色体はパンコムギの染色体を任意の場所で切断することにより配偶子致死を生じていることが明らかになった。任意の場所において切断された染色体は一連の構造変化を通じて安定化する。図2.21に示すように，たとえば核小体形成部位（NOR）で切断された染色体は複製される際に新しく挿入された8塩基の DNA により姉妹染色分体が融合する。その結果，1本の染色体となった姉妹染色分体は二つの動原体をもつことになるが，細胞分裂の過程で再び最初に切断された付近で切断される。その切断点にテロメアが *de novo* に合成され，一つの動原体を有する安定した染色体となる。すなわち McClintock の切断－融合－染色体橋サイクル（BFB cycle）に類似した過程を経て染色体が安定すると考えられている（Tsujimoto *et al*. 1997）（4.3.3項）。こうした過程を経て得られた種々の部分で切断された一連のパンコムギやオオムギ染色体は細胞遺伝学の研究に貴重な研究材料を提供している。

（v）外来遺伝子による雑種致死：特定の外来遺伝子を遺伝子操作により組み込むことにより，植物上の次代を致死させる方法が開発されている。この方法は通称，ターミネーターテクノロジー（terminator technology）[5]，組み込む遺伝子はターミネーター遺伝子とよばれている。この方法は基本的

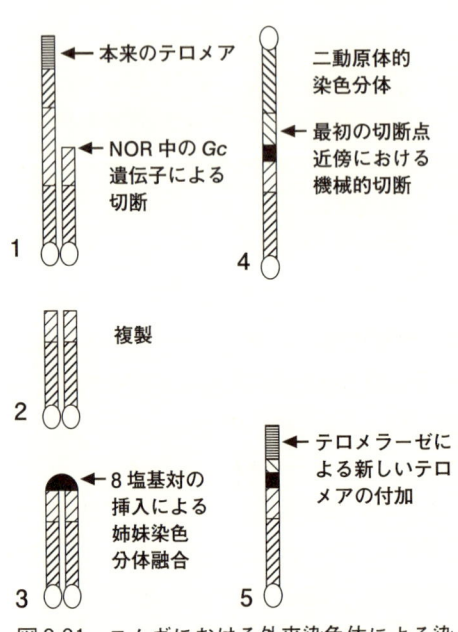

図2.21 コムギにおける外来染色体による染色体異常の誘発とテロメアの付加による安定化の過程
(Tsujimoto *et al.* 1997, *Proc Natl Acad Sci USA* 94 : 3140 – 3144, ⓒ National Academy of Sciences, U.S.A. 許可を得て一部改変)

図中ラベル:
1: ←本来のテロメア / ←NOR中の*Gc*遺伝子による切断
2: 複製
3: ←8塩基対の挿入による姉妹染色分体融合
4: 二動原体的染色分体 / ←最初の切断点近傍における機械的切断
5: ←テロメラーゼによる新しいテロメアの付加

には常時働くプロモーター(promotor)支配下でタンパク質の働きを抑制するリプレッサー遺伝子(repressor gene),常時働くプロモーター支配下で特定のDNA部位を切り出すリコンビナーゼ遺伝子,および種子の発生後期に時期特異的に働くプロモーター(*LEA*)支配によるリボソームの働きを阻害する遺伝子(*RIP*),の三つの遺伝子を同時に形質転換することにより得られる.たとえば,これら3種の遺伝子をもったワタの発芽前の種子を抗生物質テトラサイクリンで処理すると,常時発現し,通常はリコンビナーゼ遺伝子のプロモーター領域に結合しリコンビナーゼ遺伝子の発現を抑制しているリプレッサータンパク質がテトラサイクリンとの相互作用により遊離する.それにより通常は抑制されていたリコンビナーゼ遺伝子が転写,翻訳される.発現したリコンビナーゼは*LEA*と*RIP*の間に挿入されて*RIP*の発現を抑えているDNA配列を切り出すので,*LEA*と*RIP*は直結され,*RIP*が種子形成のほぼ完了時点で発現する.その結果,種子には*RIP*が蓄積され,発芽能を失った種子が作られる.この方法は結果として,農家の自家採種ができなくなったり,形質転換体を種子では拡散しないように制御することができる.現在,種々の変

---

5) Delta and Pine Land 社と米農務省が共同で特許取得した方法 (米国特許5,723,765) にもとづく.

法が考えられ，開発・研究が進められている．

(3) その他の不稔性

イネやパンコムギでは日長や温度などの環境条件により雄性不稔となる日長感応性遺伝子雄性不稔，日長感応性細胞質雄性不稔（PCMS）や温度感受性遺伝子雄性不稔などの環境感応性遺伝子雄性不稔が見出されている．こうした変異体はハイブリッド品種を作る上で有用であり，中国では実際の育種に用いられている（Lu *et al*. 1994）．わが国でもレイメイのガンマ線照射による突然変異体として温度感受性雄性不稔が得られている．この場合は高温（31/24℃）で不稔となり低温（25/5℃）では正常な稔性を示す（Maruyama *et al*. 1991, Murai 1998）．

3章 細胞からDNAへ：ゲノムと染色体

1. 細胞核の構造と機能

(1) 細胞核の構造

　細胞核の基本的な構造は動物と植物で同じであると考えられており，図3.1にヒトで得られた知見に基づく細胞核の構造を示す．

　図3.1に示すように細胞核は10〜50 nmの膜間空間を持つ二つの膜で細胞質から区切られている．外膜上にはリボソームが点在しており，内膜の内側には動物では核ラミナとよばれる網目構造が核膜を裏打ちしている．このラミナ構造はラミンとよばれる繊維状タンパク質からなるが，ラミンに

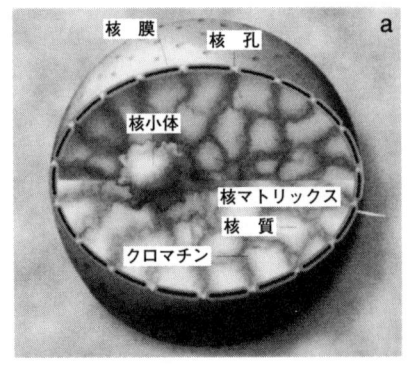

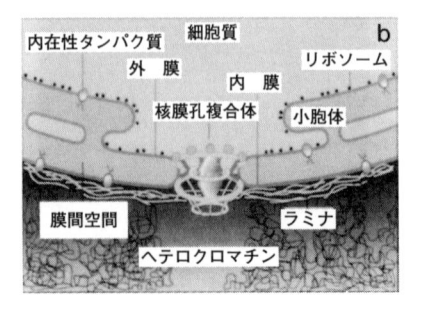

図3.1　細胞核（a）構造．(b) 核膜孔とその周辺部．
（Karp 2004, *Cell and Molecular Biology*, © John Wiley & Sons, Inc. 許可を得て一部改変）

類するタンパク質は植物では見つかっていない．核膜上での特徴的な構造物は核膜孔で，核膜孔複合体とよばれる約100種類のポリペプチドからなる複雑な構造をとり，核と細胞質との間の物質の輸送を制御している．

一方DNA量から核を見ると核のDNA量は生物によって大きく異なり，その生物を特徴づける基本情報の一つといえる．したがってDNAの定量についても表3.1に示すように多くの種で行われてきた[6]．二倍体では基本染色体数当たりのDNA量，一般的には配偶体における核内DNA含量をC値（C value）とよび，通常pg単位で表す．核DNA量の測定には，フォイルゲン染色法（Feulgen staining）によりDNAのみを染色し，顕微測光法（microphotometry, microdensitometry）を用いて細胞核の領域におけるDNAの吸光度により測定する方法や，DNAのみを染色するヨウ化プロピジウム（PI

表3.1 主な栽培植物のDNA量

植 物	染色体数2n (倍数性)	半数体当たりの DNA量（pg）	半数体当たりの 塩基対数（Mpb）
シロイヌナズナ	10 (2x)	0.16	157
イネ	24 (2x)	0.50	490
ソルガム	20 (2x)	0.75	740
カブ	20 (4x)	0.80	780
トマト	24 (2x)	1.03	1,010
ダイズ	40 (2x)	1.13	1,100
セイヨウナタネ	38 (4x)	1.15	1,130
ジャガイモ	48 (4x)	2.10	2,060
トウモロコシ	20 (2x)	2.73	2,670
ワタ	52 (4x)	3.23	2,940
エンドウマメ	14 (2x)	4.88	4,800
オオムギ	14 (2x)	5.55	5,400
タバコ	48 (4x)	5.85	5,700
ライムギ	14 (2x)	8.28	8,100
エンバク	42 (6x)	13.23	12,700
パンコムギ	42 (6x)	17.33	17,000
クロマツ	14 (2x)	22.00	22,000
テッポウユリ	24 (2x)	35.20	34,000
大腸菌	1 (1x)	0.005	4.7
酵母	16 (1x)	0.012	12.0
ショウジョウバエ	8 (2x)	0.183	180
ヒト	46 (2x)	3.27	3,200

---

6) Plant DNA C-values Database（release# 4.0 Oct. 2005）
   http://data.kew.org/cvalues/

のような蛍光色素を用いて核を染色し，フローサイトメトリ（flow cytometry）により測定した蛍光量からDNA量を推定する方法が用いられている．現在は後者が一般的である．二倍体の細胞核をフローサイトメトリした場合は一般に，G_1期の核DNA量を反映した2CとG_2期の核DNA量を示す4Cの二つのピークが認められる．

同じイネ科の二倍体植物であるイネ（$2n = 24$）とオオムギ（$2n = 14$）の間でC値は後者が前者の10倍以上も大きい．すなわちオオムギの1本の染色体はイネの1個の核DNA量に匹敵するDNA量を有する．一方アラビドプシスのC値は0.16 pgで，高等植物中で最も小さい核DNA量の一つである．アラビドプシスで全塩基配列の解読が始められたのは当然といえる．

(2) 細胞核内における染色体の高次構造

19世紀の後半，Rabl（1885）は体細胞分裂後期での染色体の配列が次の細胞分裂における前期まで維持され，核の一端に動原体が集まることを報告した（ラーブル構造）．またEisen（1900）は減数分裂の第一分裂前期の細糸期から太糸期にかけていくつかの種においてはテロメアが核膜の一部に集まることを見い出し，この時期をブーケ期（bouquet stage）と名づけた．分裂酵母ではブーケ構造は良く知られており（Chikashige *et al*. 1994, Niwa *et al*. 2000），こうした核内における染色体の三次元構造は共焦点レーザ顕微鏡法やデコンボリューション法などの三次元可視化法（10.1.1項）の発達により，詳細にかつ動的に明らかにされつつある．

アラビドプシスではマルチカラーFISH法（10.1.2項）を用いて核内でそれぞれの染色体が特定の位置を占めていることが見い出された（Lysak *et al*. 2004）．これによりアラビドプシスの核ではヒトと同様，染色体は核内の一定の空間を占めること，すなわちクロモソームテリトリ（chromosome territory）（Cremer *et al*. 1995）を有することが明らかとなった．分裂酵母においては染色体の特徴的な動態が詳細に把握されている（Niwa *et al*. 2000）．すなわち有糸分裂のほとんどの期間でセントロメアは核膜上の紡錘極体（spindle pole body, SPB）の近傍に位置するラーブル構造をとることが

1. 細胞核の構造と機能　(59)

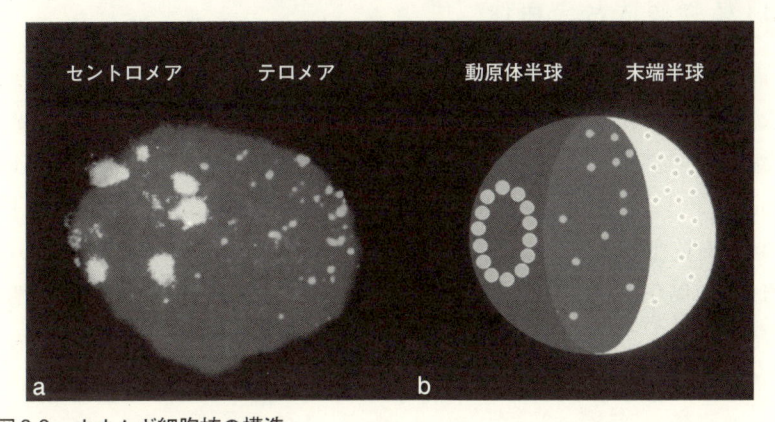

図3.2　オオムギ細胞核の構造
a) セントロメアとテロメアの分布. b) 動原体半球と末端半球の模式図.（若生原図）

明らかとなっている．また接合と核融合を経た減数分裂では染色体の核内配置はきわめて動的に変化すること，すなわち体細胞分裂とは逆にテロメアからSPB周辺に集合し，セントロメアはその反対に位置するブーケ構造をとることが明らかにされた．ブーケ構造は染色体対合と乗換えに関与していると考えられている．オオムギにおいても同様に三次元FISH法の結果を共焦点顕微鏡やデコンボリューション法で解析することにより，動原体とテロメアの位置が核内で三次元的に解析された（Wako et al. 2001）．その結果，核はラーブル構造をとり，赤道面で動原体が円形に集中する動原体半球とテロメアが半球中に散在して分布する末端半球に分けられることが明らかにされた（図3.2）．いくつかの植物種を用いた検討結果によるとオオムギのようなラーブル構造を取る種は大型の染色体をもつものの中にあり（Dong and Jiang 1998），小型の染色体をもつものはアラビドプシスの染色体に見られるようにそれぞれの染色体が核内の特定領域を占める，すなわちクロモソームテリトリを形作っていると考えられる．ただきわめて大型の染色体をもつクロユリなどではラーブル構造は見られない（Fujimoto et al. 2005）

(3) 植物個体と染色体

　同一個体内において染色体数が増加した細胞が，たとえばムラサキオモトの貯水組織やマメ科植物の根粒，ホウレンソウやアラビドプシスの葉肉組織などで認められており，こうした現象を核内（多）倍数性（endopolyploidy）とよぶ．同一個体中の組織，たとえば根端組織で正常細胞中に倍数性や異数性細胞が見られる現象もあり，混数性（mixoploidy）とよばれる（Němec 1910)．キク科植物を始めとする多くの種で近縁の種間に倍数関係が認められることがあり，かつ自生地の高度や乾燥条件などの環境要因と関連している場合がある．

2．ゲノムの構造と機能

(1) ゲノムの概念

　Winkler (1916) は精子や卵細胞などの配偶体における半数性の染色体の組すなわち配偶子染色体数 n を表す概念として，ゲノム（genome）という用語をあてた．木原（1930）はゲノムの概念を拡大し，ゲノムを生物が生存する上で必須の機能をもった染色体の一組であるとしてゲノムに機能的な意義をあたえた．木原によるとゲノムはその生物を生物たらしめるのに必要な遺伝情報の総体であり，二倍体の植物では配偶子の染色体のもつ遺伝情報となる．倍数性植物では相同染色体から重複のない一本の染色体を選んで作った染色体組（chromosome set）となり，その染色体数を基本染色体数（x, basic number）という[7]．ゲノムはアルファベットの大文字で表され，たとえば細胞核のもつ染色体数が48本であるタバコは，SSTTのゲノム式で示される四倍体であり，基本染色体数は12となる．したがってタバコのゲノム情報は12本の染色体のもつ全ての遺伝情報となる．ゲノム解析が進んでいるアラビドプシス，イネ，ヒト，ショウジョウバエは全て二倍体であ

---

[7] 基本数ともいう．n は配偶体の染色体数

り，配偶体染色体数は基本染色体数と一致するが，四倍体以上の倍数性のものでは現行のゲノムの意味するものが配偶体染色体数を指す場合があるので注意が必要である．現在ではゲノムの概念は拡大され，ウイルス，細菌，葉緑体，ミトコンドリアの有する DNA や RNA についてもそれぞれウイルスゲノム，細菌ゲノム，葉緑体ゲノム，ミトコンドリアゲノムとよばれる．

　従来異種・属間での交雑が可能であった植物では，それぞれの種のもつゲノムの特徴を分析するため，まずゲノムの相同性から当該ゲノムを同定することが行われてきた．ゲノム間の相同性は染色体の減数分裂時における対合様式により判定され，この方法をゲノム分析（genome analysis）とよぶ．また現在では，ゲノムの有する遺伝情報を塩基配列として全て解読し，かつその機能を明らかにしていこうとするゲノム解析研究がいくつもの生物で取り上げられてきている．両者は手法的に全く異なっており，それらを区別して考えることが必要である．したがってここでは研究されてきた歴史にしたがい，ゲノム分析について，ついでゲノム解析について述べる．

1）ゲノム分析法

　ゲノム分析はゲノムの相同・非相同から核内におけるゲノム構成を明らかにし，ゲノムの変遷，種の成り立ち，進化の過程などを研究する方法である．分析種（analyzer）を用いて交雑し，減数分裂における染色体の挙動から解析する方法と染色体の核型分析など交雑によらない方法がある．後者では現在，全ゲノム DNA をプローブに用いた分子交雑（genomic *in situ* hybridization, GISH）法による解析法が広く用いられるようになっている．

　ゲノム分析のためには属内の種をできるだけ多く収集し，一定条件下での栽培を行い，各種間の交雑能力，各種の染色体数，基本染色体数などについて知ることが必要である．次に，二倍性種間の雑種を作り F_1 の減数分裂 MI における染色体の対合と稔性を調べ，それによってゲノム間の相同性の程度を判定する．また二倍性種と四倍性種間の雑種についても同様に染色体間の対合量と稔性を調べ，得られた情報に基づいて図3.3に示した様式にしたがってゲノム分析を行う．

いま，体細胞では$4x$の染色体をもつ種があると仮定する．これを，AA，BB，CCのゲノムを有する$2x$種と交雑してF_1のMIにおける対合を調べたところ，図3.3aに示すように，AA種およびBB種とでは$n_{II} + n_I$[8]を示し，CC種とでは$3n_I$を示したとすれば，この$4x$種はAABBなるゲノムを有する異質四倍体であることがわかる．しかし，図3.3bのような場合には判定は容易ではない．もし，調査対象となる種のゲノム構成がAAAAであれば，AAとの交雑によって得た三倍性雑種，AAAはn_{III}のように三価染色体を形成するものが多く，また被分析種の$4x$種自体がMIでn_{VI}を形成するので，この種は同質四倍体であると判定される．

コムギ属のゲノム分析は木原（1930〜1940）によって完成され，表3.2に示したように4種類のゲノム構成をもつ4系に分けられた．

コムギ属では二倍体である分析種は一粒系のみでこれをAAゲノムとした．一粒系どうしの雑種では7_{II}，二粒系どうしの雑種では14_{II}，普通系どうしの雑種では21_{II}が形成される．ところが，一粒系と二粒系の種間雑種では$7_{II} + 7_I$，一粒系と普通系の雑種では$7_{II} + 14_I$，二粒系と普通系の雑種では$14_{II} + 7_I$が形成される．したがって，二粒系は一粒系と同じゲノムAAを有しこの他にもう一組異なるゲノムを有している．これをBBとした．普通系

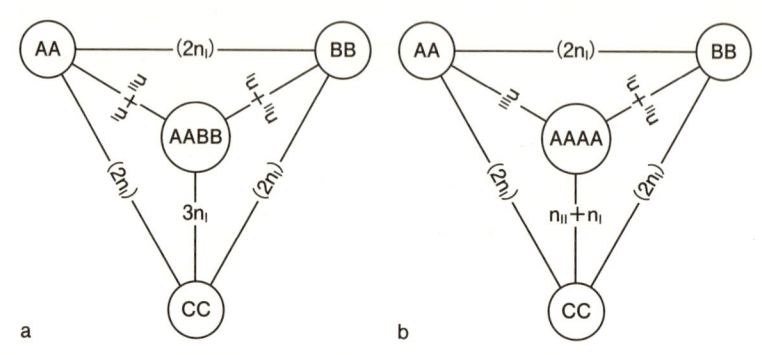

図3.3 ゲノム分析の理論を示す模式図
a）解析対象種がAABBのゲノム構成をもつ複二倍体種である場合．b）対象種がAAAAの同質四倍体種である場合．（渡辺 1982）

---

[8] n_Iやn_{II}は一価染色体や二価染色体を表記する方法である．n'やn''もしばしば用いられる．

表3.2　ゲノム分析によるコムギ属の分類
（木原 1954，改著小麦の研究，養賢堂に追補）

一粒系 AA ($2n=2x=14$)	二粒系 AABB ($2n=4x=28$)	チモフェービ系 AAGG ($2n=4x=28$)	普通系 AABBDD ($2n=6x=42$)
T. boeoticum	T. dicoccoides	T. araraticum	T. aestivum
T. monococcum	T. dicoccum	T. timopheevi	T. compactum
T. thaoudar	T. durum		T. macha
	T. orientale		T. spelta
	T. carthricum		T. sphaerococcum
	T. polonicum		
	T. pyramidale		
	T. turgidum		

は二粒系と同じゲノムAAとBBの他にもう一組別のゲノムを含んでいる．これをDDとした．コムギの近縁種 *Aegilops cylindrica* と二粒系コムギとのF$_1$は28$_I$を形成し，*Ae. cylindrica* と普通系コムギのF$_1$は7$_{II}$＋21$_I$を形成したので，普通系コムギの第3のゲノムDDは *Ae. cylindrica* に含まれていることがわかった．その後，木原（1944, 1946, 1947）は *Aegilops* 属を含め，コムギ連（Triticeae）の詳細なゲノム分析を行い，*Ae. cylindrica* の中にはDDゲノムの他に *Ae. caudata* のゲノム（CC）も含まれることを知り，次の方程式を遺伝学的，形態学的に解いて，このDD分析種は *Ae. squarrosa*[9]であることを推定し，それに基づき T. dicoccoides × Ae. squarrosa から *T. spelta* を合成した（Kihara and Lilienfeld 1948, 1949）．

a) X（XX）＋ *Ae. caudata*（CC）＝ *Ae. cylindrica*（CCDD）
b) X（XX）＋ *T. durum*（AABB）＝ *T. spelta*（AABBDD）＊

（＊ *T. aestivum* の変種である）

∴ X（XX）＝ *Ae. squarrosa*（DD）

イネにおけるゲノム分析も1930年代に始まり，多くの知見が蓄積された．盛永（1939）はこれらの結果に自らの結果も加えて，イネ属にAゲノムを始めとするゲノム記号を与えた．その後1963年に国際イネ研究所で開催された会議においてAからE間でのゲノム記号と該当種が整理された．図3.4は

---
[9]　*Ae. squarrosa* は，現在では *Ae. tauschii* と改名されている．

イネ属各種のゲノム分析の結果をまとめたものである．最近，全ゲノムDNAを用いたサザン法により，DNAの分子交雑の程度からゲノムの相同性を判定してイネの新しいゲノム，G，H，Jが決定された（Aggarwal et al. 1997）．

1996年Schwarzacherらは全ゲノムDNAをプローブとして染色体DNA

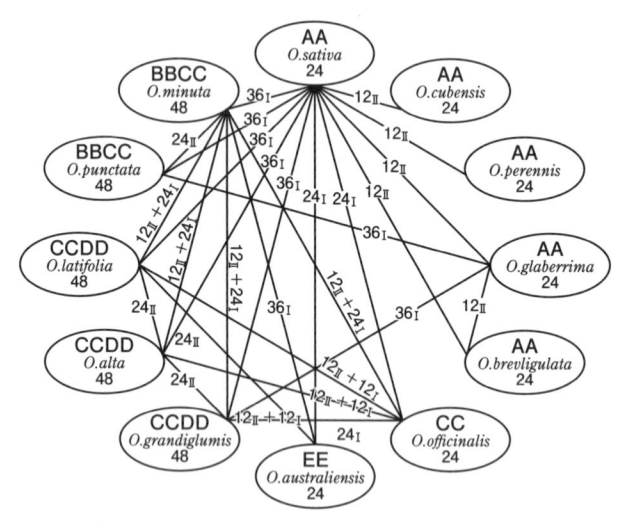

図3.4 イネ属各種のゲノム分析
（渡辺 1982. 一部改変）

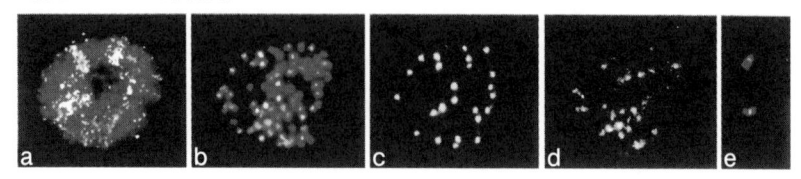

図3.5 マルチカラーGISH法によるイネ六倍体雑種（*O. sativa* + *O. punctata*, AABBCC）の3種のゲノムの塗り分け
a）間期核における塗り分け．b）中期染色体の塗り分け．c）Aゲノム染色体の検出．d）Cゲノム染色体の検出．e）Bゲノム染色体中へのAゲノム染色体断片の挿入．Aゲノムは灰色，Bゲノムは暗灰色，Cゲノムは白色で示される．（Shishido et al. 1998, *Theor Appl Genet* 97：1013－1018, © Springer Science and Business Media. 許可を得て転載）

と直接,分子交雑する法を開発し(10.1.2項),染色体を塗り分けることにより,所属ゲノムを明らかにする方法を開発し,ジェノミック in situ ハイブリッド(GISH)法と命名した.この方法を用いて細胞融合法により作出された O. sativa (AA) + O. punctata (BBCC)の体細胞雑種における A,B,C それぞれのゲノムが赤,青,緑の光の3原色を使って塗り分けられた.その結果,B および C ゲノムに所属する染色体に脱落が起こっていること,さらには微小な転座が生じていることなどが明らかにされた(Shishido et al. 1998)(図3.5).

2) ゲノム解析法

ゲノム解析法(ゲノムプロジェクト)とは生物のゲノム全体の連鎖地図を作ることに始まり,引き続きゲノム DNA の全ての塩基配列を決定するものである(10.3節).すなわち当該生物の全ての遺伝情報を明らかにすることを目的としている.現在,イネ,ミヤコグサ,アルファルファ,トマト,ジャガイモ,トウガラシ,トウモロコシ,ダイズ,ハクサイなど多くの植物で研究が進められている.これらの中でゲノム解析が終了した植物は2009年8月現在,イネ,アラビドプシス,ポプラ,ブドウ,トウモロコシ,パパイアおよびミヤコグサである.

(i) イネのゲノムプロジェクト:単子葉植物のイネは,その経済的価値が高いことおよびゲノムサイズがイネ科の主な栽培植物の中では最も小さい,という理由によりゲノムプロジェクトの材料に選ばれた.ほぼ全領域をカバーする塩基配列の概要は2002年にインディカとジャポニカで報告され(Goff et al. 2002, Yu et al. 2002),他のイネ科植物にも共通した基本的知見を与えることとなった.日本の農林水産省が主導する国際イネゲノムプロジェクトでは「日本晴」を基準品種として選び,1997年の国際的合意から2004年12月の3億7千万塩基対を99.99%の精度で解読するまで7年間にわたる国際共同研究を進め,日本はその内55%を解読した[10].

イネゲノムを研究する最も大きな意義は得られた情報を経済的な価値が高い栽培植物であるイネを始めとしたオオムギ,コムギ,トウモロコシ,サ

---

[10] International Rice Genome Sequence Project (2005) *Nature* 436 : 793-800.

トウキビなどイネ科植物の遺伝育種研究に直接・間接的に利用できることである。すなわち進化的類縁関係の近い種のゲノム間のコリニアリティ（colinearlity）[11]にもとづくものであり、種を越えてゲノム間に一定の遺伝情報の配列が保存されていることを利用するものである（Bennetzen and Freeling 1993）。本章の後段で述べるが、Moore *et al.*(1995)はイネ科植物8種類のコリニアリティに基づき比較ゲノム地図を作成した。これにより、これらの植物間ではイネで発見された重要な遺伝子が異なる種においてはどの染色体上のどの位置にあるかが推定できるようになった。

(ii) アラビドプシスのゲノムプロジェクト：アラビドプシスのゲノムプロジェクトでは5本の染色体の全塩基配列の解読に当たって当初から国際的な協力関係を結ばれて進められ、日本からかずさDNA研究所（千葉県）が、米国の3グループ、欧州の2グループの計6研究グループとともに1996年夏に国際協調プロジェクトを立ち上げて研究を進めた。その結果、動原体近傍の一部の領域を残し、全ての塩基配列の解読を2000年に終了した[12]。

塩基配列が解読された系統はecotype, Columbiaであり、99.99％以上の精度で解読すること、解読された塩基配列はデータが得られしだい公表すること、など新しいゲノム研究の考え方の下で共同研究が進められた（http://www.kazusa.or.jp/kaos/）。

かずさDNA研究所はアラビドプシスの第3、第5染色体を受けもち、P1ライブラリーを用いて塩基配列の解読を進めた。具体的には当該染色体上の分子マーカーを用いて、P1ライブラリー中のクローンを選抜し、染色体上のマーカー位置にあるクローンを決定した。その上で位置づけられたクローンの両端の塩基配列を決定し、それを用いて端部の配列と同じ配列をもつ別のクローンを選んだ。このようにして出発点のマーカーの位置からクローンを順番に伸ばしていき、最終的には一部を除いて染色体全体を整列化したP1クローンでカバーした。その後それぞれのクローンをサブク

---

11) シンテニーという用語があてられる場合があるが、シンテニーは異なる遺伝子が同一の染色体に配置するという意味である。

12) The Arabidopsis Genome Initiative (2000) *Nature* 408 : 796-815.

ローニングして塩基配列を決定した.

(2) ゲノムの構造と機能

1) ゲノムサイズと構造

ゲノムDNAの全長をゲノムサイズといい通常はメガベースペア（Mbp）を単位とする．二倍体の動植物では配偶子染色体（n）のDNA量であり，C値と同等である．一方倍数性の高い植物では n のDNA量はゲノムの概念と一致しない場合があるのでゲノムサイズは基本染色体数（x）の染色体が有するDNA量と定義する．ただし，たとえば四倍体を構成する2種類のゲノムごとにそのDNA量を定量することは，きわめて困難であることから，動物の場合と同様，配偶子染色体（n）のDNA量で表示する場合もパンコムギを始めとして多くの例がある．

主な植物のゲノム式とゲノムサイズを配偶子染色体当たりのDNA量で示した（表3.1）．顕花植物では種間でDNA量に1,000倍もの違いがあるが，これは機能する遺伝子の数が1,000倍違っていることを意味するものではなく，反復配列の量の差と理解されている．たとえばイネ（390〜430 Mbp）とオオムギ（5439 Mbp）とでは遺伝子の数には大きな違いが無く，両者の差である5000 Mbpあまりのdnaは機能をもたない，ないしは機能が不明である反復配列の量の差と考えられている．すでに解析が進んでいるヒトの場合におけるゲノム構造を見ると，図3.6に示すように全体で3200 MbpのDNAの内遺伝子関連の配列は4割に満たない．しかも実際に遺伝子をコードしている領域はさらにその4％しかない（Brown 2002）．また酵母ではイントロン（intron）をもつ遺伝子は稀であるが高等な真核生物ではイントロンをもつ遺伝子の比率，遺伝子当たりのイントロンの数，長さがいずれも増大する傾向があり，高等な生物ほどエキソン（exon）よりイントロンの方が長いことが知られている．こうした遺伝子外DNAの多くは現在では，従来から言われているようにジャンクDNAとよばれる意味のないDNAではなく，何らかの機能を果たしていると考えられている．とくにタンパク質に翻訳されずRNAの転写段階でとどまる非コードRNA（non-coding

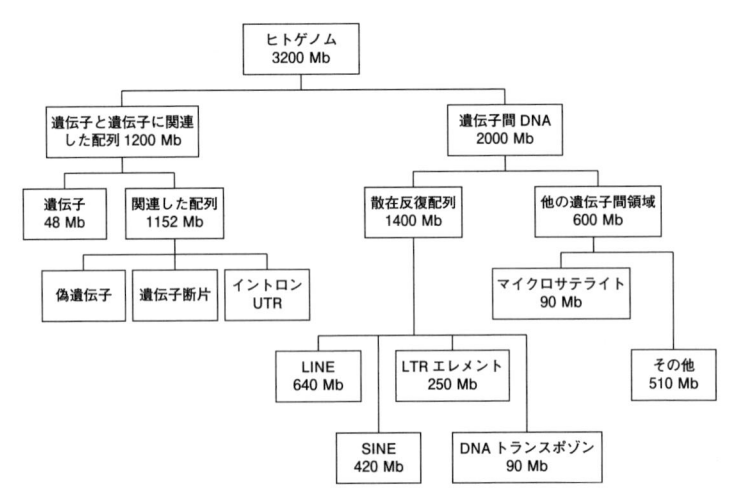

```
                    ヒトゲノム
                    3200 Mb
         ┌─────────────┴─────────────┐
   遺伝子と遺伝子に関連              遺伝子間 DNA
      した配列 1200 Mb                 2000 Mb
   ┌──────┴──────┐            ┌──────┴──────┐
  遺伝子      関連した配列   散在反復配列   他の遺伝子間領域
  48 Mb        1152 Mb       1400 Mb         600 Mb
          ┌─────┼─────┐                      │
        偽遺伝子 遺伝子断片 イントロン    マイクロサテライト
                         UTR                90 Mb
              ┌──────┬──────┐                      
            LINE   LTR エレメント              その他
           640 Mb    250 Mb                   510 Mb
                ┌──────┬──────┐
              SINE   DNA トランスポゾン
             420 Mb       90 Mb
```

図3.6 ヒトゲノムのゲノム構造
(Brown 2002, Genome 2nd Ed. © Routledge, 村松監訳, メディカル・サイエンス・インターナショナル. 許可を得て一部改変)

RNA, ncRNA) の機能について最近注目されている (The Fantom Consortium 2005).

2) ゲノム動態

　ゲノム自体の動的な構造変化については次の三つの要因が挙げられる．まず第一に基本染色体数の倍加である．すでに Stebbins (1971) が指摘しているが，現在は二倍体と考えられている多くの種が実際にはより少ない染色体数を基本数とする種の染色体が倍加したものであることが知られている．こうした遠い過去に倍数化した種を古倍数体 (ancient polyploid) という．事実，現在二倍体として知られているアラビドプシスの詳細な塩基配列解析の結果，100 kb 以上の長大な DNA 領域が重複して見出されることが多く，その合計はゲノム全体の60％に達することが明らかとなった (Blanc et al. 2000, Paterson et al. 2000, Vision et al. 2000)．これらの結果から，アラビドプシスのゲノムは3回のゲノム全体にわたる重複があったと推定さ

れている（Simillion et al. 2002, Maere et al. 2005）．従来は二倍体と考えられていたイネについても4～5千万年前大規模な倍数化が生じていると考えられる結果が得られており，種の起源や進化を考える上で重要な知見である（Paterson et al. 2004, Wang et al. 2005）．

第二に染色体間の欠失，逆位，染色体相互転座がゲノムの構造に大きな変化をもたらす．これらに関しては第4，6章で詳しく述べる．

第三はDNAレベルでの変化であり，すでに述べたミトコンドリアゲノムや葉緑体ゲノムなどのオルガネラゲノムと核ゲノムとの間のDNAの交換や，各種の転移因子の増幅，転移などがこれに相当する（Uozu et al. 1997, Kumekawa et al. 1999）．転移因子の移動に関しては詳細に調べられているが，オルガネラゲノムと核ゲノム間でのDNAのやりとりの機構の詳細については未だ不明である（Leister 2005）．また特定の反復配列，たとえば45SリボソームRNA遺伝子（45S rDNA）のクラスタがゲノム中を動き回ることが知られている．

コムギ連の二倍体種ではライムギは1個，オオムギは2個の45S rDNA座がみられる．Dubcovsky and Dvorak（1995）はパンコムギとその野生近縁種およびオオムギについてサテライトの大きさとその相対的な位置を分子マーカーを用いて検討したところ，通常の分子マーカーはゲノム中で定った位置をとる安定したものであるのに対し，45S rDNAの位置はきわめて不安定であることがわかった．加えて45S rDNAの位置の変化は他の分子マーカーどうしの位置関係には変化を及ぼさないことも明らかになった．すなわち45S rDNAのみがゲノム中を動き回ると考えられた．類似の結果はSchubert and Wobus（1985）がタマネギの同一系統の中でも45S rDNA座が1個から4個まで変異していることを見い出し，45S rDNA座は染色体末端のヘテロクロマチン間を「ジャンプ」すると結論づけた．これらの仕事とは独立にイネ属ではShishido et al.（2000）がFISH法を用いて日本型イネでは第9染色体末端部に位置する45S rDNA座がインド型では第9染色体に加えて第10染色体にも見い出されること，野生種である*O. eichingeri*および*O. officinalis*では第9染色体の他に第4，第11染色体上にも45S rDNA座が

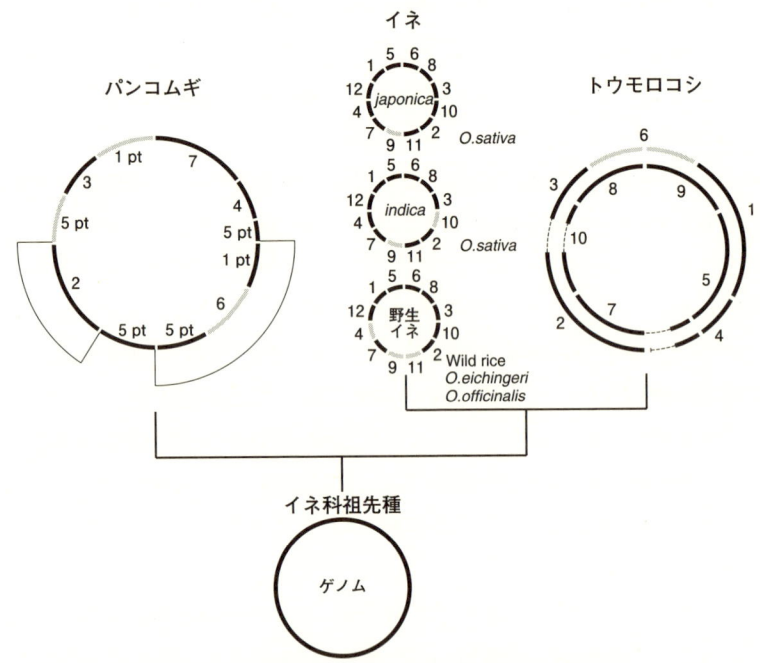

図 3.7 イネ科植物にみられる 45S rDNA 座位の変異
灰色で示す染色体上に rDNA 座が座乗する．pt は転座した染色体領域．(Shishido et al. 2000, *Mol Gen Genet* 263：586－591,© Springer Science and Business Media. 許可を得て一部改変）

あることを見い出し（図3.7），次項で述べる比較ゲノム学的検討を行った．その結果，イネ属では第9染色体上の45S rDNA座が基本となりその座位から別の染色体上への45S rDNAの部分的な移動が生じたこと，およびムギ類やトウモロコシなどを含むイネ科植物内において45S rDNA座のゲノム内における相対的な位置はきわめて変異しており，イネ属内の種におけるような共通の座位はないと結論した．

(3) 比較ゲノム学

　生物の多様なゲノムは進化の過程で創り出されてきたものであり，近縁の種は類似したゲノムを有することがゲノム分析法により知られていた．

したがってイネのように分子マーカーが多数得られている種の分子マーカーを用いて，他のイネ科植物におけるこれら分子マーカーの染色体上の位置を比較検討することによりイネ科植物に共通した遺伝地図を作ることが可能となった．これら共通する分子マーカーをアンカーマーカー（anchor marker）とよぶ．Moore *et al*.(1995)はイネ科の複数の種にまたがって有効なアンカーマーカーを用いてそれぞれの種の染色体を同心円状に並べた比較ゲノム地図（comparative genome map）を作製した（図3.8）．この地図では中心となる円にイネの12本の染色体を配置し，それらの染色体上のアンカーマーカーが放射状の一直線に載るようにイネ科植物の染色体を同心円

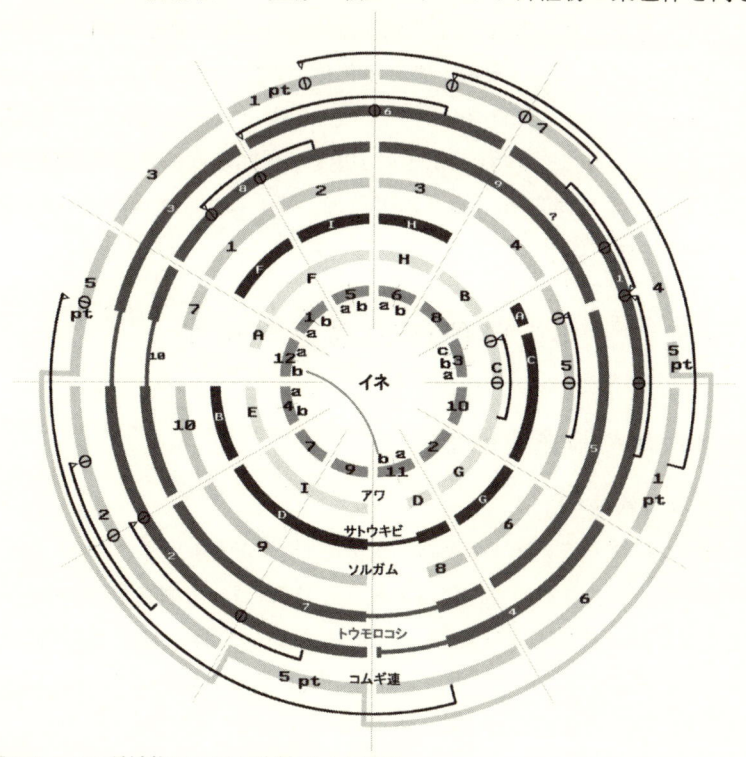

図3.8 イネ科植物における比較ゲノム地図
番号やアルファベットはそれぞれの染色体番号や記号．イネではさらにa, b, c, で詳細な領域を示す．Ptは転座した染色体領域．（Moore *et al*. 1995, *Curr. Biol*. 5：737 − 739, ⓒ Elsevier.許可を得て一部改変）

状に配置した．トウモロコシが2重の輪になっているのは四倍体起源の二倍体であるためであり，コムギ連の染色体では転座などの大きな染色体異常を考慮している．この様に複数の種のゲノム情報をコリニアリティに基づき比較検討する分野を比較ゲノム学（comparative genomics）とよぶ．ゲノムの比較により，たとえばイネ染色体上に見い出される抵抗性遺伝子が他のイネ科の種ではどの染色体のどの位置にあるかが予測できる．比較ゲノム学によりイネゲノムの重要性が浮き彫りにされたといえる．イネゲノムを解読することによりゲノムサイズがきわめて大きいオオムギなどでも有用遺伝子のゲノム上の位置の推定に有益な情報を得ることができる．コリニアリティは進化的な類縁関係を配列情報だけでなく遺伝子間の位置関係においても示すものといえる．また染色体上の限られた領域におけるコリニアリティであるマイクロコリニアリティ（micro-collinearity）も多数見つかっており，たとえば $adh1$ 遺伝子の200 kbp程度の近傍領域で遺伝子の配列順序がトウモロコシとソルガムで共通していることが報告されている（Avranmova *et al.* 1995）．

3．染色体の構造と機能

(1) 染色体の構造と機能

1) 染色体の構造

　染色体を構成しているDNAの一次構造（塩基配列）についてはいくつかの植物で明らかにされたが，現在のところDNAの一次構造からは染色体の高次構造を解く鍵は見つかっていない．したがって19世紀に発見された染色体の高次構造は21世紀の現在もなお不明である．その第1の理由は，染色体がそれぞれの染色分体中に1本のDNA分子を含む，タンパク質などが複合した顕微鏡下で可視的な大きさ（0.5〜15 μm）をもつ超高分子であること，第2の理由は，染色体が細胞周期のごく一部の時期に特異的に構成され，またその構造が失われるという動的な構造変化をすること．第3の理由は，

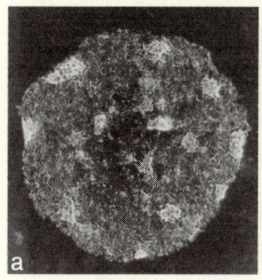

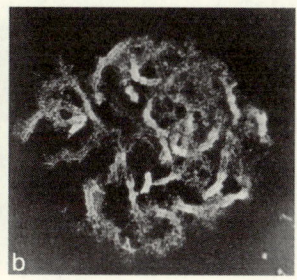

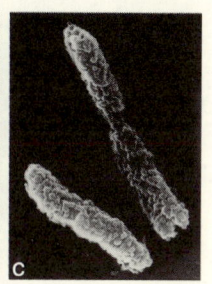

図3.9 細胞周期各時期の植物染色体の走査電子顕微鏡像
a) 間期（ナタネ）．b) 前中期（ナタネ）．c) 中期（オオムギ）．(a, b ; 岩野原図, c ; Iwano et al. 1997, Chromosome Res 5 : 341 – 349,© Springer Science and Business Media. 許可を得て転載）

染色体が長い間観察の対象にはなってきたが大量に収集して生化学的な解析材料とすることができなかったことである．

染色体は間期核におけるクロモセンター（choromocenter）を除いてクロマチンがほぼ均一に核内に分散した状態から，体細胞分裂期前期には凝縮を始め，ひも状，最後には棒状あるいは楕円状となる．図3.9に走査型電子顕微鏡で観察したナタネの間期核，前中期染色体およびオオムギの中期染色体像を示す．間期核では動原体近傍のクロマチンが高度に凝縮した構成的異質染色質（constitutive heterochromatin），前中期ではS型染色体に特有な凝縮型，また中期ではL型染色体の2本の染色分体が容易に観察される（3.3.2項）．前中期に生じる凝縮型は濃淡の違いとして観察される凝縮部（condensed region）と非凝縮部（dispersed region）からなるが，濃淡の差が凝縮程度の違いとして電子顕微鏡ではきわめて明瞭に観察できる．

図3.9aに示すとおり，間期の細胞核中の真正染色質（euchromatin）領域は繊維状の構造体の他に目立った構造的特徴が認められない．細胞核中の大部分のDNAは裸の2本鎖DNAで存在するのではなく，重量比ではDNAと等量存在する塩基性タンパク質のヒストン（histone）と結合してヌクレオソーム（nucleosome）を形成している（Kornberg 1977, Luger et al. 1997）．ヒストンは真核生物の細胞核中に存在する小型，可溶性の塩基性単純タンパク質である．H2A，H2B，H3およびH4など主要なヒストンタンパク

質は生体中では染色体における最小の構造単位であるヌクレオソームを形成する．ヌクレオソームはヒストンH3，H4の四量体（tetramer）1個とヒストンH2A，H2Bの二量体（dimer）2個からなるヒストン八量体（octamer）で構成されるヒストンコア（histone core，図3.10）に146塩基対のDNAが1.75回転左巻きに巻きついた核タンパク質複合体である．ヌクレオソームの外側に伸びるリンカーDNA（linker DNA）にはヒストンH1に代表されるリンカーヒストン（linker histone）が取り込まれ，ヒストンコアに出入りするDNAが固定されると考えられている．

　直鎖状のDNAがヒストンコアに巻きつきやすくするためのいくつかの因子が知られている．その一つは染色体中の大部分の非ヒストンタンパク質（non-histone protein）とは異なり，ゲル電気泳動中にヒストンと同程度の移動度を示し，かつDNAに結合するHMG（high mobility group）である．HMGは，240塩基対で1回左回転するいわゆるDNAの負の超らせん（negative superhelix）を拘束し，DNAを湾曲させる．HMGのようにそれ自体はDNAに組み込まれずにDNAの構造変化などを助長させる働きをもつタン

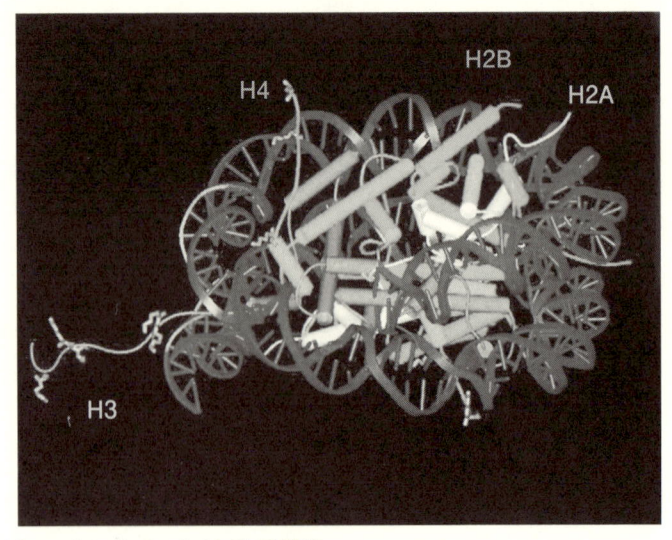

図3.10　ヌクレオソームの三次元構造
（内山原図）

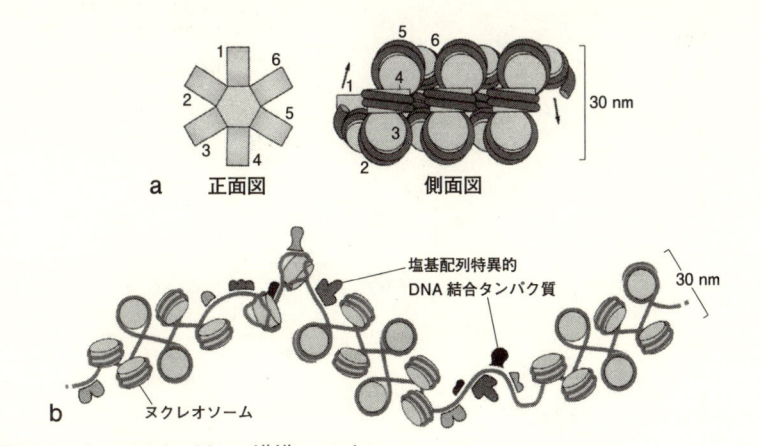

図3.11 クロマチン30nm繊維のモデル
a）ソレノイドモデル．番号がそれぞれのヌクレオソームに対応．b）ジグザグモデル．（a；Albert *et al.* 1994, *Molecular Biology of the Cell*, Ⓒ Garland Science, b；Albert *et al.* 2002, *Molecular Biology of the Cell*, Ⓒ Garland Science.許可を得て一部改変）

パク質をDNAシャペロン（DNA chaperone）とよぶ．HMGがヒストンH1と同様の働きをしていることが報告されている（Ner and Travers 1994）．またDNA自身の塩基配列によりDNA鎖が特定の位置で湾曲構造を取ることがあるが，こうしたDNAの2重鎖以上の構造が遺伝子の発現制御に関連していることが知られるようになってきた．

　ヌクレオソームはその他の非ヒストンタンパク質と相互作用してクロマチンを形成している．すなわち直径2nmのDNAファイバーがヒストンと相互作用し，直径11nmのヌクレオソーム構造が構築されると，DNA鎖はビーズオンストリング構造（beads on string）とよばれるヌクレオソーム繊維構造をとる．ビーズオンストリング構造はさらに，リンカーヒストンにより電子顕微鏡でも観察される直径30nm程度の繊維状構造に編成される．図3.11に示す直径が11nmのヌクレオソームが6個円周上に集まったソレノイドモデル（solenoid model, Finch and Klug 1976）やヌクレオソーム間をDNA分子が連結するジグザクモデル（zigzag model, Woodcock *et al.* 1984）など30nm繊維を説明する多数のモデルが提案されているが結論を得

(76)　3章　細胞からDNAへ：ゲノムと染色体

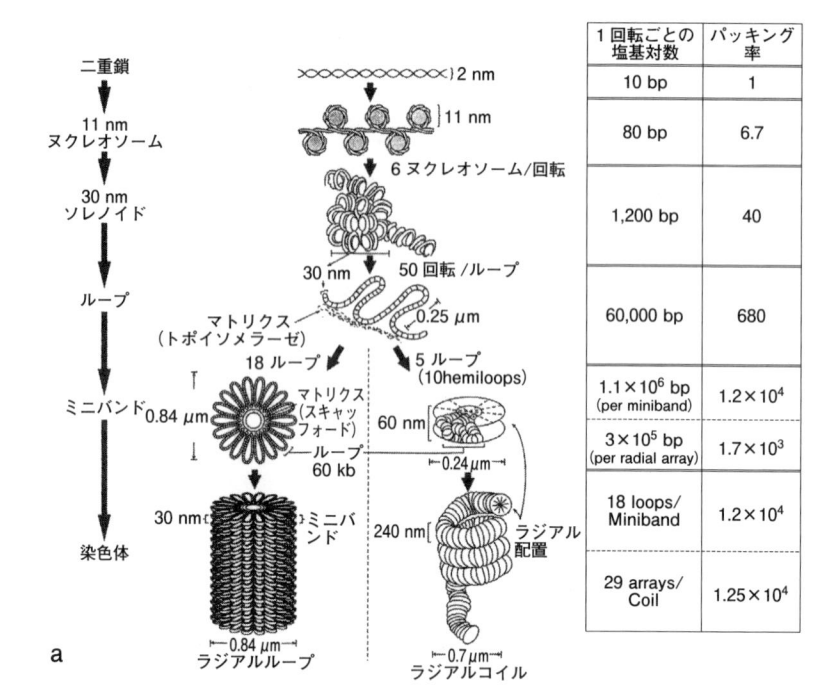

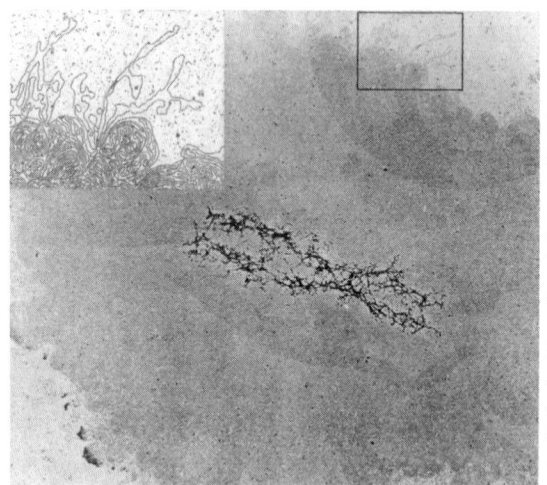

1回転ごとの塩基対数	パッキング率
10 bp	1
80 bp	6.7
1,200 bp	40
60,000 bp	680
1.1×10^6 bp (per miniband)	1.2×10^4
3×10^5 bp (per radial array)	1.7×10^3
18 loops/Miniband	1.2×10^4
29 arrays/Coil	1.25×10^4

図3.12　染色体の高次構造モデル
a) DNAから染色体にいたる構造モデル．b) 染色体スキャッフォールド．(a; Pienta et al. 1991, *Crit Rev Eukaryot Gene Expr* 1：355 - 385, © Begell House, Inc,. b; Singer and Berg 1991, *Genes and Genomes*, © University Science Books. 許可を得て一部改変)

るにはいたっていない．

　30 nm の繊維状構造は恐らく非ヒストンタンパク質の介在により，さらに高次のループ状構造を取る．このループ状構造がさらに折り畳まれて染色体の直径に近い 0.7 から 0.8 μm の構造体になるとされるが，図 3.12 に示すようにその折り畳み方についても放射状ループモデル（radial loop model；Paulson and Laemmli 1977, Gasser and Laemmli 1986）の他に放射状コイルモデル（radial coil model；Sedat and Manuelidis 1978）などの諸説があり未だ確定していない．放射状ループモデルでは染色体軸（chromosome scafford）に 30 nm 繊維が SAR（scaffold attachment region）で繋ぎ留められて放射状にループが形成される（図 3.12 a），そしてそのループが長軸方向に積み重なって染色体を構成するというものである．染色体軸はトポイソメラーゼⅡαとコンデンシンが交互に集積したバーバーポール[13]状のものからなるとしている（Gasser et al. 1985, Maeshima and Laemmli 2003）．一方放射状コイルモデルでは直径 240 nm の繊維を考え，これがさらにループを形成しているというものである．lac リプレッサー－GFP 融合タンパク質をヒト細胞中で発現させ，細胞周期を通して GFP 蛍光を用いてクロマチン動態を見ることにより，30 nm 繊維を基本とする放射コイルモデルを支持する結果が得られている（Dietzal and Belmont 2001）．またおもに電子顕微鏡による解析から，染色体はこうした規則的な高次構造を取らず，繊維の不規則な詰め込みにより in vivo で構築されたものであるとする説もある（Du Praw 1966, Du Praw and Bahr 1969）．このモデルはマイクロマニピュレータを用いた染色体の物性の力学的検討からも支持されている．すなわちイモリの染色体の弾性は DNase 処理に強く影響されることから，染色体はタンパク質が繋がった軸状の構造体をもたないとするものである（Poirier and Marko 2002）．

　染色体の高次構造構築に関係するタンパク質についても種々の報告がある．たとえばコンデンシンは当初アフリカツメガエルの卵抽出液から発見

13）理髪店の店先にある赤白青が回転するポール．赤や青の部分をコンデンシンとトポイソメラーゼの集積した部分に見立てたもの．

されたものであるが，現在では酵母からアラビドプシスやヒトまで真核生物に広く分布しているタンパク質5量体であることが知られている．ヌクレオソーム構造を取っているDNAにコンデンシンを加えると高次構造をとることから染色体の凝縮に必須のタンパク質と考えられている（Hirano and Mitchison 1994, Hirano et al. 1997）．

以上述べてきた染色体の高次構造の研究はほとんどがヒトあるいはアフリカツメガエルを用いた研究によるものである．染色体を構成している全タンパク質の網羅的な解析，すなわちプロテオーム解析（proteome analysis）もヒト染色体では進展している（Uchiyama et al. 2004, 2005）．ヒト染色体ではプロテオーム解析の結果，同定されたタンパク質は染色体自体を構成する染色体構造タンパク質，染色体の外周部に位置する染色体周縁タンパク質，染色体の最外部に非特異的に付着している染色体被覆タンパク質および染色体に特徴的にみられる繊維状の染色体繊維タンパク質の4群に分けられ，それぞれが染色体上での特異的な領域を定める「染色体4層モデル」が提案されている（Uchiyama et al. 2005, Takata et al. 2007）．植物の場合は動物と異なる染色体構造をもつことも考えられ（福井 1989），植物のクロマチンや染色体の構造については今後の研究の進展に待たなければならない．

2）染色体の機能

染色体の構造面からの研究と並んで最近の大きな研究の進展はヌクレオソームを構築するヒストンの役割の見直しである．従来ヒストンはヌクレオソームを構築する芯という単に構造的な役割を担っているものとして理解されてきた．しかしStrahl and Allis（2000）はヒストンタンパク質の特定のアミノ酸における翻訳後修飾（post-translational modification）はエピジェネティック（epigenetic）な情報として生体の多様な機能の発現制御に深く関係しているとし，ヒストンコード説（histon code）を提唱した．すなわちDNAのシトシンにおけるメチル化が多くの場合，本来の遺伝情報の発現を抑制して見かけ上は当該遺伝子があたかも無いかのように見せるのと同様，ヒストンの翻訳後修飾は遺伝子発現に対する様々な変更さらにはクロ

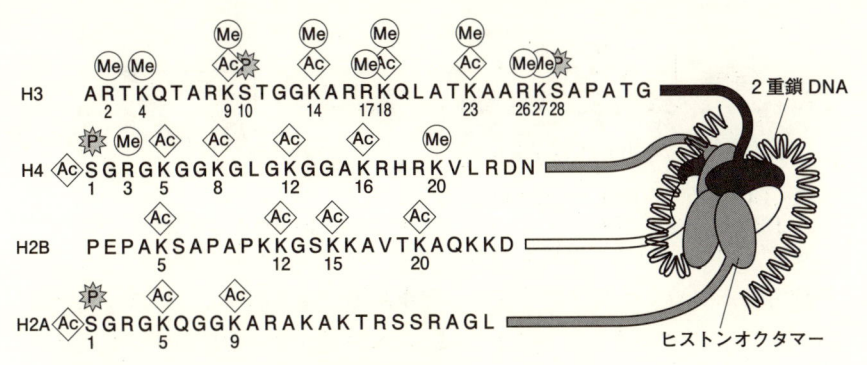

図3.13 ヒストンタンパク質の翻訳後修飾
Me, Ac, Pはそれぞれメチル化, アセチル化, リン酸化を示す. (廣田と高尾 2002, 化学 57：56-57, 化学同人)

マチンあるいはそれ以上のレベルの構造変化に関連するタンパク質レベルでのエピジェネシス (epigenesis) であるとした.

ヌクレオソームを構成する4種類のヒストンはコアの外側に伸びる, 約50残基のアミノ酸からなるN末端領域のヒストンテール (histone tail) を有する. ヒストンテールにおける特定のアミノ酸残基は図3.13に示すように, アセチル化 (acetylation), メチル化 (metylation), リン酸化 (phosphorylation), ユビキチン化, ポリADPリボシル化などの化学修飾を可逆的に受ける.

すなわちリジン残基はヒストンアセチル化酵素 (histone acetyltransferase, HAT) によりアセチル化され, ヒストン脱アセチル化酵素 (histone deacetylase, HDAC) により脱アセチル化される. ヒストンコード説はこれらの化学的修飾が二つあるいは三つ組合さって, エピジェネティックな情報を提供するというものである. たとえば, ヒストンH3のN末端から9番目のリジンのメチル化はDNAのメチル化により制御されており, ヘテロクロマチンの形成とサイレンシングに関係していると同時に, 10番目のセリンのリン酸化による転写活性を抑制する. 一方, セリン10のリン酸化は転写とクロマチン凝縮に関係しており, リジン9のメチル化を抑制する. また異なる修飾が特定の機能発現に協調的に働く場合もある. これらのヒストンコードは調節因子として働くタンパク質の特定のドメインと結合して情報が読

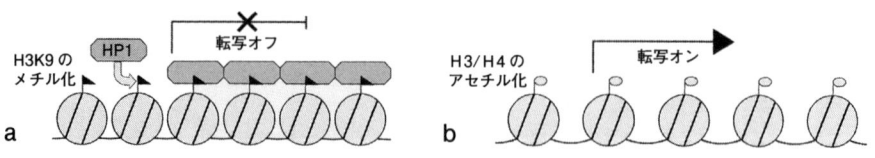

図3.14 ヒストン修飾と転写の関係
a) H3のリジン9 (K9) のメチル化による転写抑制. b) H3およびH4のリジンのアセチル化による転写の活性化. (若生原図)

み取られ,クロマチンの生理機能の発現制御に深く関係している.たとえば図3.14に示すように,ヒストンH3のN末端から9番目のリジン残基のメチル化により,HP1タンパク質がリクルートされ,mRNAの転写が抑制される.一方,ヒストンH3およびH4のリジンのアセチル化により,転写が活性化される (Li *et al.* 2007). この分野の研究は現在活発に続けられており,ヒストンコードの機能的意義についてより包括的な解答が得られるものと考えられる.こうした現象はクロマチンや染色体が遺伝情報の単なる収納の場ではないこと,構造と機能が生命活動においては表裏一体をなすものであることを明瞭に示している.

(2) 染色体の可視的構造

1) 植物染色体における二つの型

長年にわたる顕微鏡を用いた観察により,体細胞分裂中期に構築される染色体構造の記載法が定められた.図3.15に示すように植物染色体はまずオオムギ,シャクヤク,ソラマメ染色体などに代表される大型のL型染色体 (L-type chromosome) とイネ,ナタネ,ダイズ染色体などに代表されるS型染色体 (S-type chromosome) に分類される.この2種の染色体型の違いは,S型染色体は中期において全長5μm以下のものが多く,また体細胞分裂前中期に特異的な不均一な凝縮 (uneven condensation) が生じる点にある.これら二つの型の染色体各領域の名称を図3.16に示す.

2) S型染色体

S型染色体における不均一な凝縮は,各腕にクロマチンの凝縮の中心とな

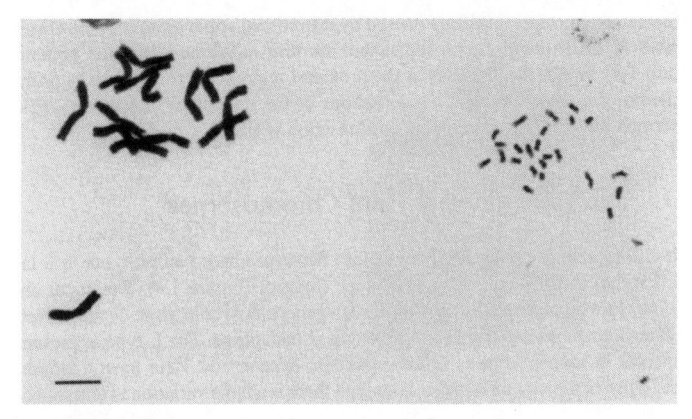

図3.15 植物染色体の二つの型（左：オオムギ，右：イネ）
バーは 10 μm．（Fukui 1996, In : *Plant Chromosomes : Laboratory Methods*, Fukui and Nakayama eds., © CRC Press, pp. 1 − 17. 許可を得て一部改変）

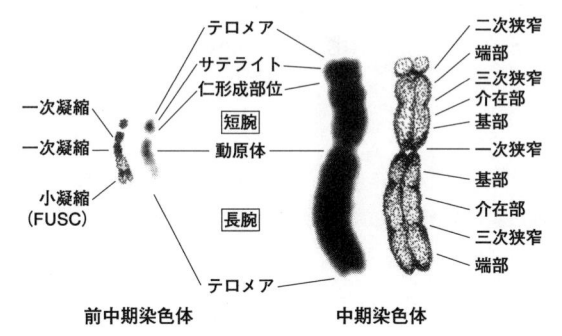

図3.16 S型（左：イネ）およびL型（右：オオムギ）染色体各領域の名称
（Fukui 1996, In : *Plant Chromosomes : Laboratory Methods*, Fukui and Nakayama eds., CRC Press, pp. © 1 − 17. 許可を得て一部改変）

る凝縮中心（condensation center）が動原体近傍領域に1カ所ずつ存在することおよびその凝縮に対する強さが異なることによる．これにより，典型的なS型染色体であるイネの前中期染色体には凝縮型（condensation pattern）とよばれる濃淡のパターンがギムザ染色法あるいは位相差顕微鏡観察により染色体上に明瞭に認められるようになる（図3.17）．これらの凝縮型は名前の由来どおり，クロマチン繊維の不均一な凝縮により生じるものである（Fukui and Iijima 1991）．動原体近傍の凝縮を一次凝縮（primary

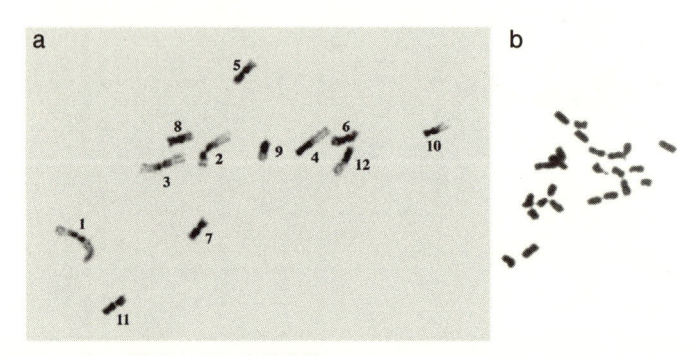

図3.17 ギムザ染色したイネ染色体
a) 前中期染色体にみられる凝縮型. b) 中期染色体. (a；福井 2006, クロモソーム 植物染色体研究の方法, 福井ら編著, 養賢堂, b；福井 1989, 化学と生物 27：303 – 307, 日本農芸化学会)

condensation) とよび, 染色体腕 (chromosome arm) の非凝縮領域 (dispersed region) 中に生じる小型の凝縮を FUSC (faint, unstable, and small condensation) とよぶ. 一次凝縮はイネのように染色体構築時に形成されるものと, アラビドプシスのように動原体近傍領域に特異的な反復配列の集積が進み, 間期核でも凝縮した状態を可視化できる構成的ヘテロクロマチン化したものとがある. 一次凝縮の生じる場所, 凝縮の程度は染色体ごとに一定であり, 結果としてそれぞれの染色体に特有のパターンが生じる. このパターンを凝縮型とよぶ. それぞれの染色体の凝縮型と腕比 (arm ratio), 相対長 (relative length) などのデータを組合せることにより, イネやアラビドプシスなどの S 型染色体の識別・同定が可能となった (Fukui and Iijima 1991, Ito *et al.* 2000a). 凝縮型を用いてその他にホウレンソウ (Ito *et al.* 2000b) などの染色体の識別・同定がなされた. また凝縮型を画像解析することにより定量的な染色体地図 (idiogram) が作られている.

3) L 型染色体

オオムギ, ソラマメ染色体に代表される L 型染色体は凝縮中心が染色体腕上にほぼ均一にかつ複数個分布するため, S 型染色体のような明瞭で特徴的な凝縮型は生じない. そこで L 型染色体では図 3.15 のオオムギ染色体に

3. 染色体の構造と機能 (83)

示すように染色体が均一に凝縮した体細胞分裂中期における形態を用いてその特徴が記載される．動原体（centromere）が局在する場所は形態的には狭窄（constriction）となる．動原体部位の狭窄を一次狭窄（primary constriction）とよぶ．動原体の両側の染色体を腕（arm）とよび，短い方を短腕

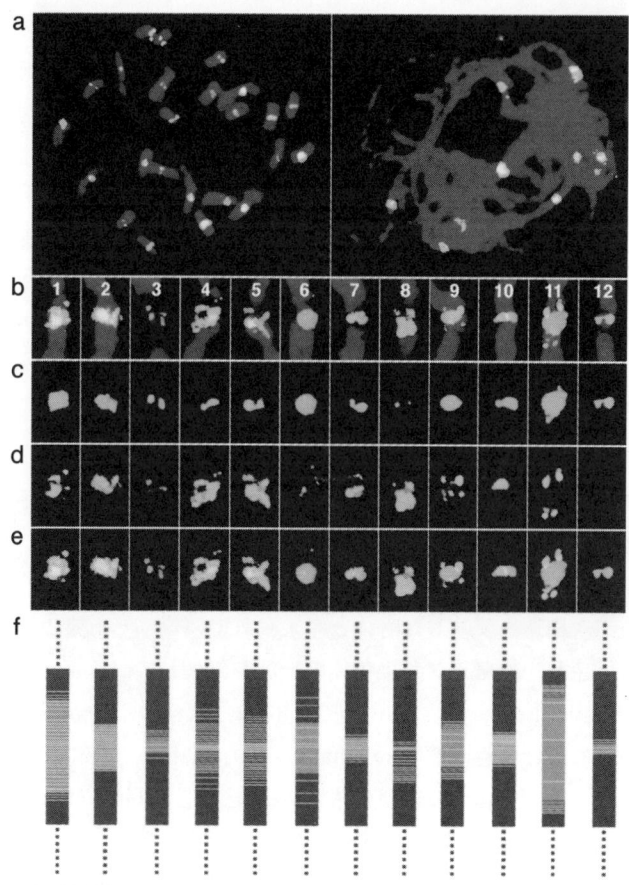

図3.18 イネ動原体における反復配列CentOサテライトおよびCRRの分布
a) 分裂中期染色体．b) 減数分裂パキテン染色体．b－e) 各パキテン染色体におけるCentOサテライトおよびCRRの分布．c) CentOサテライト．d) CRR．e)．cとdの合成．f) CentOサテライトおよびCRRの分布の概略図．（Cheng *et al.* 2002, *Plant Cell* 14：1691－1704, © American Society of Plant Biologists. 許可を得て転載）

(short arm), 長い方を長腕 (long arm) とよぶ. 動原体は分散型の動原体をもつものを除いて通常, 一個の染色体に一つであるが, 染色体異常として二つ以上の動原体をもつ場合もある. 種々の植物で動原体における DNA の塩基配列の解析が進められており, イネでは二つの反復配列 (Cheng *et al*. 2002) が動原体部に存在することが知られている (図3.18).

現在までに3本の染色体の全ての動原体配列が調べられている分裂酵母では染色体間で動原体配列が異なっていて, 動原体を特定する規則的な配列を見いだすことができない. 一般に動原体という特定のかつ生物共通の塩基配列はなく, 特定の反復配列の存在あるいはその領域におけるヒストンバリアント (ヒトにおける CENP-A など) やそれを目印として集まるタンパク質の存在が動原体としての重要な働きをするものと考えられている.

動原体以外の狭窄が核小体 (仁) 形成部位 (nucleolar organizing region, nucleolar organiger, NOR) に認められ, これを二次狭窄 (secondary constriction) とよぶ. 通常二次狭窄のある染色体は一部にとどまり, 日本型イネでは1対, オオムギでは2対の染色体に見られる. 二次狭窄より先端方向の染色体領域を付随体 (サテライト, satellite) とよび, 核小体形成部位の活性化すなわちクロマチン繊維の脱凝縮による伸長に伴って光学顕微鏡の明視野像ではしばしば短腕から独立して存在するように見える. 動原体でも核小体形成部位でもない狭窄は三次狭窄 (tertiary constriction) とよばれ, 染色体の高次構造を反映したものと考えられている. ヒト染色体で見られるような染色が一部薄くなり染色体の一部が欠失しているように見える脆弱部位 (fragile site) は, 植物染色体では知られていない. 一次狭窄から見て近傍を基部あるいは近隣部 (proximal region), 染色体各腕の先端に近いところを端部 (distal region), 基部と端部の間を介在部 (interstitial region) とよぶ. 染色体先端部の FUSC を末端小粒 (telomere)[14] とよぶ. 末端小粒は反復配列からなると考えられているが, それとは別に染色体 DNA の最末端

---

14) Mullar (1940) はテロメアを染色体末端にある特殊な粒子と定義した. テロメアはショウジョウバエ (Mullar 1938) やトウモロコシ (McClintock 1939) で発見され, テロメアには末端小粒という訳語が当てられた. 現在では染色体の末端部分に観察される小凝縮 (faint unstable and small constriction, FUSC) がテロメアあるいは末端小粒に相当する.

部分にはテロメア (telomere)[15] とよばれる配列が存在する．植物ではアラビドプシス型とよばれる7塩基の繰り返し配列 $(TTTAGGG)_n$ が一般的であり (Richards and Ausbel 1988)，ヒトなどの動物の多くでは $(TTAGGG)_n$ の繰り返しである．テロメアあるいはそれに相等する塩基配列は全ての真核生物の染色体の末端部分にあり，細胞分裂ごとにその長さが短くなる．テロメアが一定の長さ以下になると細胞は分裂できなくなるため，テロメアは細胞の分裂回数を規定していると考えられている．テロメアの伸長はテロメラーゼ (telomerase) の働きによる．テロメラーゼはその中にテロメア配列と相補的な配列をもつRNAを有するRNA依存性のDNAポリメラーゼであり，このRNA部分を鋳型としてテロメアを合成する (Greider and Blackburn 2004)．テロメア配列の代わりに別の反復配列が染色体末端部分を占める場合もあり，タマネギなどでは375 bpの反復配列あるいは45S rDNA配列が，またクロレラではLINE様のZeppと名づけられたレトロトランスポゾンがテロメア配列の代替をしていることが知られている (Higashiyama et al. 1997)．アラビドプシスではさらに染色体の末端部分にキャップとよばれるタンパク質があり，このタンパク質を取り除くと染色体が末端どうしで融合することからこれらのタンパク質は染色体の末端どうしの融合を防いでいると考えられている (Price 1999)．以前から染色体末端部が大腸菌のDNAのように互いにDNAあるいはクロマチン繊維で繋がって1本のDNAからなっているのではないかと一部では考えられていたが，こうした状況をアラビドプシスでは再現することが可能となってきたと言える．

染色体末端部分に見られる突起を角 (seta) とよび，たとえばアサのY染色体短腕先端部に典型的に見られる (Sakamoto et al. 1998)．こうした形態的特徴はそれぞれの染色体の識別・同定にも役立つ．S型染色体は，とくに

---

[15] Blackburn et al. (1978) がテトラヒメナでテロメアの配列を明らかにしたことから，現在ではテロメアは末端小粒をさす場合とDNAの末端配列をさす場合の両方に用いられるようになった．またテロメラーゼ遺伝子を導入することによりテロメラーゼを大量に発現させたアラビドプシスは耐乾性を示すことが知られており (Shippen 2005)，今後メカニズムの解析が待たれる．

分裂中期において，識別・同定が困難であることは容易に想像できるが，染色体が大きければ識別がしやすいとは限らない．事実，ライムギの染色体は1974年 Gill and Kimber が C 分染法（C-banding method）により，初めて識別・同定するまで染色体の完全な同定は長い間不可能であった．同様にパンコムギでも Endo（1986）により C 分染法を用いて初めて21本の染色体が完全に同定された．一方 S 型染色体では分染法の適用が困難で，イネのように分染法により全くバンド（band）が出ないものや，ダイズやアブラナ科の植物のように動原体近傍にバンドが一つしかでないというものが多い．これは分染法によるバンドが反復配列の局在を反映したものであることを示しており，S 型染色体すなわちゲノムサイズの小さい染色体では反復配列の量が少ないか，または存在していても動原体近傍に集中していることがその理由である．

(3) 基本染色体数と倍数性

染色体の数は種によって通常は一定している．体細胞の染色体数を $2n$，生殖細胞のそれを n で表す．相同染色体を重複することなく集めた染色体の数を基本染色体数といい，x で表すことはすでに述べた（3.2.1項）．相同染色体数が2本の場合は二倍体（diploid）といい，3本の場合を三倍体（triploid），4本の場合を四倍体（tetraploid）という．種子の発達が不完全なバナナは同質三倍体であり，イチゴ属では基本染色体数を $x=7$ とする二倍体から八倍体の倍数性（polyploidy）の系列が，またキク属では基本染色体数が $x=9$ の二倍体から十倍体までの系列が知られている．同じゲノムが重複した場合を同質倍数体（autopolyploid），異なったゲノムを含む場合を異質倍数体（allopolyploid）とよぶ，後者のうち四倍体でかつお互いに異なった二倍体ゲノム二つずつからなるものが多く知られており，複二倍体（amphidiploid）とよばれている．これらに関しては第8章で詳しく述べる．

倍数化の原因には体細胞分裂および減数分裂の異常が知られている．前者には *Primula kewensis* で報告されている花序の生長点における体細胞分裂異常による染色体倍加とそれに続く染色体数の倍加した配偶子間での受

精による場合が挙げられる（Newton and Pellow 1929）. 後者は非減数（非還元）配偶子が受精に関与することによるものでより一般的である. たとえばチシマオドリコソウ属ではいずれも二倍体である *Galeopsis pubescens* と *G. speciosa* の F_1 における減数分裂の異常により三倍性の F_2 が生じ，三倍性の F_2 の減数分裂異常によりつくられた非減数（非還元）配偶子（卵）に *G. pubescens* の配偶子が交雑して四倍体の形成される例が報告されている（Müntzing 1930, 1932）. その四倍体は自然の四倍体種 *G. tetrahit* と形態的に区別できないほど類似しており，また相互に交雑可能であった.

　栽培されているサトウキビは十倍体以上の倍数性をもつと同時に基本染色体数の整数倍以外の様々な染色体数をもつ異数性（aneuploidy）の系統が観察されている（森谷 1953, 香川 1957）. また個体内での染色体数の変異，すなわち混数性（mixoploidy）も知られている（Němec 1910）. 異数性や混数性を示す個体を，それぞれ異数体（aneuploid），混数体（mixoploid）という. 混数体は体細胞分裂異常によるものであるが，異数体は多くの場合，減数分裂時における相同染色体の不均等分離の結果，配偶子染色体数以外の染色体数をもつ配偶子が受精にあずかることにより生じる. この型の異数体は多くは四倍性以上の倍数体に生じる. その理由として，二倍体における配偶子では少数の染色体の添加あるいは削除が配偶子の異常さらには致死に繋がりやすいためである.

　異数体の中には染色体の転座により，核型の変化を生じるものがある. たとえば一部の染色体領域が断片化して他の染色体に移動する単純転座あるいは2個の非相同染色体間での染色体断片を交換する相互転座（reciprocal translocation）などが知られている. 転座は頻繁に見られる染色体異常であるがこれらには染色体の本数の変化が無い. とくに相互転座の場合には染色体の形態にも大きな変化が生じないことがあり，従来は減数分裂での染色体の対合異常や稔性の異状のみからその存在が知られていた. 現在では異なるゲノムに所属する染色体を異なる色で塗り分けることが可能となり（10.1.2項），染色体の転座の様子を直接顕微鏡下で見ることができる. その他にフタマタタンポポ属では進化の程度が進むにつれて，染色体数が転

座により，$2n = 12$, 10, 8, 6と減少している（Bubcock 1947）. 2個の末端動原体が融合する転座をロバートソン型転座（Robertsonian translocation）といい，この転座が生じると染色体数が1個減ることとなる．

(4) 染色体の数と大きさ

顕花植物では約半数の種が$2n = 14〜28$の中に入り，$2n = 12〜42$まで染色体数を拡大すると，約3/4のものが含まれる．$2n = 28$の染色体を有する植物の多くのものは$x = 7$の四倍体と考えられるので，顕花植物の大部分は$x = 6$から13をもつと見てよい（館岡 1983）．またStebbins（1971）はxが10, 12の種のほとんどは元の基本数である$x = 5$, 6が進化の過程で倍加したものと考えた．高等植物中で基本染色体数が最も少ないものは$2n = 4$で，キク科では北米に分布する *Haplopappus gracilis*, オーストラリアの *Brachyscome dichromosomatica*, イネ科では黒海地方に分布する *Zingeria biebersteinianna*, とコーカサス地方に分布する *Colpodium versicolor* が知られている．一方染色体数の多いものとしては双子葉類でメキシコ産のベンケイソウ科の *Graptopetalum pachyphyllum* （$2n = 540 \pm 10$）やペルー産の *Echeveria sp.* （$2n =$ ca. 520, Uhl 1970），単子葉類ではニュージーランドのイネ科植物 *Poa litorosa* （$2n = 263〜265$）などがある（Hair and Beuzenberg 1961）．また染色体数の多いシダ植物では熱帯産のハナヤスリ属 *Ophioglossum pycnostichum* （$2n =$ ca. 1320）や *O. reticulatum* （$2n = 1260$）が報告されている．日本産のコヒロハハナヤスリ, *O. petiolatum* は$2n = 720$である（栗田・西田 1965）．表3.3に主な栽培植物についての染色体数を示す．各種の雑誌に発表された高等植物の染色体数については米国ミズーリ植物園に集められ，数年ごとにIndex to Plant Chromosome Numbersとして出版されている．またこの情報はインターネットで検索することができる[16]．

染色体の大きさについても様々なものがあるが基本染色体数との関係で

---

16) http://www.mobot.org/plantscience/default.asp Goldblatt and Johnson (2003) Index to Plant Chromosome Numbers 1998-2000. Monographs in Systematic Botany from the Missouri Botanical Garden 94.

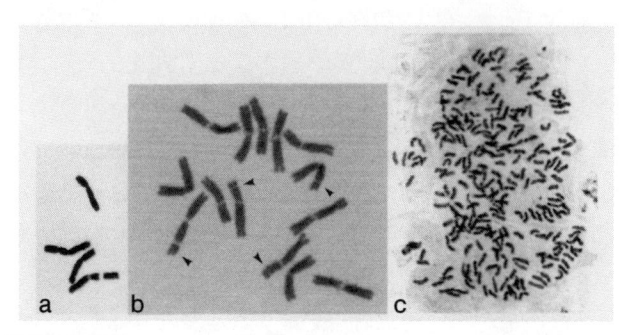

図3.19 各種の染色体
a) ブラキコーム. b) オオムギ（矢尻はサテライト）. c) シダの仲間（*Diplazium mettenianum*）.（福井と廣瀬 1996, 植物のゲノムサイエンス, 秀潤社, pp 7 – 13）

見ると一般に染色体数の多いものは染色体が小さく，染色体数の少ないものは大きくなる傾向にある．最も大きい染色体の例としてはエンレイソウやツクバネソウが挙げられ，小さいものとしてはトレニア，アラビドプシスや多数の染色体を有するシダの仲間が知られている（図3.19）．

(5) 染色体の記載法と核型

一つの染色体組における体細胞分裂中期の染色体の数と形態を核型（karyotype）といい，Delaunay (1923) が caryotipus と命名したことに始まる．基本染色体数に相当する核型をとくに基本核型（basic karyotype）という．核型は生物の種類により一定であるが，自然状態で変化し人為的にも変化させることもできる．類縁の種は核型も近似している場合が多いことが知られている．核型を決定し，比較研究することを核型分析（karyotype analysis）といい，これにより交雑不能である近縁植物におけるゲノム間の類似性をある程度推定できる．これを細胞分類学（cytotaxonomy）といい，系統進化や分類の研究で用いられてきた．

またそれぞれの染色体の数，形態（長さ，太さ，動原体の位置，二次狭窄，付随体の有無，角の有無）を詳細に記録し，図式にて示したものをイディオ

---

17) イディオグラムを ideogram と綴る例が論文等にも見受けられるが，idiogram が正しい（Navashin 1922）．

グラム（idiogram）という[17]．現在は染色体画像の解析に画像解析法が用いられており，定量的に解析され作成された染色体地図もイディオグラムとよばれている．類似の用語としてカリオグラム（karyogram）があり（図3.20），核型と同義で使われているが，本書では一般に用いられている細胞中の全染色体の画像を長さの順に，短腕を上にして整列させて表示したものを用いる．イディオグラムは当該生物における基本的な情報であるだけでなく，染色体の形態からみた遺伝情報の種間比較にも使われる．またFISH法で検出した遺伝子の物理的位置を記録する地図としても用いられる．

　核型の表示方法には種々の方法が提案されている．本書第1版で詳細に述べられている篠遠（1938）の方法は画像をデジタル情報として取扱うことが

表3.3　主な植物の染色体数
（向井 2006, クロモソーム　植物染色体研究の方法, 福井ら編著, pp 256 - 257. 養賢堂より一部改変）

種　名	2n	種　名	2n
イネ科		アブラナ科	
オオムギ（*Hordeum vulgare*）	14	シロイヌナズナ（*Arabidopsis thaliana*）	10
ライムギ（*Secale cereale*）	14	クロガラシ（*Brassica nigra*）	16
ヒトツブコムギ（*Triticum monococcum*）	14	キャベツ（*Brassica oleracea*）	18
タルホコムギ（*Aegilops tauschii*）	14	カブ（*Brassica campestris*）	20
トウモロコシ（*Zea mays*）	20	カラシナ（*Brassica juncea*）	36
ソルガム（*Sorghum bicolor*）	20	セイヨウナタネ（*Brassica napus*）	38
イネ（*Oryza sativa*）	24	ナス科	
マカロニコムギ（*Triticum durum*）	28	トマト（*Lycopersicon esculentum*）	24
パンコムギ（*Triticum aestivum*）	42	ジャガイモ（*Solanum tuberosum*）	48
エンバク（*Avena sativa*）	42	タバコ（*Nicotiana tabacum*）	48
ユリ科		キク科	
エンレイソウ（*Trillium kamtschaticum*）	10	ハプロパップス（*Happlopappus gracilis*）	4
タマネギ（*Allium cepa*）	16	クレピス（*Crepis capillaris*）	6
ネギ（*Allium fistulosum*）	16	栽培ギク（*Dendranthema grandiflorum*）	54-53
ニンニク（*Allium sativum*）	16	マメ科	
アスパラガス（*Asparagus officinalis*）	20	ミヤコグサ（*Lotus japonicus*）	12
チューリップ（*Tulipa* sp.）	24	ソラマメ（*Vicia faba*）	12
テッポウユリ（*Lilium longiflorum*）	24	エンドウ（*Pisum sativum*）	14
		ダイズ（*Glycine max*）	40
		ピーナッツ（*Arachis hypogaea*）	40
		その他	
		スイバ（*Rumex acetosa*）	15/14
		サツマイモ（*Ipomoea batatas*）	90
		ヒロハノマンテマ（*Silene alba*）	24
		イチョウ（*Ginkgo biloba*）	24
		ワタ（*Gossypium hirsutum*）	52
		ゼニゴケ（*Marchantia polymorpha*）	9

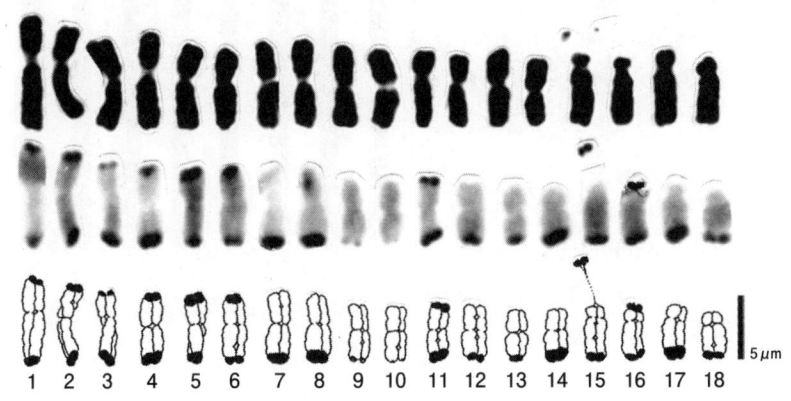

図3.20 ハマギク染色体C分染像のカリオグラム
（谷口原図）

困難であった時代にアルファベットを用いて染色体の特徴をなるべく適確に表現しようとしたものである．現在では画像情報の取り扱いは格段に容易になっており，画像のままデータとすることができるため，ここでは省略し，篠遠の方法を基本にしたより簡便な方法について述べる．ただしそれぞれの植物における研究の歴史および最近ではゲノム関連研究の進展を反映して，染色体の表示方法は多岐にわたっているのが実情である．

1) 中期染色体の表示法

（i）1組の染色体はその長さの順に，両腕をもち一次狭窄部を2本の線をクロスさせたもので表示する（例 図3.25）．染色体番号が確定していない時，各染色体にはA，B，C，....の大文字のアルファベットを与え，染色体番号が確定したものついては属名と種名から1字ずつアルファベットの頭文字をとり，それに番号を与える．たとえば *Crepis capillalis* の3本の染色体はそれぞれCc1，Cc2およびCc3と表示する．

（ii）染色体の腕に長短がある場合は上側を短腕とする．端部に動原体があるものは動原体を上とする．

（iii）染色体を動原体の位置により記載するためにはLevan *et al.*(1964)により，短腕長を分母にして長腕長を割ったときに1.7未満を中部動原体型

(median type, m), 3.0未満を次中部動原体型（submedian type, sm), 7.0未満を次端部動原体型（subterminal type, st), 7.0以上を端部動原体型（terminal type, t）とする（図3.21）. 動原体が完全に真中にある場合をM（absolute medium type），完全に先端部にある場合をT（absolute terminal type）で表す場合もある．これらを表記する場合は染色体を示すA, B, C, ...の右肩に t, st, sm, m を付けて，たとえば A^t のように表記する．

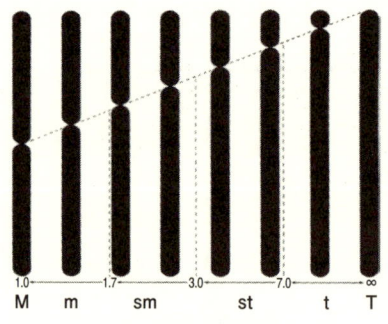

図3.21　中期染色体の表示法
(Levan *et al*. 1964, *Hereditas* 52 : 201－220, © Wiley-Blackwell. 許可を得て一部改変)

（iv）付随体は短腕あるいは長腕から少し間隔を置いた独立した領域で示す．短腕あるいは長腕との空間には何も無いわけではなく，45S rDNAのクラスターが存在するため矢尻でその存在を示す．付随体が短腕先端にある時は左肩に，長腕の場合は左下に t を付ける．

（v）核型，基本核型，染色体基本数，染色体半数はそれぞれ K, B, x, n で表す．上記の表記法でL型染色体をもつシャクヤク品種「藤染衣」($2n=10$）の核型を表すと次のようになる．

$$K(2n) = 10(2x)$$
$$= 2_t A^{sm} + 2_t B^{sm} + 2C^{sm} + 2^t D^{st} + 2^t E^{st}$$

核型分析において染色体の長さの分布を表現する用語として，ほぼ長さが等しい場合には均等的，長さが連続的に変わるものについては勾配的という．これら二つの分布は単相的であり，染色体長が大きく二つあるいは三つの長さに不連続に分かれるものを二相的，あるいは三相的と表現し，これらを一括して不均等的という．

核型分析は通常体細胞分裂中期の染色体を対象に行うが，遠縁交雑，葯培養あるいは花粉培養により得られた半数体（第7章）が手に入ればそれを用いた方が解析しやすい．また雄原細胞と栄養細胞を含むユリ科，ラン科植

3. 染色体の構造と機能　(93)

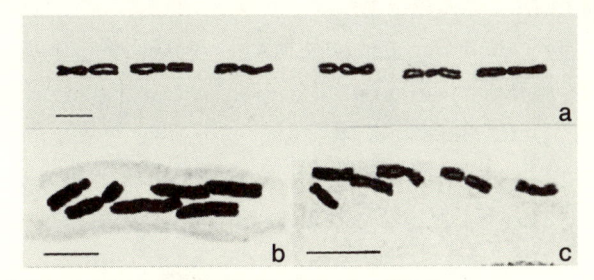

図3.22　花粉管内有糸分裂（雄原細胞分裂）時の染色体
a) ヌマムラサキツユクサ ($n=6$). b) ハナニラ ($n=6$). c) イカリソウ ($n=6$). バーは10μm.（寺坂 2006, クロモソーム　植物染色体研究の方法, 福井ら編著, 養賢堂, pp.38 – 40）

物などの成熟した二細胞性花粉から発達した花粉管内での雄原細胞分裂時の染色体（図3.22）を利用することもできる．

画像をデジタル情報として記録することが普通になった現在では染色体をデジタル画像として記録し，大きさの順に並べてカリオグラムとし，また対になる相同染色体が明らかな場合には腕比，相対長をもとにして半数体当たりの染色体をイディオグラムで表示することが一般的となっている．

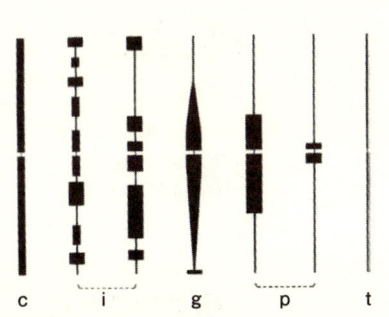

図3.23　前中期染色体に特異的に生じる凝縮型
左より Continuous type, Interstitial type, Gradient type, Proximal type, Tenuous type.（田中 1977, 植物細胞学, 小川ら編, 朝倉書店, pp. 293 – 326）

2）前中期染色体の表示法

先にも述べたようにS型染色体では体細胞分裂前中期が唯一染色体の特徴を明瞭に示す時期である．前期から前中期にかけてクロマチンが特徴的な凝縮型を示すことが知られており（田中1977），図3.23に示すように五つの型に分類されている．いずれもクロマチンが染色体長軸に沿って不均一に凝縮することが原因であり，とくに動原体の両側に凝縮が見られる種が多く知られている．

こうした凝縮型を詳細に解析することにより，中期では困難であるS型染

3章 細胞からDNAへ：ゲノムと染色体

色体を識別・同定できる場合がある．イネでは酵素解離空気乾燥法（enzymatic maceration/air drying method, EMA法, Fukui 1996, 福井2005）とギムザ染色法を組合せて，葯培養によるイネ品種コシヒカリの半数体を材料に各染色体の凝縮型が詳細に検討された．その結果，基本染色体数が12本であるイネ染色体はそれぞれの特徴ある凝縮型を示すことがわかり完全に識別・同定された．次に凝縮型を濃度分布曲線の数値情報（condensation

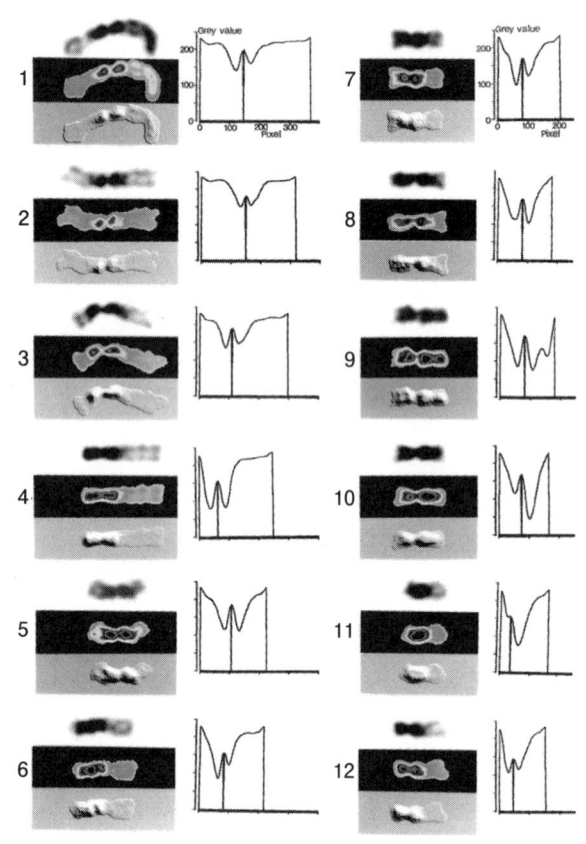

図3.24 長さ順に並べたイネ染色体（現在のイネ染色体番号とは異なる場合もある）．
左は上段より濃淡画像，擬似カラー画像および擬似三次元画像である．右は左側を短腕とした濃度分布曲線．（Fukui and Iijima 1991, *Theor Appl Genet* 81：589-596, © Springer Science and Business Media．許可を得て転載）

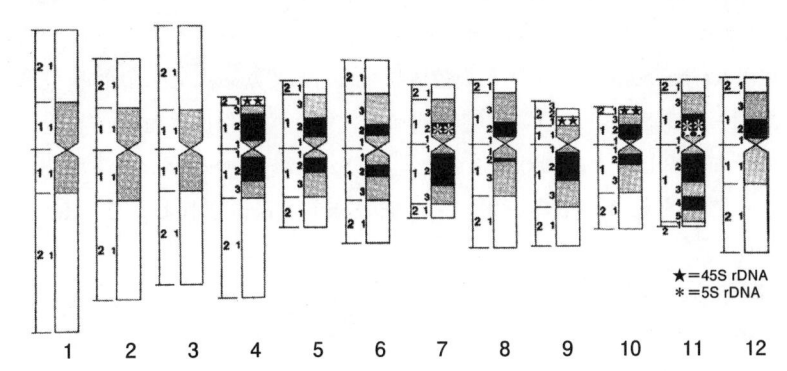

図3.25 イネ染色体のCPに基づくイディオグラム
第9染色体9p 2.2はリボソーム遺伝子座（45S rDNA）．とくに凝縮している領域は黒，凝縮している領域は灰色で示されている．各種のイネのrDNAの位置を併せて示した．（染色体番号は統一番号）(Fukui 1996, In : *Rice Genetics* 3, © IRRI, pp 171 – 130)

pattern, CP）として定量的に把握し（図3.24），定量的な染色体地図（イディオグラム）が作成された（Fukui and Iijima 1991）（図3.25）．さらにCPによるイネ染色体の自動的判定の結果，92％のものが肉眼による判定結果と一致し，人間が凝縮型を用いてイネ染色体を判定している情報のほとんどは一次元の濃度分布曲線であるCPに置き換え可能であることが明らかにされた（Kamisugi *et al.* 1993）（図3.26）．

凝縮型とその数値情報であるCPを用いたS型染色体の識別・同定は有効

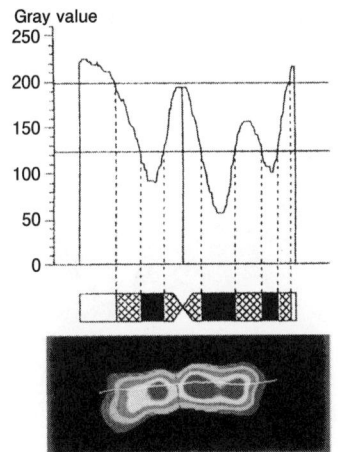

図3.26 染色分体長軸に沿った濃度分布曲線（CP）とそれに基づく染色体地図（イディオグラム）の作成
（Kamisugi *et al.* 1993, *Chromosome Res* 1 : 189 – 196, Springer Science and Business Media. 許可を得て転載）

な手法であり，イネ（$2n = 24$）では1910年に桑田がその数を決定してから81年後に染色体が客観的に識別・同定され，定量的な染色体地図が作られ

た．セイヨウナタネ（2n = 38, Kamisugi *et al.* 1998），ハクサイ（2n = 20），クロガラシ（2n = 16），キャベツ（2n = 18, Fukui *et al.* 1998）でも同様に，Karpechenko（1922）が染色体数を報告してから約70年後に全染色体が識別・同定され，さらには定量的な染色体地図が作成された．高次倍数性のサトウキビでもその八倍性の野生種（*Saccharum spontaneum*）の葯培養によって得られた四倍体を用いて同様の結果が報告されている（Ha *et al.* 1999）．

3）間期核の表示法

染色した間期核の濃染領域は種により特徴的な型があることが知られている．この濃染領域は染色中心（chromocenter）とよばれ，クロマチンが細胞周期を通じて，とくに間期においても凝縮している状態を示したものであり，異質染色質（heterochromatin）とよばれる．アラビドプシスやクロガラシ（*B. nigra*）に見られるように間期において動原体領域など染色体当たり一つの領域が凝縮した場合は，その数は染色体数と一致する．

図3.27はTanaka（1989）による染色中心の型の分類であり，核形態（karyomorphology）とよぶ．現在，AからGまでの7つの型が知られている．

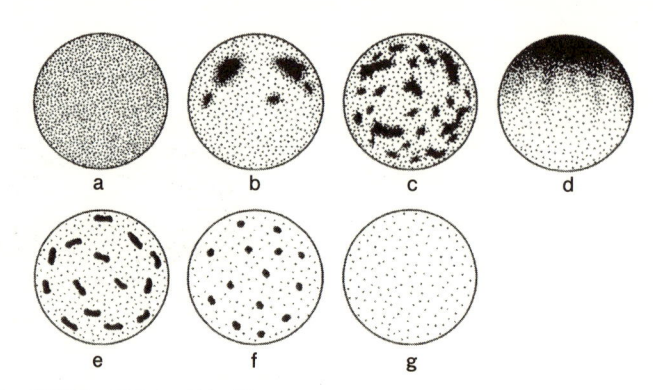

図3.27　間期核に見られる核形態
a～gはそれぞれ densly diffused type, simple chromocenter type, complex chromocenter type, gradient type, rod − shaped prochromosome type, round prochromosome type, sparsely diffused type．（Tanaka 1989, In：*Plant Chromosome Research* 1987, Ed. Hong Deyuan）

ラン科植物では核形態が詳細に調べられ、核形態とラン科植物の系統樹が密接に関連していることが知られている (Tanaka 1989)。さらに核形態が類似している種間の交雑は容易である場合が多いことが見い出され、ラン科植物における交雑育種、とくに種属間交雑育種を設計する上で一つの指針を与えている。ネジバナでは核形態が画像解析法により定量的に解析

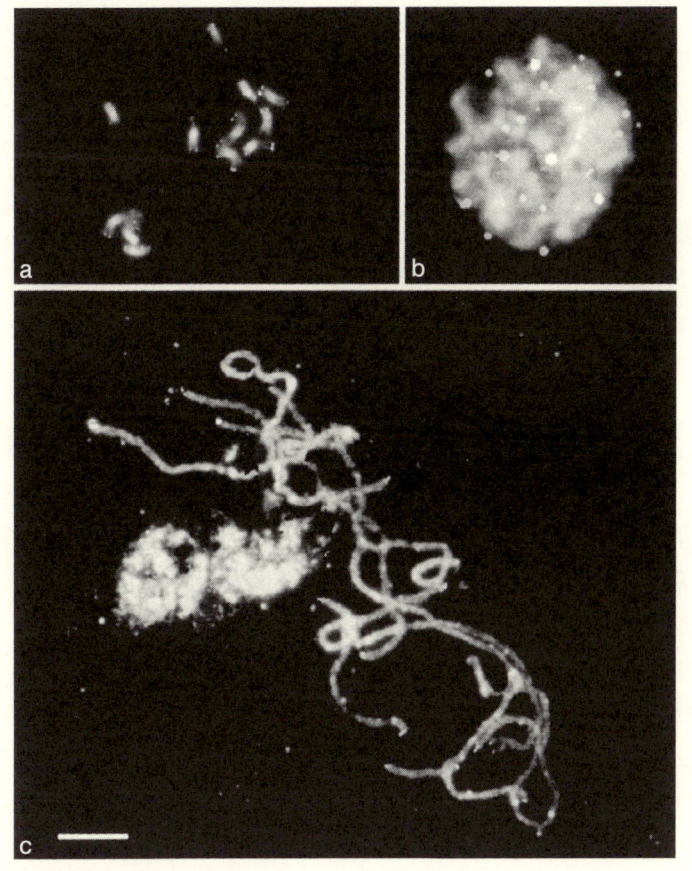

図 3.28　等倍率でのイネ染色体 (テロメア等を白いシグナルで表示)
a) 体細胞分裂中期染色体. b) 核. c) 減数分裂パキテン染色体. バーは 10 μm.
(Ohmido *et al.* 2001, *Plant Mol Biol* 47 : 413 – 421, © Springer Science and Business Media. 許可を得て転載)

されている (Wako and Fukui 2003).
4) パキテン期染色体の表示法
　従来，S型染色体は体細胞中期には点状あるいは短い棒状にしか見えず，光学顕微鏡による詳細な形態解析や識別・同定には限界があった．現在はS型染色体の前中期に再現性良く生じる凝縮型解析も進められているが，染色体が伸長する減数分裂パキテン期の染色体は前中期染色体が解析に用いられる以前にはS型染色体を解析する唯一の方法であった（図3.28）．パキテン期の染色体を用いる核型分析をパキテン分析（pachytene analysis）という．パキテン期の染色体上には濃染する染色小粒（chromomere）が全長にわたって認められ，それがランドマークとなって染色体の識別・同定さらにはパキテン地図（pachytene chromosome map）の作成が行われる．動原体の位置，真正クロマチン（euchromatin），ヘテロクロマチン（heterochromatin）の分布もその染色体を特徴づける上で重要な情報である．パキテン地図を作成するための画像解析法がすでに開発され，イネの第9染色体のパキテン地図が作成されている（Kato *et al.* 2003）．

(6) 種々の染色体
　核ゲノムが有する全ての遺伝情報をその種に固有の数のDNA分子に分けて保持するものが染色体であり，染色体は保有する遺伝情報が異なっていても基本的には同じ構造と機能を有する．しかしながら中には特別の機能，たとえば性を決定する機能を有する染色体がある．また形態的にも多糸染色体のように多くのDNA鎖からなるものもある．

1) 性染色体
　高等植物には雌雄が分化しているものが認められ，キュウリ，トウモロコシなどの雌雄異花同株植物やヒロハノマンテマ（メランドリウム，*Silene latifolia*），アサ，ゼニゴケ（*Marchantia polymorpha*）などの雌雄異株植物が知られている．この内雌雄異株植物においては雌雄が異なる形態の染色体すなわち性染色体（sex chromosome）をもつものがある．これに対して性染色体以外の染色体を常染色体（autosome）という．植物における性染色体に

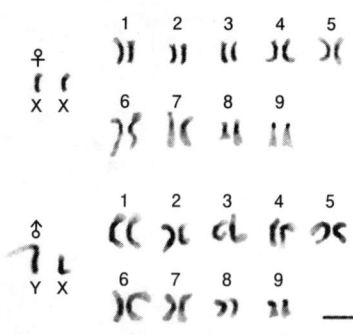

関しては木原と小野（1923）がスイバで報告している．スイバは雌雄異株の多年草で性比は雄株が約33％である．雄の性染色体をY染色体，雌雄に共通して存在する同型の染色体をX染色体という（図3.29）．雌雄異株植物の性の遺伝様式はほとんどがこのXY型である．これとは逆に雌が異なる形態の染色体を有する場合，それをW染色体，雄にある同型の染色体をZ染色体という．また形態的に顕著な差異がないにもかかわらず，雌雄の分化

図3.29 アサにおける性染色体
（Sakamoto *et al.* 1999, *Cytologia* 63：459－464 © The Japan Mendel Society. 許可を得て一部改変）

や生殖器官の形成に関与する染色体も知られている．

性染色体上に座乗する性決定遺伝子についての研究は種々の植物で進められており，とくにヒロハノマンテマ，ゼニゴケなどで進んでいる．ヒロハノマンテマでは各種の染色体異常系統と外部形態との比較により，Y染色体は長腕端部でX染色体とキアズマを形成すること，長腕のX染色体との相同部分には葯の成熟を関係する機能，短腕の端部には雄ずいの形成を抑制する機能があることが知られている（Matsunaga *et al.*1999, Matsunaga and Kuroiwa 2001）．苔類のゼニゴケは配偶体で雌雄株があり，それぞれの株はX，Y染色体を1本ずつ有しているので，取り扱いが一般の被子植物に比較して容易である（Okada *et al.* 2001, Kimitsune *et al.* 2002）．

2）B染色体

ライムギ，トウモロコシ，スイバ，ブラキコームなどに見られる過剰染色体[18]をB染色体（B-chromosome）とよぶ．ゲノムの基本染色体数を構成するA染色体（A-chromosome）以外に核内に含まれる染色体を意味する（図3.30）．B染色体は一般に通常のA染色体とは対合せず，またB染色体どうしの対合も弱いので細胞分裂時に不均等に分配される．その結果，B染色体

---

18) 過剰染色体という用語は2種類の染色体組成を表す．一つはここでいうB染色体を持つ場合であり，もう一つは相同染色体が3本ある三染色体植物の染色体組成をいう場合である．

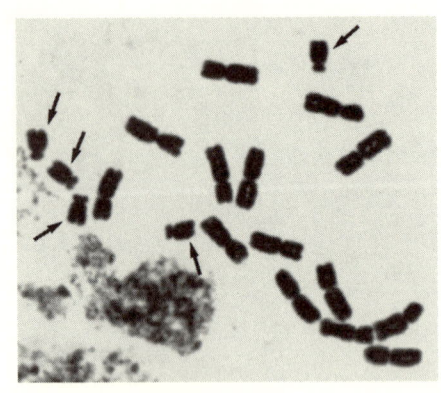

図3.30 ライムギに見られるB染色体（矢印）
(N. Jones 原図)

の数と大きさは個体間さらには個体内の細胞によってもまちまちである．座乗する遺伝子としては45S rDNAが知られているが（Maluszynska and Schweizer 1989），一般的にはB染色体の数の変化は植物個体の外部形態にほとんど影響を及ぼさず，B染色体は機能をほとんどもたないとされている．一方でB染色体の細胞核内における数が増えると稔性が低下したり，生育が遅延するとの報告もある（Puertus 2002）．B染色体についてはたとえば新しい染色体ベクターとしての利用など今後の研究が待たれる．

3）微小染色体

　微小染色体（mini-chromosome）はミニ染色体，ミゼット染色体（midget chromosome）ともよばれ，ゲノムを構成するA染色体に比較して，その大きさが著しく小さいものをいう．微小染色体の一例として，ライムギとコムギの戻し交雑後代に見られるごく小さな染色体の例があり，ミゼット染色体とよばれる（図3.31a）（Murata *et al.* 1992）．ミゼット染色体はライムギ由来の動原体，テロメアなどを保持する完全な染色体である．またB染色体とは異なりライムギの細胞質をもったコムギが稔性を維持するために不可欠であり，ミゼット染色体が欠落すると不稔となる．したがって，このミゼット染色体上に雑種の稔性を制御する機能が存在することは明らかである．アラビドプシスでも第4染色体短腕に由来する45S rDNA遺伝子座

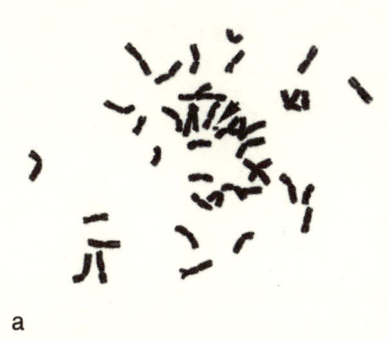

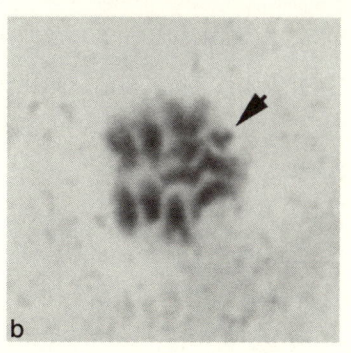

図3.31 微小染色体の例
a) ライコムギのミゼット染色体（矢印）. b) アラビドプシスのミニ染色体（矢印）.
（村田原図）

をもつミニ染色体が報告されている（図3.31b）（Murata 2002）.

4）分散型動原体

一次狭窄に動原体がある局在型動原体（localized centromere）と異なり，イグサ科（Kusanagi and Tanaka 1959）およびカヤツリグサ科（Hakansson1958, Hoshino1981, 1986）あるいはユリ科（シライトソウとその近縁種）で特徴的に見られる分散型動原体（diffuse kinetochore, diffuse centromere）では紡錘糸が実際に付着する動原体が染色体上に散在している．クロヒメシライトソウの染色体では動原体部にあるATリッチな反復配列を特異的に染色する蛍光色素DAPIを用いて染色すると，染色体上に複数の動原体が存在する様子が可視化できる（図3.32）（Tanaka 1977）．こうした分散型動原体をもつ染色体では明瞭な一次狭窄が認められず，分裂後期では全体が紡錘体極に向かってJ字やL字構造をとることなく，ほぼ直線的に，時には両端を先頭にして移動する．分散型動原体をもつ染色体は放射線などで染色体を切断した場合にはそ

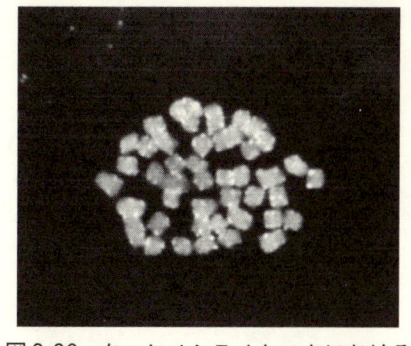

図3.32 クロヒメシライトソウにおける分散型動原体
（田中原図）

れぞれの染色体断片上にある動原体を利用して両極に移動することから全動原体染色体ともよばれる．染色体断片が染色体として機能するため，結果として生じる異数性は断片分数性あるいは断片倍数性（agamatoploidy）とよばれる．

断片分数性はイグサ科のヌカボシソウ属（*Luzula*）でも知られている．ヌカボシソウ属の体細胞では $2n = 6$ から72までの染色体数が観察されるが，図3.33に示すようにそれらの染色体長の総和はほぼ同じである．ただヌカボシソウ属の種全体について見ると倍数性の変異も染色体数の変異に関与していることが知られている（Nordenskiöld 1951）．同様の著しい染色体数の変異はスゲ属にも知られており，$2n = 12$ から136まで取り得るほぼ全ての染色体数が観察される（田中 1948）．染色体の大きさにも半分や4分の1のものが観察されており，分断あるいは結合による染色体数の変異が生じている．またこれらの染色体数の変異には倍数化（polyploidization）も関与していることが知られている（館岡 1983）．分散型動原体は染色体上で動原体領域が連続して存在していると指摘した論文もある（Nagaki *et al.* 2005）

5）多糸染色体

核内有糸分裂（endomitosis）により核内（多）倍数性（endopolyploidy）を獲得した細胞が一部の器官に認められる場合がある．これは染色分体を分配する機構が働かないためであると考えられており，DNA合成のみが繰り返された結果生じたものを多糸染色体（polytene chromosome）とよび，双翅

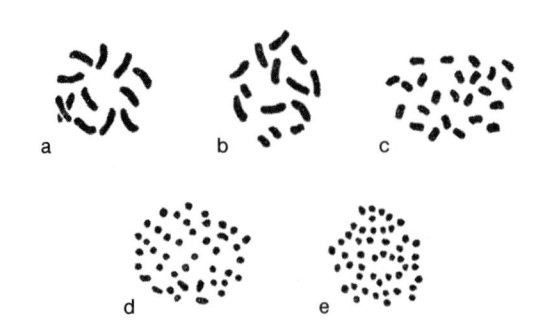

図3.33 ヌカボシソウ属の体細胞染色体
a) *L. spicata* ($2n = 12$), b) *L. spicata* ($2n = 14$), c) *L. spicata* ($2n = 24$), d) *L. johnstonii* ($2n = 42$), e) *L. acuminate* ($2n = 48$).（Nordenskiöld 1951, *Hereditas* 37 : 325 – 355, Wiley-Blackwell. 許可を得て一部改変）

表3.4 被子植物において見い出された多糸染色体
(Nagl 1996, In : *Plant Chromosomes : Laboratory Methods*, Fukui and Nakayama eds., ⓒ CRC Press, pp. 51 – 83. 許可を得て転載)

科	属	多糸染色体が認められる細胞
Ranunculaceae	*Aconitum*	Antipodal cells
Papaveraceae	*Papaver*	Antipodal cells
	Dicentra	Antipodal cells
Fabaceae	*Phaseolus*	Embryo suspensor
		Endosperm
	Pisum	Cotyledons *in vitro*
Tropaeolaceae	*Tropaeolum*	Embryo suspensor
Brassicaceae	*Eruca*	Embryo suspensor
Cucurbitaceae	*Bryonia*	Anther hairs
Scrophulariaceae	*Rhinanthus*	Embryo suspensor
	Thesium	Embryo suspensor
Lamiaceae	*Salvia*	Glandular hairs
Alismataceae	*Alisma*	Embryo suspensor
Liliaceae	*Allium*	Antipodal cells
		Synergids
		Endosperm haustoria
	Gagea	Embryo suspensor
Amaryllidaceae	*Clivia*	Antipodal cells
	Scilla	Antipodal cells
Poaceae	*Triticum*	Antipodal cells
		Embryogenic calli and regenerating roots
	Zea	Endosperm
Orchidaceae	*Cymbidium*	Protocorms *in vitro*

目の昆虫に見られる唾液腺染色体，ゴマノハグサ科の植物の胚盤細胞，ヒナゲシの反足細胞の例が知られている．多糸染色体についてはウィーン大学植物学研究所が多年にわたる系統的な調査を行い，表3.4に示す多岐にわたる分類群で多糸染色体が認められている (Nagl 1996).

一方染色体の縦裂まで進行したものは多重染色体 (multichromosome) とよばれ，キンレンカやマメの胚柄 (suspensor) に見られる．図3.34は核内有糸分裂の三つの型を示す．a，b，cはそれぞれ Endopolyploid type (separated chromosome type)，Multiple chromosome type および Multi-stranded chromosome type と分類されている (Hasitschka 1956)．また Nagl (1996) は図3.35に示すように核形態と多糸染色体の形態の間に密接な関係があることを見い出した．

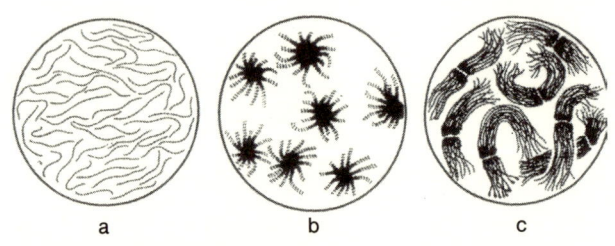

図3.34 核内有糸分裂の三つの型
a）Endopolyploid type （separated chromosome type）. b）Multiple chromosome type. c）Multi-stranded chromosome type. （Tanaka 1989, In：*Plant Chromosome Research* 1987, Ed. Hong Deyuan）

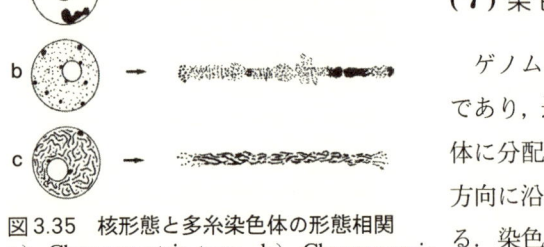

図3.35 核形態と多糸染色体の形態相関
a）Chromocentric type. b）Chromomeric type. c）Chromonematic type. （Nagl 1996, In：*Plant Chromosomes*：*Laboratory Methods*, Fukui and Nakayama eds., ⓒ CRC Press, pp. 51－83. 許可を得て転載）

（7）染色体地図

ゲノムは生物の遺伝情報の総体であり，遺伝情報は基本数の染色体に分配され，また染色体の長軸方向に沿って一列に配列されている．染色体上に位置する遺伝情報の配列を表示したものを染色体地図（chromosome map）という．染色体地図は対象とする分子マーカー（molecular marker）や遺伝子間の組換え頻度から相対的な距離を求めて作成する遺伝（学的）地図（genetic map）と染色体の物理的距離に基づく細胞学的地図（cytological map）とに分かれる．前者は連鎖地図（linkage map）ともよばれ，遺伝子や発現遺伝子の部分配列，EST（expression sequence tag）のみならず，制限酵素断片長多型（RFLP），増幅断片長多型（AFLP），ミニサテライト，マイクロサテライトなど種々の分子マーカーを用いてそれらの間の組換え頻度から推定される地図距離により詳細な地図が作成されている．図3.36にオオムギ第6染色体の染色体地図および分子マーカーによる連鎖地図の最初のものと現在のものを示す．

3. 染色体の構造と機能 (105)

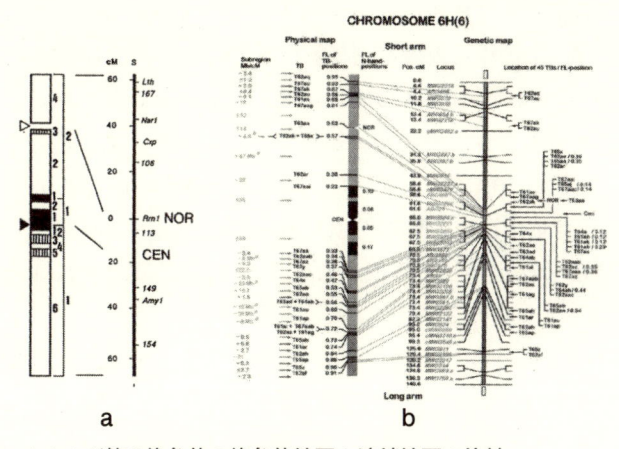

図 3.36 オオムギ第6染色体の染色体地図と連鎖地図の比較
a) 最初に作られたもの. b) 現在のもの. (a ; Fukui and Kakeda 1990, *Genome* 33 : 450 − 458, © NRC Research Press, b ; Künzel *et al.* 2000, *Genetics*, 154 : 397 − 412, © The Genetics Society of America. それぞれ許可を得て転載)

　細胞学的地図は狭義の染色体地図（chromosome map）と物理地図（physical map）とに分かれ，前者は画像解析法などにより，顕微鏡下の染色体形態が定量的に解析された，いわば染色体の白地図であり，基本染色体数の染色体地図はイディオグラムと同義である．後者は酵母人工染色体や，バクテリア人工染色体など大きな挿入断片を有するクローンを連結させて，染色体全域を塩基配列情報でカバーした地図である．またパキテン期の染色体を対象にした地図もありパキテン地図とよばれる．パキテン期は染色体長が長大になり，かつ染色体上の物理的な目印になる染色小粒が生じるためパキテン期染色体地図の解像力は他の時期の染色体地図よりも良い．そのため多くのS型染色体でパキテン期染色体を用いてトリソミックにおける付加された染色体の同定，染色体異常の解析，地図の作成など，細胞学的な解析が進められてきた（図 3.37）．
　狭義の染色体地図には染色体を簡単に測定して作成したものから，多くの染色体を画像解析して平均値を得て作成されたものまで種々のものがあ

る．図3.38は後者の例でオオムギ，クレピス，サトウキビ野生種の染色体地図が示されている．オオムギの染色体地図はN分染法により識別・同定した250の中期染色体核板像を画像解析して作成されたものである（Fukui and Kakeda 1990）．クレピスの染色体地図はC分染したクレピス染色体のバンドの位置，大きさ，濃度を絶対値ではなく人間の視覚をシミュレートして画像解析する方法で作成された（Fukui and Kamisugi 1995）．サトウキビ野生種の染色体地図はS型の染色体の体細胞分裂前中期に生じる凝縮型を画像解析法により定量して作成されたものである（Kato and Fukui 1998, Ha $et\ al.$ 1999）．

定量的な染色体地図の作成により，育種効率を考える上で重要な乗換え頻度が染色体上の領域ごとで全く異なることが明らかとなった．図3.36のオオムギ第6染色体の染色体地図と連鎖地図に示されているが，連鎖地図では付随体領域が実際の付随体に比べてきわめて過大評価されていること，すなわち乗換えが期待値よりも高頻度で生じていることが理解される．一方短腕については逆に実際の短腕の長さよりも遙かに過小評価されている．これは短腕では実際の乗換えが期待される乗換え頻度よりも低頻度で生じていることを示している．

また，オオムギ染色体上に多数のESTマーカーを位置付けた地図（図3.36 b）（Künzel $et\ al.$ 2000）から，上記に加えて染色体の乗換えは機能を有する

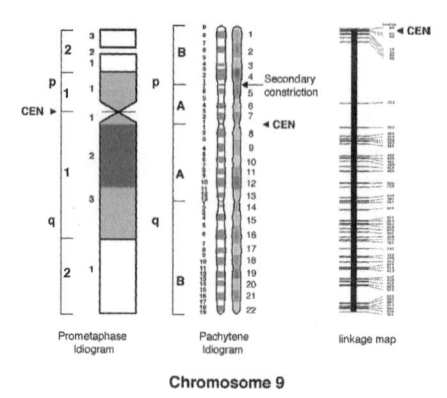

図3.37 イネ第9染色体の体細胞分裂前中期，減数分裂パキテン期および分子マーカーを用いた連鎖地図間の比較
（Kato $et\ al.$ 2003, $Gene\ Genet\ Systems$ 78：155－161, ⓒ The Genetics Society of Japan. 許可を得て転載）

遺伝子が多く集積する所に高頻度で生じること，乗換えが高頻度に生じる領域は染色体全体から見るとごく限られた領域であること，さらに多くの場合これら領域は染色体の両末端あるいはその近傍に位置すること，逆に動原体近傍領域（proximal region）など分染法で濃染するヘテロクロマチン領域では乗換えがほとんど生じないことが明らかにされた．染色体末端領域に遺伝子が集まる傾向はヒトX染色体の長腕末端部他にも認められており染色体における共通した傾向である．

このように染色体では染色体領域ごとに乗換え頻度は異なり，染色体全長にわたって乗換え頻度が一定であることを暗黙の前提とする古典的な連鎖地図の利用には注意を要する．一方連鎖地図は当初から必ずしも染色体の物理的形態の表示を目指していた訳ではないという指摘もあり，上記のことを理解した上で連鎖地図を

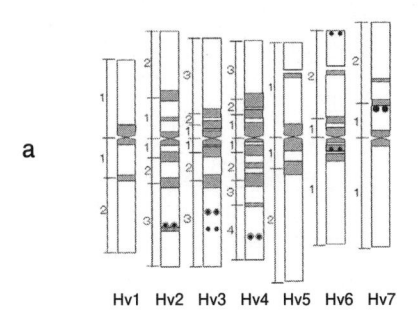

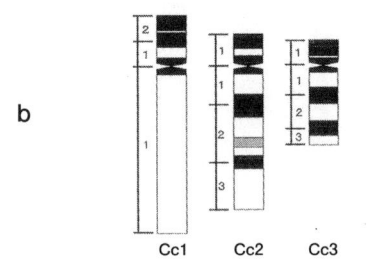

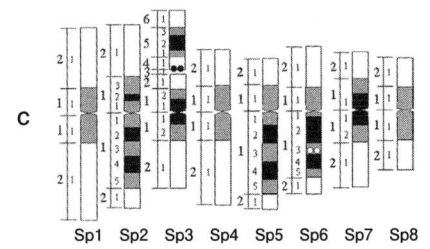

図3.38 染色体地図（イディオグラム）
a）オオムギ．b）クレピス．c）サトウキビ．
（a；Fukui and Kakeda 1990, *Genome* 33：450－45, © NRC Research Press, b；Fukui and Kamisugi 1995, *Chromosome Res* 3：79－86, © Springer Science and Business Media, c；Ha *et al*. 1999, Plant Mol Biol 39：1165－1173, © Springer Science and Business Media. それぞれ許可を得て転載）

遺伝的分離，集団の多様性，進化，ポリジーンの伝達と選抜などの場面で用いれば，育種的観点すなわち組換えの頻度からみた遺伝子の位置関係や相対距離を表示する上で連鎖地図は有用である．むしろ，染色体上での乗換え頻度がどうしてこのように違うのか，またその機構が今後解明されるべき問題となろう．

　以上述べてきたように定量的な染色体地図はその生物の基本情報の一つであり，遺伝子，染色体さらにはゲノム研究に必須のものといえる．

4章　染色体異常とその利用

　生物は種によって決まった形と数の染色体を有するが，自然集団あるいは放射線などの変異原を処理した個体において，異常な染色体をもつものが，しばしば現れる．これら染色体異常は，数的異常（numerical aberration）と構造異常（structural aberration）に大別できる．数的異常は，6章で述べる異数性として取り扱われる．また，ゲノムレベルでの染色体の増減は，半数性あるいは倍数性として7章および8章で述べる．ここでは，染色体内で起こる構造異常について解説する．

　染色体には，染色分体ごとに1本のDNA分子が存在するので，染色体異常は当然，DNA配列の異常である．異常に関わる部位の大きさによって，染色体という顕微鏡で観察できるマクロな異常と，DNA配列の上で認識されるミクロな異常がある．これらは，ともに本質的には同じものである．しかし，対象とする配列の大きさがあまりにもかけ離れているので，両者は必ずしも統一して認識されていない．ここでは，染色体レベルでのマクロな異常に絞って解説する．

1. 染色体異常の種類と染色体行動

(1) 欠失と重複

　欠失とは染色体の一部が失われる現象である．2カ所に切断が入りその間が消失する介在欠失（deletion）と，1カ所に切断が入り動原体を含まない断片が消失した端部欠失（deficiency, terminal deletion）に区別されるが，最近では，ともに欠失（deletion）として区別せず扱われることが多い（図4.1）．
　一方，重複（duplication）とは染色体のある部分が，同一染色体上で2カ所以上存在する場合で，重複カ所の遺伝子の並びから，直列重複（tandem

duplication）と逆位重複（inverted duplication）に区別できる．これらの異常は遺伝子の増減をともなう．

(2) 逆 位

染色体の一部分が2カ所の切断により逆転し遺伝子の並びが逆になる構造異常を逆位（inversion）という（図4.1）．逆位の中に動原体がある場合を挟動原体逆位（ペリセントリック逆位，pericentric inversion），ない場合を偏動原体逆位（パラセントリク逆位，paracentric inversion）とよぶ．

逆位は，遺伝子数に変化を及ぼさないので，逆位をホモ接合にもつ個体は正常に成育し，体細胞分裂にも異常が見られない．しかし，逆位染色体

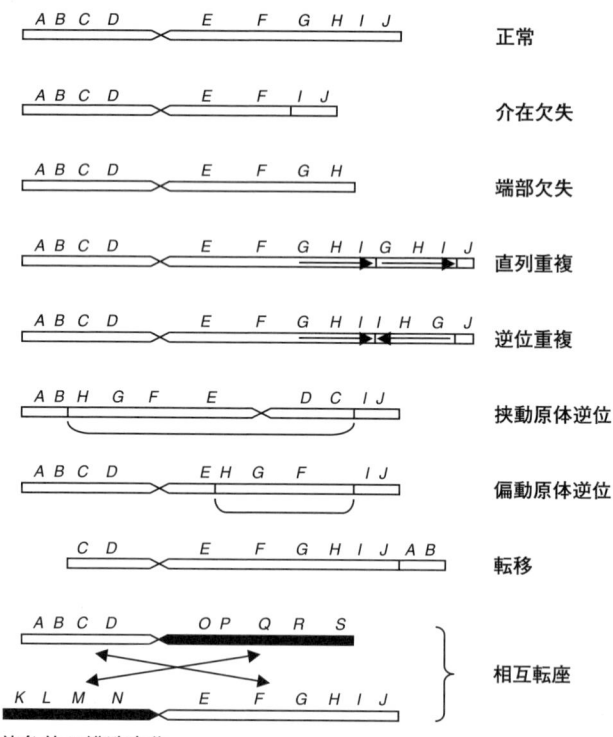

```
A B C D    E F G H I J          正常
A B C D    E F   I J            介在欠失
A B C D    E F G H              端部欠失
A B C D    E F G H I G H I J    直列重複
A B C D    E F G H I I H G J    逆位重複
A B H G F  E    D C I J         挟動原体逆位
A B C D    E H G F   I J        偏動原体逆位
   C D     E F G H I J A B      転移
A B C D    O P Q R S
                                相互転座
K L M N    E F G H I J
```

図4.1　染色体の構造変化

がヘテロ接合になると，減数分裂において染色体行動に異常が現れ，不稔性や組換えの抑制などが見られる．

逆位部位が小さい場合，減数分裂において逆位部分が対合できず，したがって乗換えもおこらない．逆位部分が大きい場合，逆位部位で逆位ループ（inversion loop）が形成される（図4.2）．挟動原体逆位の場合，逆位ループ内で染色分体の乗換えが起こると，重複と欠失をもつ染色体が現れる．偏動原体逆位の場合，逆位ループ内で乗換えが起こると，動原体を2個もつ二動原体染色体（dicentric chromosome）と，動原体をもたない無動原体断片（acentric fragment）が現れる．二動原体染色体のそれぞれの動原体は，分裂後期において，互いに異なる極に移動するので，両極を繋いだ形の染色分体になり，これを染色体橋（chromosome bridge）とよぶ．また，無動原体断片は，極に移動することができないために，分裂に参加することができず紡錘体内に取り残される．逆位部分におこる乗換えの回数によって，第一

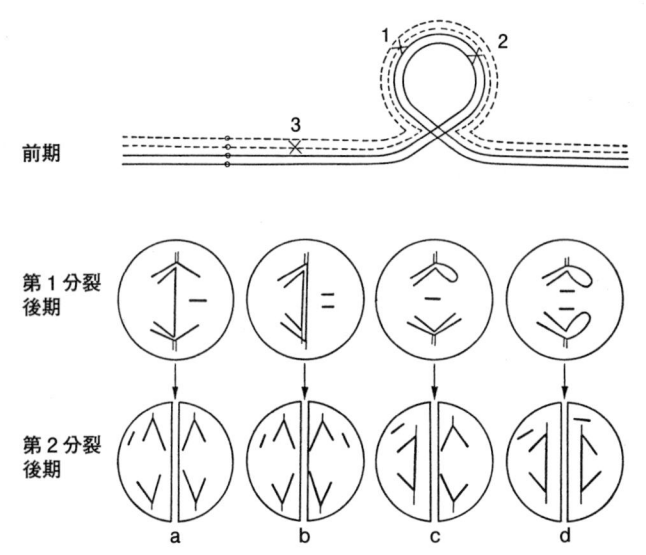

図4.2 逆位と染色体橋
上段：逆位ヘテロ接合体の減数分裂前期で見られる逆位ループ．下段：様々な位置で組換えが行った時，第1および第2分裂後期で見られる染色体橋と無動原体断片（本文参照）

分裂および第二分裂の後期で図4.2に示すように染色体橋と無動原体断片が作られる．

　図4.2で上段は対合した逆位部分の太糸期から複糸期を示し，実線および破線はそれぞれ縦裂した相同染色体，丸は動原体，1，2および3は乗換え力所を示す．乗換えが1あるいは2の1カ所で起ればa，1および2で同時に起ればb，1および3または2および3に同時に起ればc，1，2および3の3カ所に同時に起ればdに示す造形像（configuration）がそれぞれ第一分裂後期（中段）および第二分裂後期（下段）に現われる．

　染色体橋はその後，物理的に切断され，無動原体断片は失われるので，遺伝的な異常となり，乗換えに由来する染色体を含む配偶体は生存できない．そのために，逆位ヘテロ接合体は部分不稔になる．

　このように，逆位内に存在する遺伝子は，見かけ上の組換えが起こらず，多数の遺伝子が一つの組として行動するようになる．そのため，その染色体内で遺伝子の組合せを不変に保ち，種分化を起こす時に重要である．このように組換えを起こさない多数の遺伝子の組は，あたかも様々な形質に大きく関わる一遺伝子のように見えるので，超遺伝子（super gene）とよばれている．逆位は，概して野生種で多く報告されているが，栽培種でも詳細に観察すれば，頻繁にみられる．

(3) 転 座

　染色体の一部分が切断して他の染色体に移転附着した場合を単純転座（simple translocation）という．転座が一染色体内でおこり，転座した部分が別の場所に移動した場合を，とくに転位（transposition）という．また，非相同の二つの染色体間で互いにその一部分の交換を行った場合を相互転座（reciprocal translocation）という．転座は，遺伝子の増減を伴うものではなく，付随した染色体の欠失や重複が無い限り，生育や形質に異常を伴わない．

　相互転座のホモ接合体は，生育・稔性ともに正常である．しかし，これと正常個体の雑種，つまり相互転座ヘテロ接合体では，減数分裂の第一中期で4本の染色体が四価染色体を形成し，4本の染色体による染色体環

1. 染色体異常の種類と染色体行動

(chromosome ring)になる.

　図4.3の(a)は, 正常染色体, (b)は転座染色体のホモ接合体, (c)は(a)と(b)のF_1雑種である転座ヘテロ接合体の染色体を示す. ヘテロ接合体では第一減数分裂前期の太糸期で, (c)のような十字に対合した四価染色体になる. この対合における四つの動原体に区別がなく, それぞれの極に2:2で分離する時, (d), (e)のように, 隣り合った動原体が同じ極に進む隣接型配置 (adjacent disjunction, open disjunction)と, (f), (g)のように, 隣り合った動原体が異なる極に進む交互型配置 (alternate disjunction, zigzag disjunction)が同数出現する. 交互型配置の場合は, (f)の場合も(g)の場合も, 減数分裂の結果生じる配偶子がもつ染色体の種類は, a-b/d-cとa-d/b-cのみである. しかし, 隣接型配置をとる場合には, (d)と(e)の配置で配偶子に入る染色体の構成は異なっており(d)の場合は, a-b/b-cとa-d/d-c, (e)の場合はd-a/a-bとd-c/c-bとなる. したがって, この転座ヘテロが作る配偶子が含む染色体構成の種類は6種類となり, その割合は次のようになる. 1/4 (a-b/d-c), 1/4 (a-d/b-c), 1/8 (a-b/b-c), 1/8 (a-d/d-c), 1/8 (d-a/a-b), 1/8 (d-c/c-b).

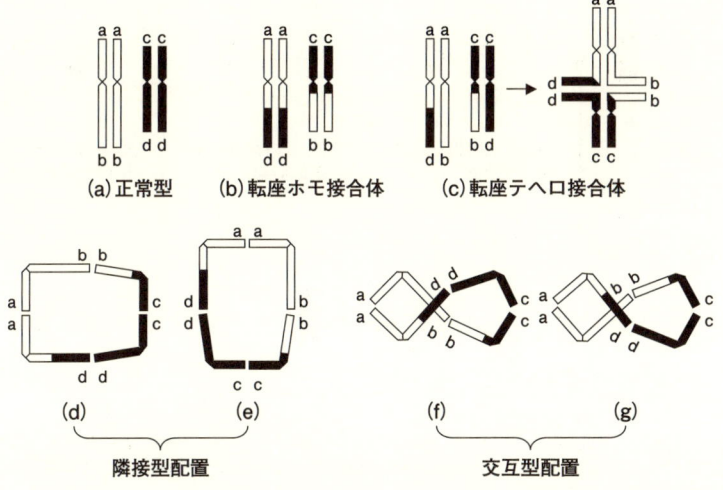

図4.3　相互転座ヘテロ接合体の減数分裂第一中期で見られる染色体対合のタイプ

これらの配偶子の内，交互型配置がつくる前2者（a-b/d-c, a-d/b-c）は，染色体部分が全て揃っており，遺伝子に増減が無いため活性のある配偶子を作る．しかし，隣接型配置が作るその他の配偶子には欠失と重複があるため死滅する．したがって，相互転座が一つ存在するヘテロ接合体の稔性は1/2（部分不稔）になる．

転座ホモ接合体は通常，正常ホモ接合体と外観上区別がつかないが，転座を含まない正常系統と交雑すれば F_1 は全て転座ヘテロ接合となり，四価染色体を形成し，部分不稔性を示すので判定できる（図4.4a）．転座ヘテロ接合体を自殖すれば，正常ホモ接合体（可稔）：転座ヘテロ接合体（部分不稔）：転座ホモ接合体（可稔）が1：2：1の比で現われるので，稔性の表現型分離比は可稔：部分不稔＝1：1となる．異なる染色体の相互転座ホモ接合体どうしを交雑し，二つの転座のヘテロ接合体を作ると，図4.4bのように，二価染色体と六価染色体を一つ示す場合と，図4.4cのように二価染色体を2つ示す場合がある．前者は，二つの転座が共通の染色体に起こっていることを，後者は，異なる染色体に起こっていることを示す．

転座ヘテロ接合体を自殖した際，次代にトリソミック植物を生ずること

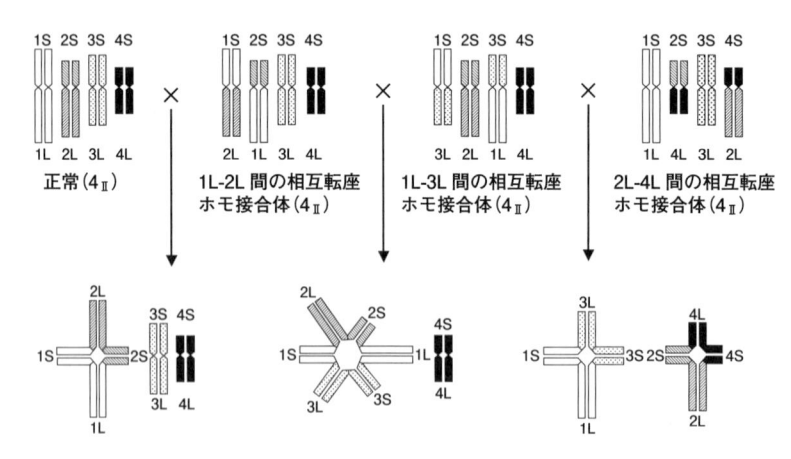

(a) 1L-2L 間の相互転座テヘロ接合体（$2_{II}+1_N$）

(b) 1L-2L 間および 1L-3L 間の相互転座テヘロ接合体（$1_{II}+1_{VI}$）

(c) 1L-3L 間および 2L-4L 間の相互転座テヘロ接合体（2_{IV}）

図4.4　相互転座による染色体環形成

がある．これは四価染色体が両極に分かれる際に染色体が2：2に分離せず，3：1に分かれるためであり，転座ヘテロ接合体またはホモ接合体の一次トリソミック植物と三次トリソミック植物が生ずる．

相互転座を自然状態で保有する植物も報告されている．その典型的な例はオオマツヨイグサ（*Oenothera lamarckiana*）である．de Vries（1901）は本種の自殖後代に出現する種々の変異体の説明に突然変異説（mutation theory）を提唱したが，Cleland（1922以降）はその減数分裂で$1_{XII}+1_{II}$の対合を観察し，染色体環を構成する各染色体が交互型分離（ジグザグ型分離）をすることを確かめ，オオマツヨイグサの永続雑種性（permanent heterozygosity）に細胞学的証拠を与えた．すなわち，本種には Renner 複合体（Renner complexes）として知られる二つの遺伝子群，*gaudens* と *velans* があり，自殖によってこの2種類の配偶子（図4.5）（ここで G は *gaudens*，V は *velans* を示す）が機会的に結合するのであるが，致死遺伝子によってホモ接合体は死滅し，ヘテロ接合体のみが生存でき，あたかもヘテロ接合体が固定されているかのように行動するのである．

相互転座は，人為的には X 線，γ 線，重粒子線などの照射によって作ることができる．Yamashita（1951）は，一粒系コムギ（*Triticum monococcum* $2n=14$）にこの方法によって様々な転座を誘発し，全14染色体が関わる染

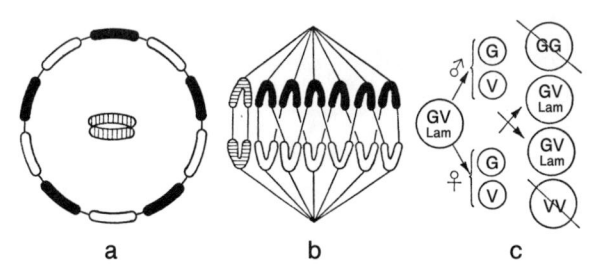

図4.5 オオマツヨイグサ（*Oenothera lamarckiana*）の減数分裂．
a) 中期における12箇の染色体環と1箇の二価染色体．b) 後期の染色体の分裂で，*gaudens* と *velans* の2組のゲノムに分かれるところ．c) 接合子致死現象によって同型接合体が死んでしまい，異型接合体だけが残る．（和田と佐藤 1959，基礎細胞学，裳華房）

色体環 (ring of fourteen, 1_{XIV}) を示す個体を育成した．

(4) 端部動原体染色体と等腕染色体

端部動原体染色体 (telosome) は，染色体が動原体部で切断し，一方の染色体腕を失い，動原体が末端に位置するようになった染色体であり，失われた染色体部分に関しては欠失である．一方，等腕染色体 (iso-chromosome, isosome) は，両染色体腕が等しく，動原体を中心にして対称になっている染色体であり，失われた腕については欠失，等腕になった部分については重複である．

モノソミック植物では，減数分裂で一価染色体を形成する．この動原体には，両極からの紡錘糸が付着することがあり，両方向から引っ張られた結果，動原体内で染色体が切断して，両腕は別々の極に移動する．このような分裂を誤分裂 (misdivision) という．端部動原体染色体は，このような，一価染色体の誤分裂が原因となって出現する (図4.6)．

切断が起きると，その切断点は，テロメア配列が新規に形成され安定化するまでは，他の切断点と融合する性質がある．誤分裂が起きると，動原体上にある両姉妹染色分体の切断点が融合し，等腕染色体になり安定化することがある．

Sears (1952) によれば，コムギのモノソミック5A染色体の一価染色体の約40％が誤分裂を起こすという．コムギ以外の種ではDarlington (1939) がクロユリ (*Fritillaria camschatcensis*) の第一分裂終期で98％の誤分裂を観察している．また，Makino *et al.*(1977) は，日本の在来コムギでは品種，染色体によって誤分裂の頻度が異なることを明らかにした．

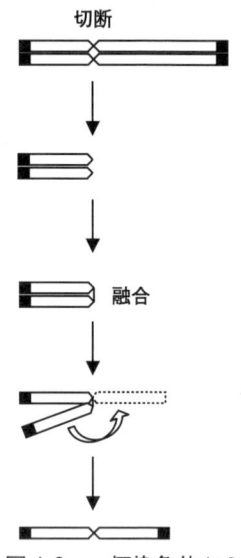

図4.6 一価染色体から等腕染色体ができる過程

（5）環状染色体

　染色体の両腕に切断が起こり，切断点で融合が起こった結果，環状になった染色体で，異数体後代から稀に，または放射線を照射した個体に頻繁に出現する（図4.7，4.8）．環状染色体（ring chromosome）は，体細胞分裂において通常の染色体と同様に娘核に分配される．しかし，もし姉妹染色分体交換（sister chromatid exchange，SCE）が起これば，環状染色体の姉妹染色分体は，メビウスの輪のように繋がり，動原体を二つもつ大きい二動

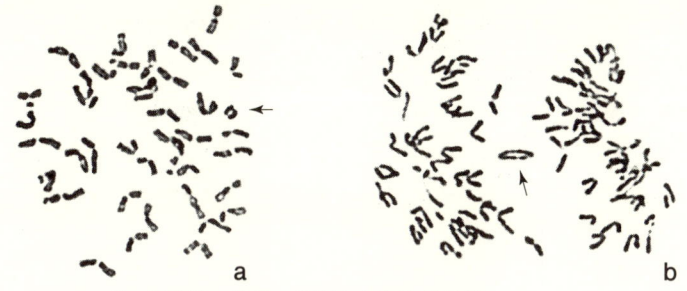

図4.7　パンコムギの異数体の後代に出現した環状染色体
a) 体細胞分裂中期．b) 後期に見られる二動原体環状染色体による染色体橋．(Tsujimoto 1986)

原体環状染色体になる（図4.7）．二動原体環状染色体は，分裂後期で二本の染色体橋を作るが，それぞれの橋は物理的に切断される．切断点は不安定であり，別腕の切断点と融合すれば，これまでのものとは大きさの異なる環状染色体となる．このように，環状染色体を保有した細胞には，体細胞分裂において2つの染色体橋を作るものが

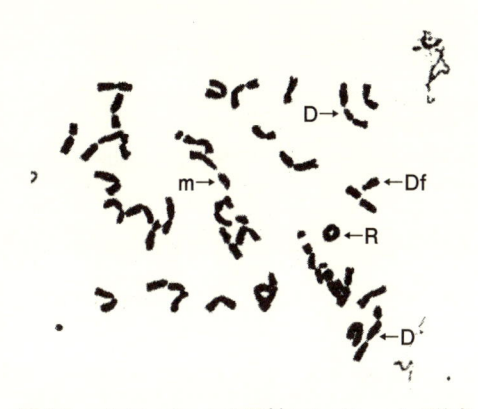

図4.8　イオンビームを照射したパンコムギ染色体（辻本 2003, 放射線と産業 99 : 29 - 32）
D) 二動原体染色体．m) 多動原体染色体．
Df) 末端欠失．R) 環状染色体．

あり，分裂ごとに大きさを変えながら伝わって行く．

(6) 不安定な染色体構造異常

放射線などの変異原を照射すると，上述の構造異常に分類できない様々な異常が出現する．これらの異常は，染色分体型（chromatid type）と染色体型（chromosome type）に分類することができる．細胞周期のDNA合成期前（G_1期）にある細胞に照射されると，2本の染色分体は同一カ所で損傷をもつ「染色体型」になり，DNA合成後の細胞（G_2期，M期）に照射されると，一方の染色分体のみに異常が起こる「染色分体型」になる．また，染色体の1回の傷に由来する1ヒット型変異と，2回あるいは複数回の傷に由来する変異に区別される．単純な欠失は1ヒット型変異であり，環状染色体や動原体を2個もつ二動原体染色体は2ヒット型変異である．これら多くは，細胞分裂の過程で消失するか，別の形態を取って安定化するので，系統として維持することは困難である．

2. 染色体異常の誘発と利用

(1) 欠失系統の誘発と利用

染色体異常は，X線，γ線や重粒子線など放射線による物理的要因，ブレオマイシンなどの化学物質，種間交雑，トランスポゾンや配偶子致死遺伝子などによる生物的な要因で誘発される．たとえば，ネオン原子の原子核を，サイクロトロンで高速に加速して照射したパンコムギの乾燥種子からの種子根において，様々な染色体異常が観察されている（図4.8）（辻本 2003）．

生物的要因での染色体切断としては，パンコムギの配偶子致死遺伝子（gametocidal gene, *Gc*）の例を上げることができる．コムギの近縁種には，染色体を切断する*Gc*遺伝子をもつものがある．パンコムギにこの異種染色体を一本添加すると，異種染色体を含む配偶子と含まない配偶子の2種類を

形成する．この内，異種染色体を含まない配偶子形成において，染色体が高頻度に切断される（図4.9）（2.5.2項）．Endo and Gill (1996) は，この遺伝子の作用で，パンコムギの様々な部位を欠失した約500種類の系統を作出した（図4.10）．この一連の

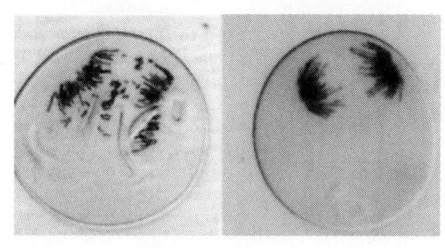

図4.9 *Gc*遺伝子をもつパンコムギの花粉分裂後期で出現した染色体断片（左），右は正常な分裂（那須田原図）

系統を用いれば，遺伝子を染色体上にマッピングすることができる．cDNA配列をこれらの欠失系統で大規模にマッピングする作業が，ビンマップ（bin mapping）と称して進められた（Qi *et al.* 2004）．

(2) 相互転座の利用

1) 連鎖分析への利用

非相同染色体AとBの間に相互転座が起って，転座染色体A′とB′が生じたとする．転座ヘテロ個体AA′BB′が遺伝子についてもヘテロ接合（*Mm*）であったとする．もし*M*遺伝子がAまたはB染色体上にあり，これが転座切断点より動原体側にあれば，転座切断点と*M*遺伝子の間で起こっ

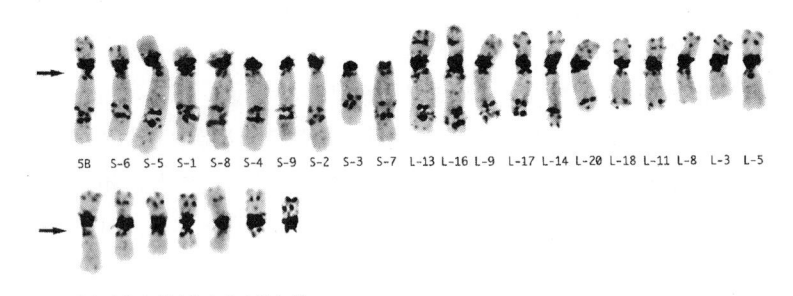

図4.10 *Gc*遺伝子の染色体切断作用によって育成されたパンコムギの欠失系統（1B染色体の例）
(Endo and Gill 1996, J Hered 87：295－307, © American Genetic Association. 許可を得て転載) 染色体下の文字は系統の番号．　矢印は動原体の位置．

た乗換えは重複・欠失配偶子を生じるため機能しない配偶子を作る．この場合，半不稔個体は転座についてヘテロ接合であるから，同時にM遺伝子についてもヘテロ接合である．したがって表現型はMである．

表4.1 相互転座と連鎖の有無および稔性との関係

	可 稔		部分不稔	
	優性	劣性	優性	劣性
転座切断点と完全連鎖	1 :	1 :	2 :	0
転座切断点と孤立	3 :	1 :	3 :	1

可稔個体の1/2は正常ホモ接合，残り1/2は転座ホモ接合であるから，M遺伝子についてもそれぞれ優性ホモ接合，劣位ホモ接合となる．もし，M遺伝子がAまたはB染色体に関係がないとすると，可稔性・部分不稔性に関係なくそれぞれM：mは，3：1に分離する（表4.1）．

M遺伝子が転座切断点より染色体の末端側にあれば，転座切断点とM遺伝子の間に乗換えが起り，その組換え頻度に応じて上記両者間のいろいろの値を示すことになる．

このようにして，仮にAまたはB染色体と連鎖がみられた場合，さらに別の転座B′C′あるいはA′D′などを用いて同様の検定を行えば，その遺伝子がAにあるかBにあるかがわかるはずである．これを拡大して，適当に選んだ一組の転座系統群を揃えれば，全連鎖群を検出することができる．

西村（1961）はイネおよびオオムギについてX線処理によりそれぞれ相互転座系統を1セット完成した．晩生旭の原子爆弾被害を受けたイネの後代からも1セット作られている．

2）相互転座を利用したタネなしスイカの育成

「タネなしスイカ」は通常，同質三倍体であり，その減数分裂における染色体分配の不規則性による不稔を利用したものである．もし，相互転座に由来する不稔性を利用して二倍体で育成できれば，晩熟など同質三倍体に由来する欠点は取り除かれる（西村1960）．

すなわち相互転座ヘテロ接合ならば，その稔性はおよそ正常の1/2に低下し，二つ相互転座がヘテロ接合で存在すれば稔性は1/4となる．さらに相互転座数を増やすことによって稔性がほとんどない個体を育成できる．

スイカのように一代雑種の利用の進んでいる作物では，母本と父本に組

合せ能力の高い別の系統を用い，関与する染色体の全く異なる転座をそれぞれホモ接合に導入しておけば，これによってヘテロシスと相互転座によるタネなしとなり，両者を同時に利用することが可能となろう．

3. 分裂過程に見られる異常

体細胞分裂は遺伝的に均一な娘細胞を，減数分裂は染色体数の半減と組換えによる遺伝子型の多様性を作り出すための分裂である．しかし，環境あるいは遺伝的影響によって，本来の目的を達成できず，様々な変異を生み出すことがある．ここでは，それらを解説し，その育種への利用についても考察する．

(1) 不対合と解対合

減数分裂前期で相同染色体間の対合が全くできない，あるいは不完全で，中期で全部もしくは一部が一価染色体となる現象を不対合（asynapsis）という．一方，太糸期で一旦は対合するが徐々に対合がとけて，中期では不対合と同じように一価染色体を示すものを解対合（desynapsis）とよぶ（Sharp 1934）．不対合は，Beadle and McClintock (1928) によってトウモロコシで初めて報告され，これに関与する遺伝子に *as* という記号が与えられた．対合の程度または第一分裂における一価染色体の行動によって，部分不稔から完全不稔にいたる種々の稔性を示す．多くは *as* のように単一の劣性遺伝子支配であるが，優性遺伝子によるものもある．部分的に二価染色体を形成する不対合または解対合では，低い稔性を示し，それらの子孫からは異数体が頻繁に出現し，トリソミック植物の供給源として利用されている．

(2) 染色体モザイク

植物の根端細胞や動物の組織では，細胞ごとに染色体数が異なる場合がある．このような状態を染色体モザイク（chromosome mosaic）とよぶ．四倍性コムギと六倍性コムギの雑種（コムギ五倍性雑種）や，コムギ類の複二

倍体（*Aegilops columnaris* × *T. timopheevi*）など多くの植物で報告されている（Löve 1938，望月 1943，Li and Tu 1947，渡辺ら 1955 a,b，1956 a,b，1958，Sachs 1952，Watanabe 1961，1962，1974）．これら染色体モザイクを示す植物は，減数分裂で一価染色体が多いのが特徴である．染色体モザイクの原因はまだわかっていないが，おそらく紡錘糸形成の異常によるものであろう．

(3) 切断－融合－染色体橋（BFB）サイクル

　染色体が正常に機能するために必須の構造は，動原体，テロメアおよび複製開始起点である．しかし，染色体切断（chromosome breakage）によって，その一部分が失われ，異常な行動を示す染色体が出現することがある．動原体を失った断片（無動原体断片，acentric fragment）は，極に移動できないため娘細胞に含まれない．一方，動原体を含む断片は娘細胞に移動できるが，切断点にテロメア配列（telomere sequence）がないために，隣り合った姉妹染色分体の切断点が融合し，二動原体染色分体になることがある．

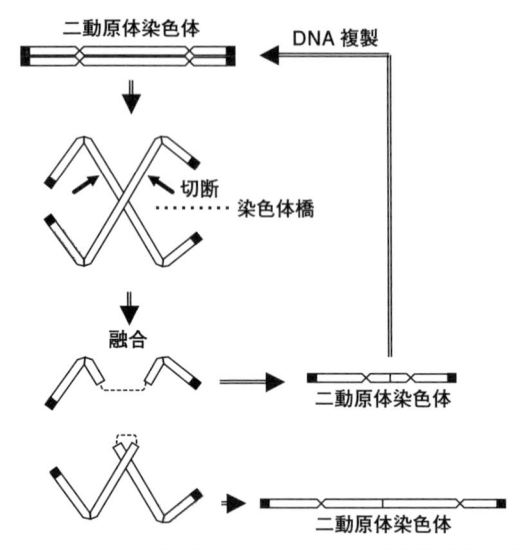

図4.11　Breakage-Fusion-Bridge サイクルによる染色体異常の連続的発生

DNA複製後，それぞれの染色分体にある動原体が異なる極に引かれれば，後期において染色分体橋が出現する．染色分体橋は物理的に切れるので，それぞれの娘細胞は再び不安定な切断点をもつ染色体を含むことになる．このように，分裂の度に，切断（breakage），融合（fusion），染色体橋（bridge）という繰り返しが，染色体の異常を継続させる．この現象を，Breakage-Fusion-Bridgeサイクル（Breakage-Fusion-Bridge cycle，BFB cycle），あるいは，この現象を発見したMcClintockの名前を冠してマクリントックサイクル（McClintock cycle）とよぶ（図4.11）．同様なサイクルは，環状染色体をもつ個体の体細胞分裂でも見られる．しかし，このサイクルも切断点にテロメア配列が合成され安定化すると停止する（Tsujimoto et al. 1993）．

(4) 雑種に生じる染色体異常

　減数分裂において見られる染色体橋と断片は通常，偏動原体逆位部分における乗換えの結果生じる．種間雑種において多数の染色体橋と断片が出現する場合があり，これは，両種間に逆位が存在することを示すものである．しかし，逆位とは無関係に断片が出現する場合がある．たとえば，コムギ品種，農林33号および畿内15号のある系統において，渡辺（1962）はほとんど全ての花粉母細胞が一見ばらばらに切断した染色体と，あるものは相互に癒合して染色質塊を形成しているのを観察しているが，それほど極端でなく一部の母細胞が，このような異常を呈している例は，一粒系コムギ（*Triticum monococcum*）の *fr* - 突然変異体（*fr* - mutant）（Smith 1939），キヌガサソウ（*Kinugasa japonica*，Haga 1937），スジギボウシ（*Hosta undulata*，明峯 1940）などに見られている．

　コムギは品種によって一価染色体を多発するものがあり，とくに農林42号においてはなはだしい（渡辺 1962）．しかも，他品種と交配すると，その F_1 における一価染色体の出現は急増し，28組合せの F_1 中，一価染色体出現率30％以上のものは15組合せにおよび，中には72.8％という高い値を示したものもあった．このように潜在的に存在する性質が雑種において強調され異常を頻発する例が数多く報告されている．

5章　染色体の置換と添加

　染色体置換（chromosome substitution）とは，ある染色体を別の染色体で入れ換えることであり，導入する染色体が別品種の相同染色体である場合を，相同染色体置換（homologous chromosome substitution）または品種間染色体置換（intervarietal chromosome substitution），異種の同祖染色体である場合を異種染色体置換（homoeologous chromosome substitution），同種異ゲノム染色体間での置換を同種染色体置換（autochromosome substitution）とよぶ．一方，異種植物の染色体を添加した系統を異種染色体添加系統（alien chromosome addition line）という．これら置換系統と添加系統の育成法と利用法について述べる．

1．相同染色体の置換

(1) 相同染色体置換系統の育成法

　パンコムギでは，全ての染色体についてのモノソミック植物シリーズがChinese SpringやThacherなどの品種で育成されている（第6章）．モノソミック植物シリーズを用いれば，その品種の遺伝的背景で，特定の染色体のみが別の品種で置換された相同染色体置換系統のシリーズを作出することができる．
　図5.1に品種Chinese Springを受容親としTimsteinを染色体供与親とする場合の相同染色体置換系統の育成法を示した．この場合Chinese Springを反復親（recurrent parent），Timsteinを一回親（nonrecurrent parent）とよぶ．反復親としてナリソミック植物を用いる方法，モノソミック植物を用いる方法，等腕染色体または端部動原体染色体を有する系統を用いる方法の3通りがある．

1. 相同染色体の置換 (125)

1) 反復親としてナリソッミク植物を用いる方法

　たとえば，Chinese Springの1A染色体をTimsteinの1A染色体で置換する場合，次の手順に従う（図5.1）．

　(i) Chinese Springのナリソミック1AにTimsteinの花粉を交配しF_1植物を作る．

　(ii) F_1植物は全てモノソミック1Aで，1本となっている染色体（モノソーム）はTimstein由来の1A染色体である．このF_1植物を花粉親としてChinese Springのナリソミック1Aに交配する．

　(iii) 第一回の戻し交配では二つの型が生ずる．すなわち，ほとんどはモノソミック植物で，このモノソームはTimsteinの1A染色体であるが，残りの数パーセントはナリソミック植物である（第6章）．

　毎代，戻し交配世代で生じたモノソミック植物を花粉親としてChinese Springのナリソミック1Aに連続戻し交配を行う．このようにして1A染色体以外の20本の染色体についてChinese Springの遺伝子型が回復するまで戻し交配をつづけた後に，そのモノソミック植物を自殖するとその次代の約1/4はTimsteinの1A染色体についてダイソミック植物（disomics）となる．これが求める置換系統で，Chinese Spring（1A Timstein）と記す．

2) 反復親としてモノソミック植物を用いる方法

　方法は，基本的にナリソミック植物を反復親に用いる場合と同じであるが，戻し交配世代でのモノソミック植物におけるモノソームが，母親に由来する場合が稀にあるため，各戻し交雑のごとに一回ずつ自殖世代を挿入しなければならない．作成手順は次のとおりである．

　(i) Chinese Springのモノソミック1AにTimsteinの花粉を交配しF_1植物を作る．

　(ii) F_1世代では約1/4のダイソミック植物と約3/4のモノソミック植物が現れるので，染色体を観察してモノソミックであるF_1植物を選び出す．このモノソームはTimstein由来である．さらに，このモノソミックF_1を自殖して，F_2を得る．

　(iii) F_2の染色体を観察しダイソミックを選ぶ．これは，Timsteinの1A

染色体を1対もっている．これを花粉親としてChinese Springのモノソミック1Aに戻し交配する．

（iv）再度，モノソミック植物を選び，これを自殖して出現するダイソミック植物を花粉親としてChinese SpringのモノソミックlAに交配する．

この操作を1A染色体以外の染色体が，Chinese Springの遺伝子型を回復するまで繰返す．このようにして，最後に戻し交配して得たモノソミック植物を自殖すると，Timsteinから1対の1A染色体を導入したダイソミック植物が生ずる．これが求めるChinese Spring（1A Timstein）である．

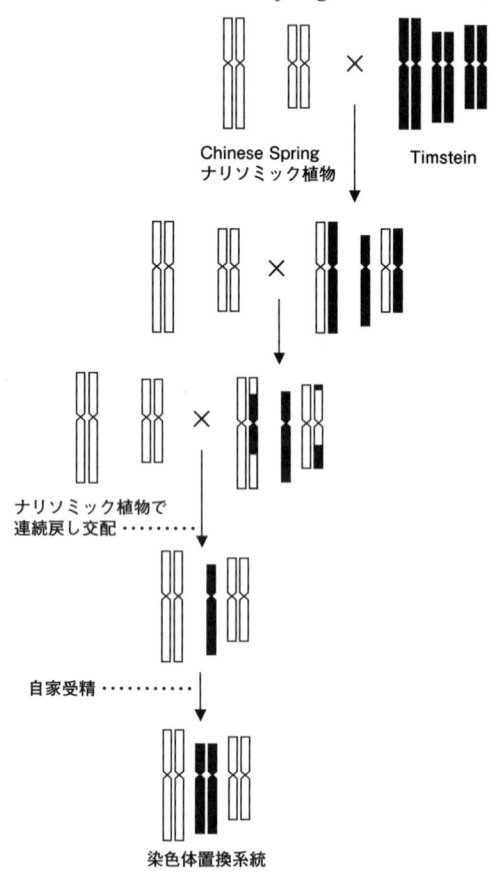

図5.1 相同染色体置換系統の育成法

3) 反復親として特定染色体の等腕染色体または端部動原体染色体をもつ系統を用いる方法

 稔性または草勢の欠如のために，しばしば受容親としてナリソミック植物を使うことができないことがある．その際には等腕染色体またはテロソームについてのモノソミック植物の系統を使うのが便利であり，「一価染色体のすりかえ（シフト）現象」を防ぐためにも有効である（6.2.2項）．

 3）の方法は1）の方法と同じ年限で置換が完了するが，2）の方法は各戻し交配世代の後に自殖世代を挿入するために二倍の世代と顕微鏡観察を要する．しかし，モノソミック植物はナリソミック植物より生育が良好で染色体も安定しているので，2）は，確実に置換系統を作るための最良の方法である．また，目的の異数体を得る頻度が高く，顕微鏡観察を要する個体数が少なくてすむ．モノソミック植物のモノソームにマーカー遺伝子を乗せた標識モノソミック植物（marked monosomics, Tsujimoto 2001）やDNAマーカーなどによって母親側からのモノソームの伝達を識別できる場合には，自殖世代を挿入しないですむので，効率よく戻し交配を進めることができる．

(2) 相同染色体置換系統の利用法

 相同染色体置換系統は，ダイソミックであるために，系統の扱い，維持がきわめて容易である．もし染色体受容親（反復親）と供与親（一回親）との間に多型が存在すれば，各染色体に関する相同染色体の形質を調査するだけで，直ちにその形質を支配する遺伝子の座乗染色体を知ることができる．とくに複雑な遺伝をする形質に有用である．たとえば，Neal *et al.* (1970, 1976) は，コムギの根腐れ病抵抗性に関与する遺伝子を調べるために，罹病性のパンコムギ系統S-615を受け入れ親として，抵抗性品種Apexの相同染色体置換系統を作った．調査の結果，5B染色体の置換系統のみが抵抗性を示すことを明らかにした．その後の研究で，5B染色体置換系統は根圏の微生物相が異なっており，微生物の総数が半減していることが明らかとなった．

相同染色体置換系統は，草丈など多数の量的遺伝子座（quantitative trait loci, QTL）が関与する形質を調査するときにも有用である．量的形質は，通常の分離集団を用いた遺伝分析では，個々のQTLが個別に分離するため連続分布となり，特定のQTLの作用のみを捉えることができない．しかし，相同染色体置換系統では遺伝的背景がかなり均一であるために，染色体ごとにQTLの効果を検出することができる．さらに，以下に述べる単一染色体組換え系統を用いれば，そのQTLの座位を特定することができ，ひいては，そのQTLをクローニングする際にも役立つと考えられる．

(3) 単一染色体組換え系統

単一染色体組換え系統（single chromosome recombinant line）とは，特定染色体の一部分のみが別品種の染色体で置換された系統である．この系統は，相同染色体置換系統を利用して以下のようにして育成することができる．ここでは，Chinese Spring (1A Timstein) を用いて，1A染色体の単一染色体組換え系統の作出法を述べる（図5.2）．

(i) Chinese Spring (1A Timstein) と Chinese Spring を交配し F_1 植物を作る．

(ii) F_1 植物を花粉親として，Chinese Spring のモノソミック1A系統に交配する．

(iii) 次代で，モノソミック植物を染色体観察によって選抜し，自殖種子を得る．

(iv) 自殖種子の中から，ダイソミック植物を複数個体選抜し，これを単一染色体組換え系統とする．

この一連の交配において，Chinese Spring と Timstein の染色体間で組換えがおこるのは，F_1 植物の1A染色体のみである．組換えがおこった染色体は，次代では1A染色体がモノソミックになるため，組換えがおこらず，さらに自殖によって，組換え染色体がホモ接合になるため固定する．このような単一染色体組換え系統を多数作り，その効果を比較すれば，QTLをきわめて詳細に分析することができる．

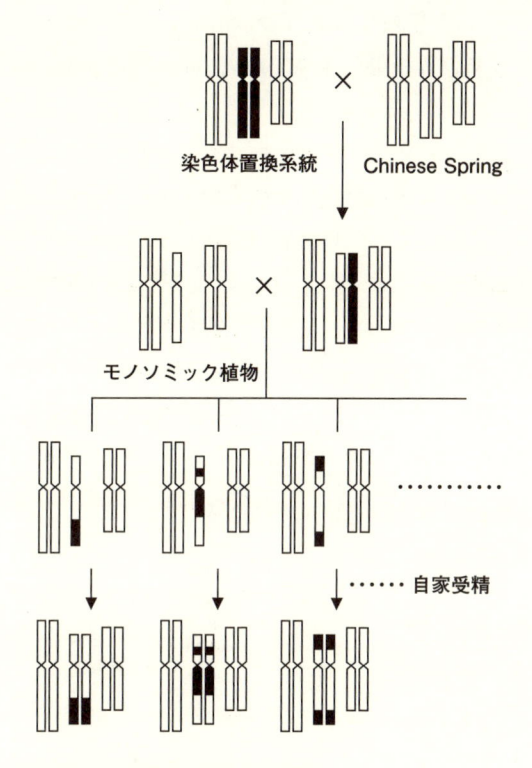

図5.2　単一染色体組換え系統の育成法

2. 異種染色体の置換

　一般的な置換法について，ライムギの1対の染色体をコムギに置換導入する場合について説明する（図5.3）.
　(i) コムギにライムギを交雑しF_1を作る．このF_1は不稔である．
　(ii) F_1の染色体を倍加して稔性のある複二倍体を作る．
　(iii) 複二倍体にコムギを交配すると21_{II}（コムギの染色体）$+7_I$（ライムギの染色体）という染色体構成をもつ植物ができる．

この植物を自殖するか,またはコムギで戻し交配すると,一価染色体として存在するライムギ染色体の大部分は消失し,ライムギの異なった染色体各1本が添加された異種染色体添加系統(alien chromosome addition line)が生じる.

(iv) コムギのナリソミック植物シリーズを母本としてこれに異種染色体添加系統を交配すると,異種染色体置換系統(alien chromosome substitution line)が生じる.ここに生じた F_1(置換系統)は42本の染色体を有し,$20_{II}+2_I$ という染色体構成を示す.これをモノソミック置換系統(monosomic alien substitution line)という.これを自殖すると 21_{II} を示す二つの型の子孫が得られる.これらの内,これにコムギを検定交配して 21_{II} を形成しない植物($20_{II}+2_I$ となる)が目的とする異種染色体置換個体である.なお,ナリソミック植物が利用できない場合は,モノソミック植物に異種染色体添加系統を交配し,F_1 植物の染色体観察によってモノソミック置換系統を選抜することもできる.

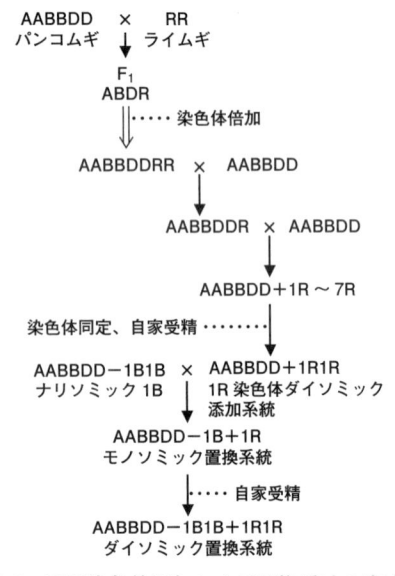

ところで,コムギのナリソミック系統は一般に稔性が低く草勢が貧弱である.しかし,あるライムギ染色体で置換すると正常に近い植物になる.これは,置換したライムギ染色体上に失われたコムギ染色体の遺伝子を補う遺伝子が存在するためである.このように,染色体間の機能的な補償性からライムギなど異種の染色体においても同祖群を決定することができ

```
AABBDD      ×   RR
パンコムギ    ↓  ライムギ
           F₁
           ABDR
            ⇓ ······ 染色体倍加
        AABBDDRR   ×   AABBDD

         AABBDDR   ×   AABBDD
                    ↓
              AABBDD+1R〜7R
染色体同定、自家受精 ······ ↓
  AABBDD−1B1B   ×   AABBDD+1R1R
  ナリソミック1B        1R染色体ダイソミック
              ↓        添加系統
        AABBDD−1B+1R
        モノソミック置換系統
              ↓ ······ 自家受精
        AABBDD−1B1B+1R1R
        ダイソミック置換系統
```

図5.3 異種染色体添加および置換系統の育成法
ライムギの1R染色体添加および同染色体をコムギの1B染色体で置換する場合.

る．現在では，ライムギ以外に，オオムギ，カモジグサなど多くの異種植物の同祖性が明らかになっており，これらの染色体もコムギの同祖群を盛り込んだ名称（たとえばライムギでは，1R～7R，オオムギでは1H～7H，カモジグサでは1E～7E）でよばれている．

3．異種染色体の添加

　コムギの異種染色体添加系統を初めて作出したのは Leighty and Taylor (1924) で，その育種方法を理論的に示したのは O'Mara (1940) である（図5.3）．それによると，染色体添加（chromosome addition）は，コムギと近縁種間に複二倍体を合成し，これにコムギを連続戻し交配して，近縁種の添加ゲノムを構成する染色体を次々に除去し，1本だけ残した系統（$21_{II}+1_I$）を作ることによって完成する．この系統をモノソミック異種添加系統（monosomic alien addition line, MAAL）という．コムギの近縁種は1ゲノムが7本の染色体から構成されているから，理論的には7種類のモノソミック添加系統ができることになる．その各々の系統は，添加された染色体の種類によって遺伝的内容を異にするわけで，形態的・生理的に元のコムギとは異なった特徴を示す．したがって，添加系統の特性を分析することによって添加染色体のもつ遺伝子の特性を知り，どの染色体が目的の遺伝子を担うかを決定することができる．

　モノソミック異種添加系統は，その自殖次代に正常のコムギ染色体，モノソミック異種添加系統および添加染色体を1対もつダイソミック異種添加系統（disomic alien addition line）を分離する．このダイソミック異種添加系統はモノソミック異種添加系統に比べて一般にその特徴が明瞭となるが，草丈・草勢は貧弱で稔性が低い系統もある．これまで多くの研究者によってライムギ，オオムギ，カモジグサ，ハマニンニクなど，異属植物の染色体を添加した系統が育成された．添加染色体は，GISH法を用いれば容易に識別することができる（図5.4，10.1.2項）．これらの系統の中には耐病性や耐塩性など，他種がもつ様々な有用形質を取り込んだものがある．ただし，異

種染色体添加系統は染色体の量的アンバランスによる形態異常のために,そのもの自体では実用品種にならない.しかし,上述の染色体置換系統やパンコムギ染色体との間で転座を誘発させ有用遺伝子を含む異種染色体断片のみをコムギ染色体に導入することで,育種に利用できる素材となる.コムギにおいては様々な異種染色体が実際の育種に利用されている.また,ネギ類でも様々な添加系統が育成されており,含有成分の分析や,耐病性や香り,食感など新しい形質を付与したネギ類の育種への利用が期待されている(図5.5).

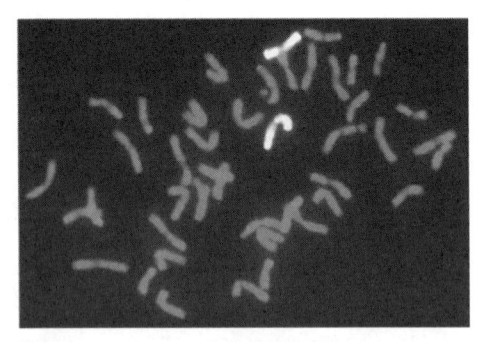

図5.4 ハマニンニク染色体を添加されたコムギ系統.
明るく光る染色体が異種染色体.(辻本原図)

このような,育種素材としての利用以外に,異種染色体添加系統は染色体研究にも重要な材料となる.GISH法を用いれば間期核の添加染色体をも識別することができるため,体細胞周期のあらゆる時期における染色体の

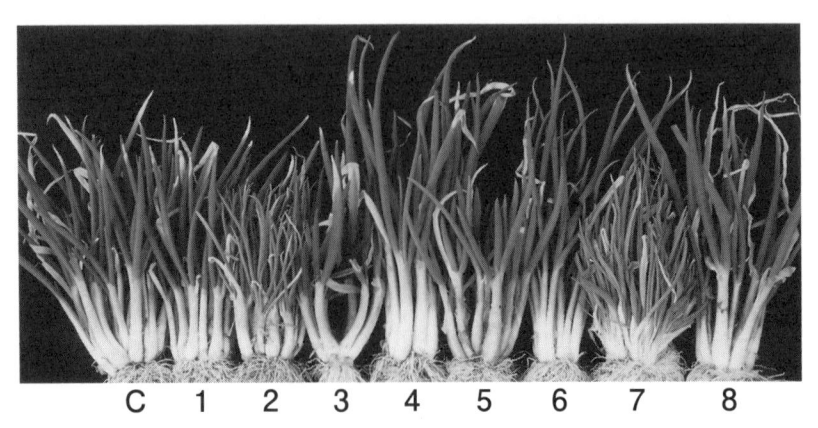

図5.5 シャロットの1〜8番染色体を添加したネギ.Cはシャロット
(執行原図)

行動の調査や減数分裂前期での染色体対合の観察にも利用できる（図5.6）.

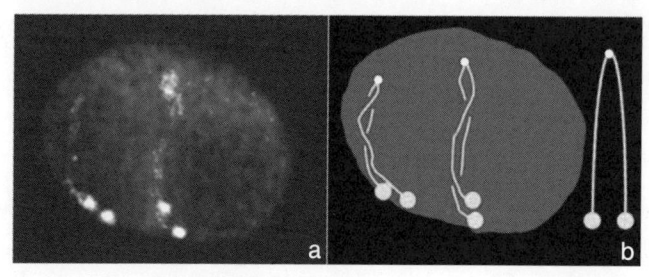

図5.6 ハマニンニク染色体添加パンコムギ
系統の間期核における異種染色体の配置. a) 明るい染色体が異種染色体. b) 模式図.（辻本原図）

4．同種染色体置換

　ある植物において，特定の染色体を別の染色体と置換した系統を同種染色体置換系統（autochromosome substitution line）とよぶ. 二倍性植物では，染色体の消失は，致死に繋がるため，この系統の育成は不可能である. しかし倍数性植物では作ることができ，遺伝分析の材料として用いられている. 以下，同種染色体置換が体系的に行われてきたパンコムギを例にして述べる.

1）同種染色体置換系統の育成法

　パンコムギはA，BおよびDゲノムをもつ6倍性種である（$2n = 6x = 42$）. 21種類全ての染色体について，ナリソミック植物，モノソミック植物，テトラソミック植物などの系統が育成されている. Sears（1966）は，様々な染色体の組合わせで，ナリソミック植物（またはモノソミック植物）にテトラソミック植物を交配し，その後代から$2n = 42$の染色体をもつ個体を選抜した. これは，特定の染色体がモノソミック，また別の染色体がトリソミックになっているモノトリソミック植物（mono-trisomics）であり，減数分裂で$1_{III} + 19_{II} + 1_{I}$の対合を示す. さらに，この自殖後代から特定の

染色体がナリソミック，別の染色体がテトラソミックになっているナリテトラソミック植物（nulli-tetrasomics）を得た．ナリテトラソミック植物は減数分裂で $1_{IV}+19_{II}$ の対合を示す．ナリテトラソミック植物は，同種染色体間での染色体置換である．

2) ナリテトラ補償

　ナリテトラソミック植物の中には生育が著しく悪くなるものと，ナリソミック植物に比べて回復するものがある．後者は異なるゲノムにおいて存在する似た機能をもつ遺伝子が座乗する染色体による置換である．Searsは，このような，関係の染色体を「部分的に相同である染色体」という意味で homoeologous chromosome と名付けた．これは，ゲノムの分化前には同じ起源の染色体であり，ゲノムの分化後も同じ遺伝子を座乗させているものであることから，日本語では同祖染色体という用語が充てられている．このように，同祖染色体に座乗する遺伝子は全体的にきわめて似ており，その並び方もほとんど同じである．機能的にはほとんど同じであるが，分染パターン（10.1.2項）や染色体の形態が異なり，減数分裂で対合しないので，遺伝的には別の染色体である．このようなナリテトラソミック系統での機能的な補償をナリテトラ補償（nullisomic-tetrasomic compensation）とよんでいる．

　Searsは，パンコムギの様々な染色体のモノソミック植物にAABBゲノムをもつ四倍性コムギ，あるいはAADDゲノムをもつ複二倍体を交配し，その F_1 雑種の染色体対合から，各モノソミック植物のモノソームが，A，B，Dのどのゲノムに属するかを明らかにした．さらに，多数のナリテトラソミック植物のナリテトラ補償の有無から，染色体を1から7までの七つの同祖群（homoeologous group）に分類した．これらの研究にもとづいて，コムギの染色体はゲノムの種類と同祖群によって，たとえば，1A，3B，7Dのように命名されている．

6章　異数体とその利用

1. 異数体とその作出

　一つのゲノムを構成する染色体の1本または数本が増減する現象を異数性 (aneuploidy) といい，このような個体を異数体 (aneuploid) とよぶ．$2x+1$，$2x+2$，$3x+1$ のように基本染色体数の整数倍より染色体を1ないし数本多く含む場合を高異数体 (hyperploid)，$2x-1$，$2x-2$，$3x-1$ のように少なく含む場合を低異数体 (hypoploid) という．このような異数体は，減数分裂における相同染色体の不分離 (non-disjunction) が原因となって生ずる異数性配偶子が正常な配偶子と受精して形成される．$2x+1$ の個体をトリソミック植物（三染色体植物, trisomics），相同な1対の染色体が過剰になっている $2x+2$ の個体をテトラソミック植物（四染色体植物, tetrasomics）という．また，$2x-1$ の個体をモノソミック植物（一染色体植物, monosomics），相同な1対の染色体が失われている $2x-2$ の個体をナリソミック植物（零染色体植物, nullisomics）という．これらは，遺伝分析のために重要な系統である（図6.1）．

(1) モノソミック植物の作出

　モノソミック植物は自然集団内にも低頻度で出現するが，物理化学的処理や，不対合個体 (asynaptic plant)，解対合個体 (desynaptic plant)，既存のモノソミック植物，ナリソミック植物，トリソミック植物などの異数体，半数体や同質三倍体などの倍数体，品種間あるいは種間交雑，相互転座ヘテロ接合体などの後代から高頻度に出現する．

　Sears (1954) はパンコムギ ($2n=42$, AABBDD) の一品種 Chinese Spring にライムギ ($2n=14$, RR) を遅延交雑して得た半数体に Chinese Spring の正常花粉を交配し，次代で $2n=41$ ($20_{II}+1_{I}$) を示す個体を選抜

してモノソミックシリーズ (monosomic series) を完成した．本法によると，他種あるいは他品種からの遺伝子の混入がなく，均質な遺伝的背景をもつモノソミック植物を得ることができる．また，Chinese Springのモノソミックシリーズを利用して，別品種（たとえば品種Thacher）の遺伝的背景をもつモノソミックシリーズを作ることができる（図6.2）．つまり，Chinese Springのモノソミック植物にThacherを交配したF$_1$の染色体を観察して，モノソミック植物（モノソミックF$_1$）を選抜する．Thacherの戻し交配とモノソミック植物の選抜を毎世代繰り返すと，数世代後には，ほとんどの遺伝的背景がThacherになる．モノソミックシリーズ系統は，遺伝子の座乗染色体を決定するために重要である他，染色体置換系統の育成のために用いられる（第5章）．

タバコ（*Nicotiana tabacum*, $2n = 48$ SSTT）は *N. sylvestris*（$2n = 24$ SS）と *N. tomentosa*（$2n = 24$ TT）の複二倍体由来で，両親種は共に現存する．

ダイソミック植物　　モノソミック植物　　ナリソミック植物

一次トリソミック植物　二次トリソミック植物　三次トリソミック植物

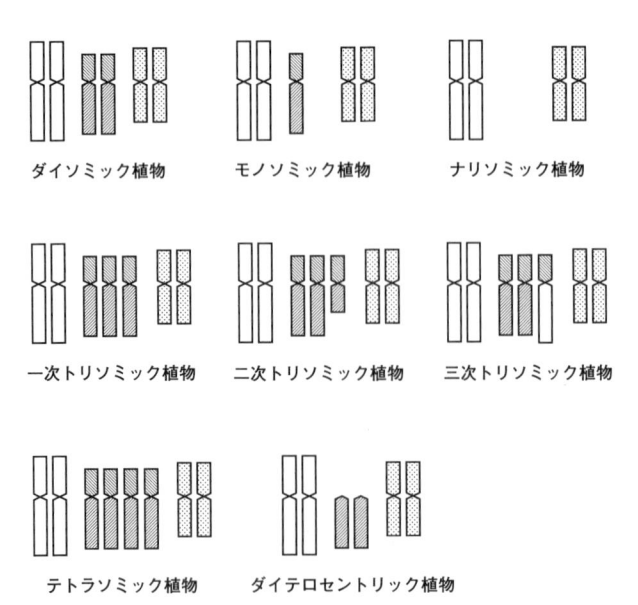

テトラソミック植物　　ダイテロセントリック植物

図6.1　異数体の分類.
3対の染色体のみを示している．ダイソミック植物は正常型．

Clausen and Cameron (1944) は図6.3に示す方法で S および T ゲノムに属するそれぞれ12種類の染色体全てについてモノソミック植物を作出した．本法の長所は，始めからゲノム別にモノソミック植物を類別できることにあるが，低倍数種の祖先型が現存していない場合は本法を適用できない．また，得たモノソミック植物の遺伝的背景を均質化するためには，数代にわたって戻し交配を繰り返さなければならない欠点がある．

　コルヒチンや笑気ガス（N_2O），Myleran，EOC（8-ethoxycaffeine），EMS処理によって *Nicotiana langsdorfii*（Smith 1943），*Triticum dicoccum*（Kihara and Tsunewaki 1960, 1962），*Avena sativa*（Andrews and McGinnis 1964, Schulenburg 1965）などではモノソミック植物が得られているが，種

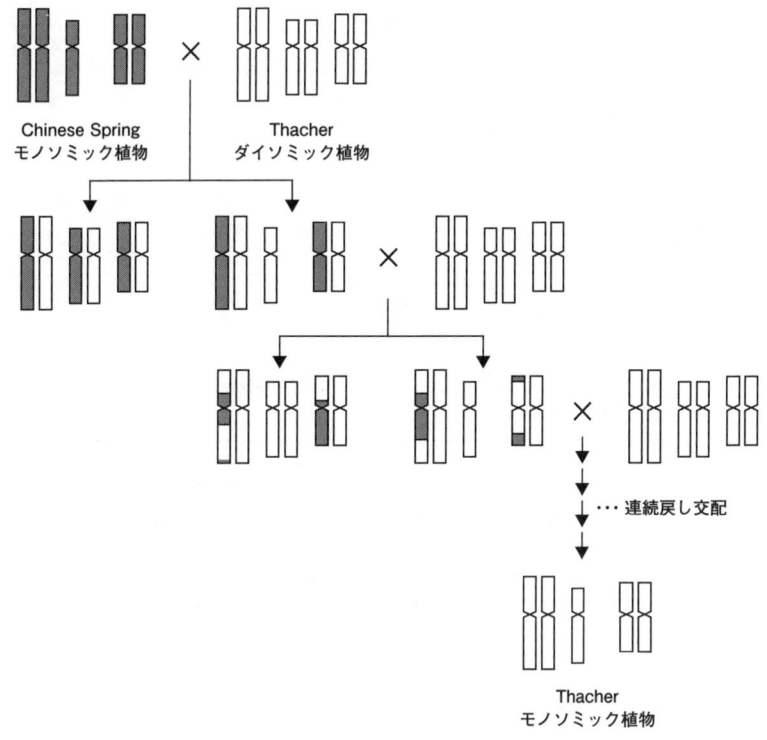

図6.2　連続戻し交雑によるモノソミック植物の遺伝的背景の変更

子，幼穂，花粉の放射線照射によってもモノソミック植物が多数得られる．

(2) ナリソミック植物の作出

ナリソミック植物は，特定の相同染色体上の遺伝子を全て失うので，二倍性植物種では，育成が不可能である．しかし，パンコムギのように，倍数性植物種では，似た遺伝子をもつ別ゲノムの染色体（同祖染色体）が，失われた遺伝子の機能を補うことができるため，育成が可能である（図6.1）．

ナリソミック植物はモノソミック植物，モノテロソミック植物（monotelosomics），モノアイソソミック植物（monoisosomics）の子孫に得られるが，取り扱いやすい給源はモノソミック植物で，パンコムギではその自殖次代に1～10％の頻度で現われる（表6.1）．その頻度は種によって異なり，同一種でも染色体によってかなり異なっている．Sears（1954）はパンコムギ品種 Chinese Spring で，モノソミック植物の自殖後代から21通り全部のナリソミック植物を完成した．

ナリソミック植物はモノソミック植物に比べて草勢や稔性が劣り，雄性不稔となる系統があり，シリーズの維持ができないので，モノソミック植物として維持する場合が多い．しかし，モノソミック植物は一価染色体のすりかえ（シフト）現象（univalent sift）を起すので，その系統維持には工夫が必要である（6.2.2項）．

表6.1 パンコムギのモノソミック植物の自殖次代における全数体，異数体の出現率

♀＼♂		花粉の染色体数	
		21 (96%)	20 (4%)
卵の染色体数	21 (25%) 20 (75%)	21_{II} (24%) $20_{II} + 1_I$ (72%)	$20_{II} + 1_I$ (1%) 20_{II} (3%)

(3) トリソミック植物の作出

正常の染色体組にさらに1本余分に染色体が加わった個体をトリソミック植物とよび，この増えた個体を過剰染色体（extra chromosome）という．

過剰染色体が何ら構造変化をもたない正常な染色体の場合を，一次トリソミック植物（primary trisomics）とよぶ．過剰染色体が等腕染色体（isochromosome）の場合を二次トリソミック植物（secondary trisomics），非相同染色体との間に染色体の一部分を交換している場合を三次トリソミック植物（tertiary trisomics）という．また，過剰染色体がテロソームよりなる場合をテロトリソミック植物（telotrisomics）という（図6.1）．

トリソミック植物は，正常のダイソミック植物（disomics）から偶発的に生じる他，物理化学的処理や不対合系統，解対合系統，半数体，転座ヘテロ接合体（translocation heterozygote），他のトリソミック植物，多染色体植物，モノソミック植物などから出現する．人為的に育成するには同質三倍体（$3x$）とダイソミック植物（$2x$）の後代から選抜する．

二次，三次トリソミック植物は一次トリソミック植物と同様，ダイソミック植物中に偶発したり，不対合個体や半数体，同質三倍体の子孫に生ずる．また，三次トリソミック植物の場合，その過剰染色体は，非相同染色体間で転座をもつものであるから，相互転座ヘテロ接合体の自殖次代で出現することがある．相互転座ヘテロ接合体は減数分裂で四価染色体を形成

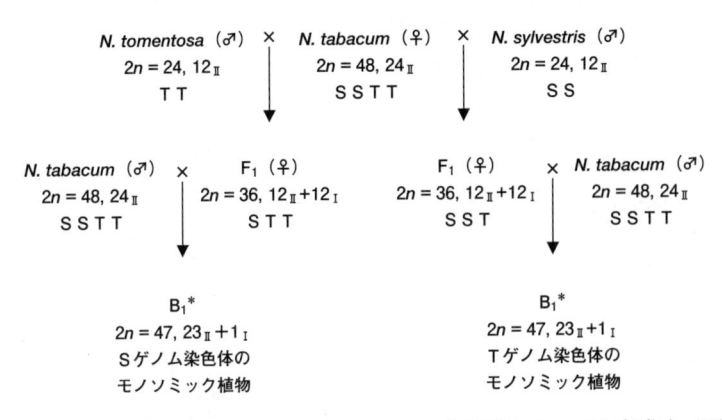

```
      N. tomentosa (♂)   ×   N. tabacum (♀)      ×   N. sylvestris (♂)
      2n = 24, 12_II          2n = 48, 24_II          2n = 24, 12_II
         T T                    S S T T                 S S
                    ↓                        ↓
  N. tabacum (♂) ×  F₁ (♀)              F₁ (♀)    ×  N. tabacum (♂)
  2n = 48, 24_II    2n = 36, 12_II+12_I  2n = 36, 12_II+12_I  2n = 48, 24_II
    S S T T           S T T                S S T              S S T T
            ↓                                      ↓
           B₁*                                    B₁*
     2n = 47, 23_II +1_I                    2n = 47, 23_II +1_I
        Sゲノム染色体の                         Tゲノム染色体の
         モノソミック植物                        モノソミック植物
```

図6.3 タバコ *Nicotiana tabacum* のモノソミック植物シリーズの育成法（Clausen and Cameron 1944に基づき渡辺作図）
B_1世代では$2n = 36 \sim 48$の植物が分離するが，染色体観察によってその中から$2n = 47$植物を選び出す．

する（図6.4）．これに関わる4本の染色体は後期で，2-2に分離せず3-1に別れることがある．すると，図6.4のA～Dに示す4種類の過剰染色体をもつ配偶子が生じる．これらは，異数性のため機能が劣り，受精競争のため雄側からはほとんど伝達しない．その結果，相互転座ヘテロ接合体の自殖

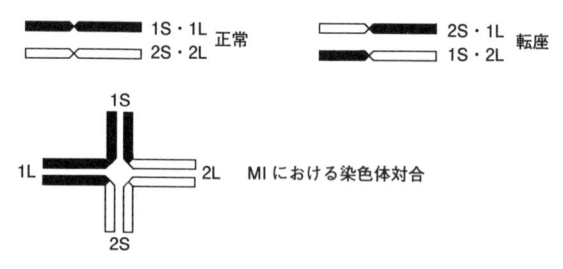

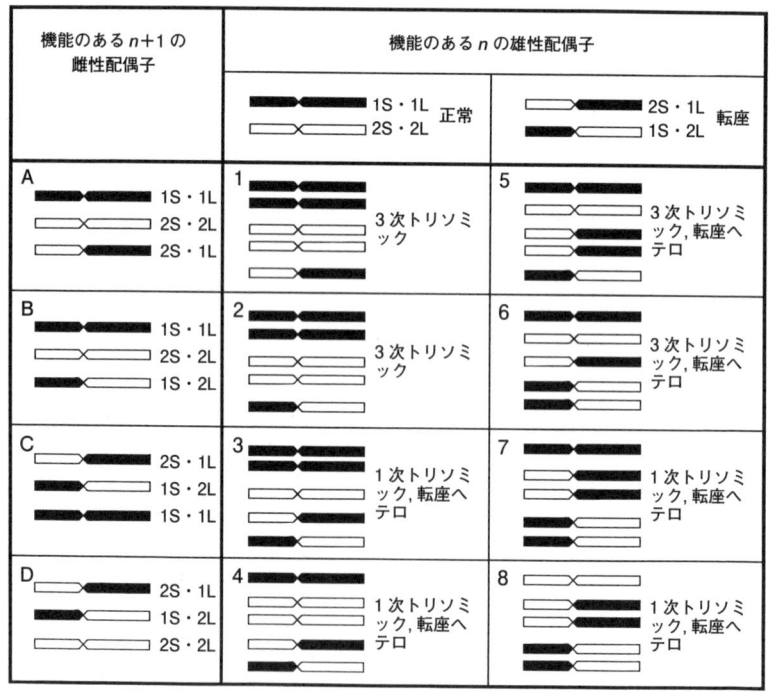

図6.4 転座ヘテロ個体より生ずる機能配偶子とその自殖次代の染色体構成
(Khush 1973, Cytogenetics of aneuploids. © Academic Press. 許可を得て一部改変)

次代には1~8に示す8種類の一次および三次トリソミック植物が出現する.

2. 異数体利用の遺伝分析

異数体は増減した染色体の種類によってそれぞれ形質の表現型が異なるため,これを利用してそれぞれの染色体に含まれる遺伝子を決めることができる.この方法を異数体分析 (aneuploid analysis) という.n対の染色体を有する植物では,トリソミック植物,モノソミック植物,ナリソミック植物は理論的にはn種類あるわけで,これを用いて遺伝子の座乗染色体を知ることができる.これをそれぞれトリソミック分析 (trisomic analysis),モノソミック分析 (monosomic analysis) あるいはナリソミック分析 (nullisomic analysis) という.

パンコムギのような異質倍数性の植物にあっては,染色体の1本が増減しても生活力にさしたる悪影響をおよぼすことなく正常に生育する.しかし,イネのような二倍体の植物では,染色体が1本減少しただけで生活力が著しく減退するので,ナリソミック植物やモノソミック植物を揃えることが難しい.このような植物では染色体が1本増えたトリソミック植物が用いられる.有名なのはBlakeslee *et al.*(1924)によるヨウシュチョウセンアサガオ(*Datura stramonium*, $2n = 24$)における12種類のトリソミック植物の作出であり,その後,トマト,トウモロコシ,オオムギなどでもトリソミック植物のシリーズが完成され,連鎖群の独立性の検定に利用されている.モノソミック分析はClausen (1941)によりタバコで,ナリソミック分析はSears and Rodenhiser (1948) によりパンコムギで行われたのが最初である.

パンコムギは異質六倍体であり,遺伝子の多くは六重に存在しているため,通常の遺伝子分析法には不適当な材料である.したがって,発見された有用遺伝子数あるいは確立された連鎖群の数は他の作物に比べて少なかったが,異数体シリーズの完成によってその遺伝分析は著しい進歩を遂げた.

(142) 6章　異数体とその利用

(1) ナリソミック分析

　ある特定の染色体上に優性遺伝子が座乗している場合，その染色体についてのナリソミック植物ではその優性遺伝子による形質の発現が失われる．たとえば，コムギ品種 Chinese Spring の粒色は赤褐色であるが，ナリソミック植物3Dでは白くなる．したがって，粒色を支配する優性遺伝子は3D染色体上にあることがわかった．同様にして4B染色体と6B染色体は芒を抑制する優性の遺伝子を担うことがわかった．

(2) モノソミック分析

1) モノソミック分析の原理

　モノソミック分析とは，モノソミック植物を利用して遺伝子の座乗染色体を決定する方法である．パンコムギの場合，どの染色体のモノソミック植物も生育力において正常系統と大差がないので，とくに重要な遺伝分析法である．

　モノソミック植物は $n = x$ および $n = x-1$ の2種類の配偶子を形成する．この割合は理論的には，1：1であるが，たとえばパンコムギ（$2n = 42$）では，減数分裂第一中期で出現する一価染色体の約半数が脱落・消失するため，実際にモノソミック植物が形成する $n = 21$ および $n = 20$ の配偶子の比はそれぞれ約1：3となる（表6.1）．ただし，雄側では受精競争があり，$n = 20$ 花粉はほとんど受精しない．したがって，モノソミック植物を自殖して得られる植物の約3/4はモノソミック植物，1/4はダイソミック植物となり，稀に $n = 20$ の花粉と卵が受精したナリソミック植物が出現する．

　被検定系統が劣性遺伝子 a をもつ場合，これを全ての染色体のモノソミック植物に交配する．ほとんどの F_1 植物の遺伝子型は Aa となり，優性形質を示すが，座乗染色体のモノソミック系統と交配した場合のみ，F_1 植物の中に劣性形質をもつ個体が出現する．これは，モノソミック植物が作る $x-1$ の卵細胞に由来する個体であり，A を乗せた染色体が存在せずヘミ接合（hemizygous）になっているためである（図6.5）．

一方，被検定系統が優性遺伝子Aをもつ場合，これをモノソミック植物に交配すると，ほとんどのF_1系統の遺伝子型は，染色体数に関わりなくヘテロ接合Aaになる．しかし，座乗染色体のモノソミック植物と交配した場合のみは，ダイソミック植物がヘテロ接合（Aa），モノソミック植物がヘミ接合（$A-$）となる．した

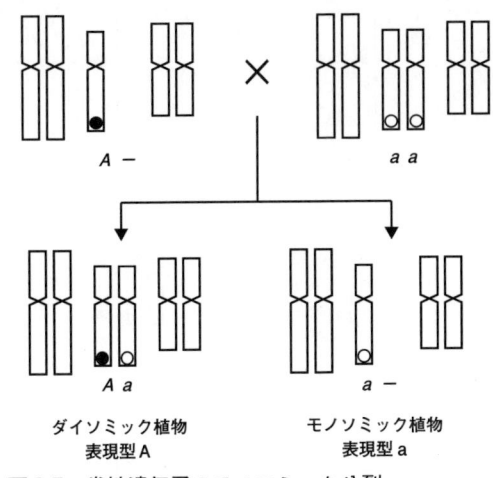

図6.5 劣性遺伝子のモノソミック分裂

がって，F_1において，染色体検査を行いモノソミック植物を選抜し，これを自家受精させると，多くは優性形質と劣性形質が3：1の比に分離するのに対し，座乗染色体のモノソミック植物由来の場合のみ，ほとんど全てが優性形質を示し，一部，形態的に区別できるナリソミック植物のみが劣性形質を示す（図6.6）．

2）モノソミック分析の実例

コムギには穂に頴毛（glume hair）が生じる系統があり，これは1遺伝子Hgによって支配される優性形質である．Tsunewaki（1966）はHgの座乗染色体を決定するため頴毛をもつ品種 Jones Fife を頴毛もたない Chinese Spring のモノソミックシリーズ系統に交配した．その結果，得られたF_1植物は，染色体数に関わらず全個体が頴毛をもっていた．そこで，それぞれのF_1系統で染色体数を調査し，モノソミック植物を選抜した．さらに，このモノソミックF_1を自殖しF_2を得た．表6.2は，F_2における頴毛の分離比を示している．モノソミック1A系統以外を交配に用いた系統のF_2では，頴毛をもつ個体ともたない個体が3：1の比に分離した．一方，モノソミック1Aを用いたF_2では，ほとんどが頴毛をもっており，少数出現した頴毛をも

(144) 6章 異数体とその利用

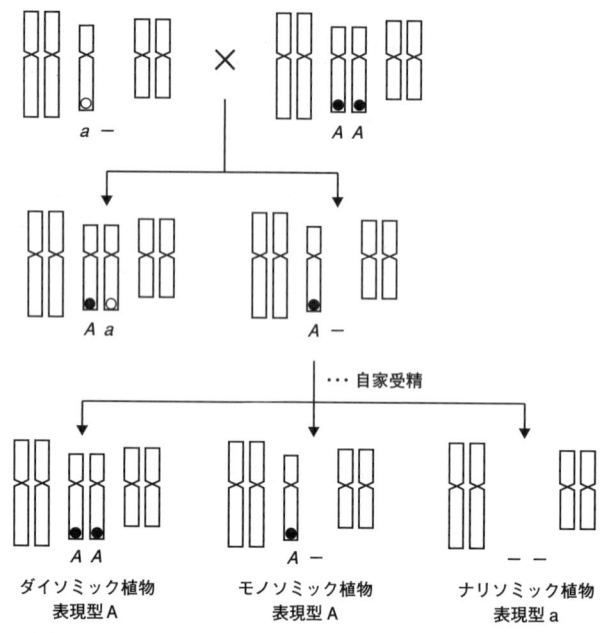

図6.6 優性遺伝子のモノソミック分析

たない個体は，形態から見て明らかにナリソミック植物であった．つまり，この交配ではF_1世代のモノソミック植物の遺伝子型はヘミ接合（$Hg-$）であり，そのためF_2はHgがヘミ接合であるモノソミック植物とHgホモ接合であるダイソミック植物が約3：1の比に分離したが，ともにHg遺伝子をもつため表現型は頴毛をもっていた．稀に存在するナリソミック植物は，1A染色体をもたないため頴毛をもたないが，この植物は形態異常を示す他の個体とは識別することができるのである．

3) 一価染色体のすりかえ（シフト）現象

パンコムギでは，モノソミックシリーズは連鎖分析や染色体置換の基幹材料として重要な役目を果たすものであるが，その作成過程で部分不対合（partial asynapsis）によるいわゆる一価染色体シフト（すりかえ現象，univalent shift）が起り，モノソミック植物の子孫に親と異なった染色体のモノ

ソミック植物を生ずることがある (Person 1956). それは，どのモノソミック植物も多少とも部分不対合的であり，3個ないしそれ以上の一価染色体を含む生殖細胞が形成されるためである．

染色体同定の基幹となる系統に，一価染色体すりかえが生じると致命的である．すりかえを回避する方法としては，種々考案されているが，異種染色体のモノソミック置換系統（monosomic alien substitution line）を使用する方法が有効である．たとえば *Thinopyrum elongatum* の一本の染色体を，その同祖染色体に置換したモノソミック系統（$20W_{II} + 1A_I$，Wはコムギ，Aは *T. elongatum* の染色体を意味する）は，通常のモノソミック植物と同様に利用できる．$(20W_{II} + 1A_I)$♀ × $21W_{II}$♂から生ずる F_1 で $2n = 41$ は通

表6.2 コムギの穎毛遺伝子 ***Hg*** のモノソミック分析．
穎毛をもたない Chinese Spring のモノソミック植物21系統に穎毛をもつ品種 Jones Fife を交配して出現したモノソミック植物をさらに自殖して得た世代における穎毛形質の分離．(Tsunewaki 1966, Genetics 53 : 303 – 311，(C) The Genetics Society of America. 許可を得て一部改変)

F_2系統	植物数		χ^2値 (3 : 1)
	穎毛あり	穎毛なし	
モノソミック 1A	62	3*	14.40**
モノソミック 1B	23	5	0.76
モノソミック 1D	74	32	1.52
モノソミック 2A	37	5	3.84
モノソミック 2B	60	17	0.35
モノソミック 2D	25	5	1.11
モノソミック 3A	54	20	1.16
モノソミック 3B	17	5	0.06
モノソミック 3D	62	26	0.97
モノソミック 4A	51	14	0.42
モノソミック 4B	40	12	0.10
モノソミック 4D	69	34	3.52
モノソミック 5A	42	12	0.22
モノソミック 5B	44	12	0.38
モノソミック 5D	90	31	0.02
モノソミック 6A	62	22	0.06
モノソミック 6B	69	15	2.29
モノソミック 6D	60	17	0.35
モノソミック 7A	47	14	0.14
モノソミック 7B	59	17	0.28
モノソミック 7D	44	9	1.82

*全てナリソミック植物．**1％水準で有意

常20W_{II}＋1W_Iの対合を示すが，一価染色体すりかえが生じた場合，19W_{II}＋2W_I＋1A_Iの対合を示す．

一価染色体シフトを防ぐもう一つの方法は，モノソミックになっている染色体つまりモノソーム（monosome）に標識遺伝子を載せる方法である．たとえば，パンコムギのモノソミック2D系統と，2D染色体に座乗する密穂遺伝子（C）の同質遺伝子系統を交配し，そのF_1で，モノソミック植物を選抜すると，これはモノソーム上にCをもつことになる．Cは，遺伝子量によって形態が異なるので，モノソミック植物の次代では，表現型の分離が生じる．つまり，ダイソミック植物は密穂（CC），モノソミック植物はやや密穂（C－），ナリソミック植物（－－）は疎穂となる（図6.7）．このような系統は，標識モノソミック植物（marked monosomics）とよばれる．一価染色体すりかえがおこれば，Cが固定するので，すぐに判明できる他，染色体をチェックしないでモノソミック植物を利用できる利点がある．2D染色体以外にも他の標識遺伝子を利用して，標識モノソミック系統が育成されている（Tsujimoto 2001）．同様のすりかえ現象はイネの異種染色体添加系統でもしばしば認められ，系統維持には十分な注意が必要である．

(3) トリソミック分析

1) 一次トリソミック植物の利用

(i) トリソミック遺伝（染色体分離をするとき）：通常，ある遺伝子Aに関しての遺伝子型は，AA（優性ホモ接合），Aa（ヘテロ接合），aa（劣性ホモ接合）の3種類のみである．しかし，トリソミック植物の三染色体（trisomeトリソーム）上

図6.7 コムギの標識モノソミック系統．
形態からダイソミック植物（CC）とモノソミック植物（C－）を識別することができる．（辻本原図）

にある遺伝子の場合，AAA（トリプレックス，三重式，triplex），AAa（デュープレックス，複式，duplex），Aaa（シンプレックス，単式，simplex），aaa（ナリプレックス，零式，nulliplex）の4種類の遺伝子型をとり，この内，前3者は，表現型 A を示す．

表6.3 F_1 トリソミックに優性遺伝子 A が存在した場合の F_2 植物の遺伝子型

♀ \ ♂	$2A$	$1a$
$1AA$	$2AAA$	$1AAa$
$2Aa$	$4AAa$	$2Aaa$
$2A$	$4AA$	$2Aa$
$1a$	$2Aa$	$1aa$

解析しようとする遺伝子が，トリソミック植物の遺伝子に対して劣性であるとき，その劣性ホモ接合体（aa）を全ての染色体に関するトリソミック系統に交配する．F_1 では，ダイソミック植物とトリソミック植物が出現する．もし，交配に用いたトリソミック植物のトリソーム上に a に対立する優性遺伝子 A が存在すると，F_1 でのトリソミック植物の遺伝子型は，AAa となる．この三染色体が任意に1本と2本に分かれ配偶子に入ると考えると，その配偶子の遺伝子型の頻度は，$1AA : 2Aa : 2A : 1a$ である．この内，前二者は，過剰染色体をもつ配偶子であり，雄性においては，正常花粉との受精競争に敗れ，ほとんど伝達しない．したがって，F_2 植物の遺伝子型は表6.3に示すようになる．

このように，F_2 でのトリソミック植物は全て優性形質をもち，ダイソミック植物の1/9が劣性形質をもつ．この遺伝子がトリソームにない場合は，染色体数に関係なく1/4が劣性ホモ接合になる．ただし，表6.3の中で，ダイソミック植物とトリソミック植物の比は必ずしも1：1ではない．これは，卵からの過剰染色体の伝達率が，染色体によって異なるためである．

解析しようとする遺伝子が，トリソミック植物の遺伝子に対して優性である場合もこれと同様である．F_1 でのトリソミックは，Aaa となり，F_2 では，トリソミック植物の2/9，ダイソミック植物の4/9が劣性形質をもつ．

(ii) トリソミック遺伝（染色分体分離をするとき）：上記のトリソミック遺伝は遺伝子が動原体近傍にあり，動原体との間で組換えを起こさず，遺伝子が染色体単位で行動する場合のものである．遺伝子が動原体から十分に離れて存在する場合には，これらの間での乗換えのため同一染色体であっても染色分体間で異なる遺伝子をもつことになり，とくに，動原体と連鎖

表6.4 トリソミック植物 AAa の第一および第二分裂の染色分体の分離

第一分裂における染色分体の分離 \ 第二分裂における染色分体の分離	AA	Aa	aa	A	a
$1AAAA$	1×1				
$8AAAa$	$8 \times 3/6$	$8 \times 3/6$			
$6AAaa$	$6 \times 1/6$	$6 \times 4/6$	$6 \times 1/6$		
$6AA$				6×1	
$8Aa$				$8 \times 1/2$	$8 \times 1/2$
$1aa$					1×1
計	6 :	8 :	1 :	10 :	5

$(2n)$	$(2n+1)$	$(2n+2)$
$AA\cdots100$	$AAA\cdots120$	$AAAA\cdots36$
$Aa\cdots100$ } 200	$AAa\cdots220$ } 440	$AAAa\cdots96$
$aa\cdots25$	$Aaa\cdots100$	$AAaa\cdots76$ } 224
	$aaa\cdots10$	$Aaaa\cdots16$
		$aaaa\cdots1$
$8A:1a$	$44A:1a$	$224A:1a$

しない末端部では，無作為な染色分体の分離（random complete chromatid assortment）が生じるもの考えられる．

F_1 がデュープレックスの場合，AAa 植物が第一分裂を行った後の染色分体の種類と頻度は，$1AAAA:8AAAa:6AAaa:6AA:8Aa:1aa$ となり，これが減数分裂の第二分裂でそれぞれ縦裂して生じる配偶子の頻度は表6.5のような計算から $6AA:8Aa:1aa:10A:5a$ となる．したがって，F_2 に生じる接合子の種類と頻度は表6.4のようになる．

F_1 がシンプレックス（Aaa）の場合も同様であり，配偶子の種類と頻度は，$1AA:8Aa:6aa:5A:10a$ となり，F_2 における接合子の種類と頻度は表6.5のようになる．

以上を一括して，トリソミック分離比をダイソミック分離比とともに示せば表6.6のようになる．この表では，トリソミック植物の子孫への伝達率（transmission frequency）を50％として計算している．

(iii) トリソミック分析の実際例：Tsuchiya (1959) は，野生オオムギ（*Hor-*

deum spontaneum）の同質三倍体に二倍体を交配し，その子孫に7型の一次トリソミック植物を得て，それぞれの形態的特徴から Bush, Slender, Pale, Robust, Pseudo‐normal, Semi‐erect, Purple と名付けた．こ れら7型の各々を母本とし，9個の標識遺伝子（marker gene）についてホモ接合の四つの検定系統を交雑し，F_2 における各形質対の分離比を検討した．ダイソミック植物と分離比が有意に異なる F_2 個体群についてトリソミック分離比の検定を行った結果，表6.7のように，染色分体分離をする場合のトリソミック分離比によく適合することがわかった．

表6.5 F_1 がシンプレックス（Aaa）の場合の F_2 における接合子の種類と頻度

$(2x)$	$(2x+1)$	$(2x+2)$
$AA\cdots25$	$AAA\cdots10$	$AAAA\cdots1$
$Aa\cdots100$	$AAa\cdots100$	$AAAa\cdots16$
$aa\cdots100$	$Aaa\cdots220$	$AAaa\cdots76$
	$aaa\cdots120$	$Aaaa\cdots96$
		$aaaa\cdots36$
$5A:4a$	$11A:4a$	$21A:4a$

2）他のトリソミック植物の利用

　二次トリソミック系統，テロトリソミック系統，三次トリソミック系統なども，その子孫に得られる遺伝分離比にもとづいて，それぞれの染色体の腕上における遺伝子の位置決定に用いることができる．Khush and Rick (1968) はトマトで9染色体腕の二次トリソミック植物を得て，その5系統を用いて4連鎖群に属する9マーカーについて腕上の位置（arm location）を決定した．また，テロトリソミック植物はトウモロコシ（*Zea mays*, Rhoades 1936），ヨウシュチョウセンアサガオ（*Datura stramonium*, Blakeslee and Avery 1938），*Nicotiana sylvestris*（Goodspeed and Avery 1939），一粒系コムギ（*Triticum monococcum*, Moseman and Smith 1954），オオム

表6.6 トリソミック遺伝における F_2 の分離比

F_2 の分離比	F_1 雑種の遺伝子型	トリソミック植物		ダイソミック植物
		AAa $A:a$	Aaa $A:a$	Aa $A:a$
乗換えがなく，染色体単位の分離をする場合	$2n$	$8:1$	$5:4$	$3:1$
	$2n+1$	$10:0$	$7:2$	
乗換えが生じ，染色分体単位で分離をする場合	$2n$	$8:1$	$5:4$	
	$2n+1$	$44:1$	$11:4$	

表6.7 ダイソミック分離比から有意に偏ったF_2個体群のトリソミック植物検定
(Tsuchiya 1959)

トリソミック植物の型	連鎖群	遺伝子対	ダイソミック植物部分			トリソミック植物部分		
			観察数	χ^2 (8:1)	P	観察数	χ^2 (44:1)	P
Bush	III	Nn	137:13	0.907	0.50-0.30	49:0	0.327	0.70-0.50
Bush	VII	Brbr	70: 3	2.800	0.10-0.05	28:0	0.024	0.90-0.80
Bush	VII	Fcfc	122:11	1.086	0.30-0.20	50:0	0.343	0.70-0.50
Slender	I	Vv	235:29	0.004	0.95-0.90	61:0	0.555	0.50-0.30
Pale	VI	Uzuz	58: 2	2.933	0.10-0.05	27:0	0.017	0.90-0.80
Pseudo-normal	II	Bb	72: 7	0.405	0.70-0.50	39:0	0.161	0.70-0.50
Semi-erect	V	Ss	100: 9	0.899	0.50-0.30	45:2	0.287	0.70-0.50

ギ (*Hordeum vulgare*, Tsuchiya 1960), およびライムギ (*Secale cereale*, Kamanoi and Jenkins 1962) において報告され, Rhoades (1936) はトウモロコシで, Moseman and Smith (1954) は一粒系コムギでこれを用い, 標識遺伝子の腕上の位置を決定している.

3) トリソミック植物の育種的利用

園芸植物ストックには一重咲きと八重咲きが存在する. 八重咲きは鑑賞価値が高いが, 雄蕊および雌蕊が花弁化しており不稔である. 八重咲き形質は単一劣性遺伝子 *s* で支配されており, ヘテロ接合体 *Ss* の自殖次代の1/4のみが八重咲きになる. 八重咲きの出現率を高めるため, *S* と連鎖する花粉致死遺伝子 *l* が知られており, *Sl/sL* を自殖すれば八重咲き率を1/2に増加させることができる. さらに, これらの遺伝子が存在する染色体をトリソミックにし, *Sl/sL/sL* のように *S* 遺伝子についてシンプレックスにし, この植物の自殖次代で子葉の形態よりトリソミック植物を取り除けば, 八重咲き率をさらに高めることができる. 松岡 (1976) は, この方法によって八重咲き率を約85%に高めることに成功した.

(4) 端部動原体染色体(テロソーム)よる遺伝地図の作成

パンコムギ品種 Chinese Spring では, テロソームを一対もつ系統 (ダイテロセントリック植物, ditelocentrics) が, ほとんどの染色体腕について育成されている. ダイテロセントリック植物を用いれば, ナリソミック分析と

同様にして遺伝子の座乗染色体腕を直接同定することができる．さらに，この系統は遺伝子の動原体からの距離を推定するために利用できる（図6.8）．

この方法は，まず，座乗染色体腕のダイテロセントリック植物を被検定系統に交配する．F_1はヘテロ接合でテロソームを一本もつ．このテロソームは正常な相同染色体と対合して異型二価染色体（heteromorphic bivalent）を作り，乗換えを起こす．この個体に劣性ホモ接合体を交配し，次代系統の染色体を調べ，テロソームの有無と表現型を比較して，動原体と遺伝子の間の組換え価を算出することができる．テロソームの上に被検定系統の遺伝子をもつもの，正常染色体にChinese Springの遺伝子をもつものは，動原体と遺伝子の間の組換え型染色体である．

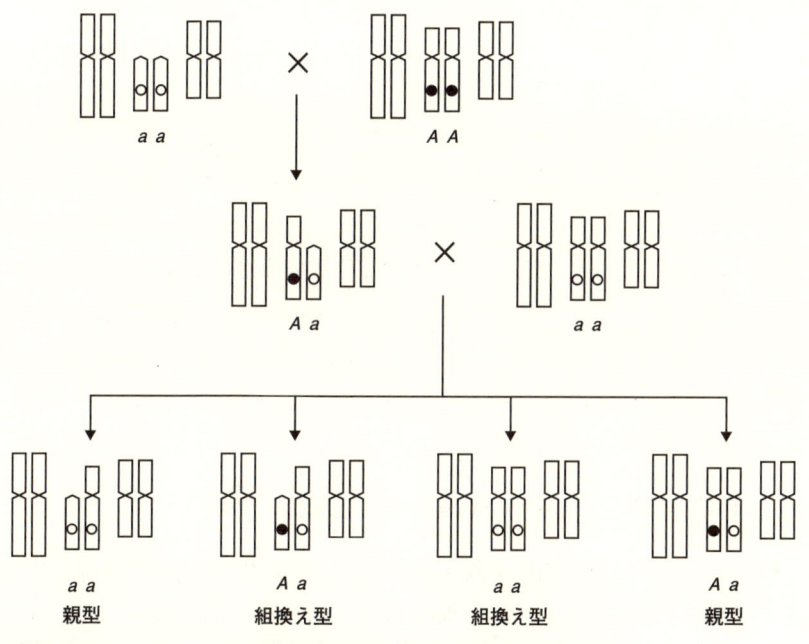

図6.8 テロソームによる遺伝子と動原体の組換え価の推定法

7章 半数体とその利用

1. 半数体とその作出

　高等植物は長い複相 (diplophase, $2n$) の接合体世代の体細胞で細胞分化し，多様な組織や器官の形成を経て，短い単相 (haplophase, n) の配偶体世代で生殖過程に至る（第2章）．半数体 (haploid) は，接合体と同様の形態的特徴を示す世代であるにもかかわらず，その染色体数が単相，つまり配偶体と同じ染色体数をもつ個体のことである．イネやオオムギのような二倍性種では，接合体は通常二つのゲノムをもっているが，これら植物の半数体は一つのゲノムしかもたない．したがって，これらの半数体をとくに一倍体 (monoploid) とよぶ．一方，パンコムギやタバコのような倍数性種の半数体は，複数のゲノムをもつことから，とくに複半数体 (polyhaploid) とよぶ．

　植物の半数体は，Blakeslee et al.(1922) によりはじめてヨウシュチョウセンアサガオで発見されて以来，イネ，パンコムギ，オオムギ，トウモロコシ，トマト，ワタ，タバコ，ジャガイモなど，ほとんどの主要作物で報告されている．しかし，自然集団における半数体発生率はきわめて低く，たとえば，ヨウシュチョウセンアサガオで 5×10^{-3}，トウモロコシで 2×10^{-3} 程度の出現頻度である．現在では，半数体を人為的に誘発する方法が開発されており，これを用いて半数体を高頻度に育成することができる．以下，これらの方法について述べる．

(1) 半数体誘発頻度の高い系統の選抜

　植物の中には，遺伝的に半数体を誘発しやすい遺伝子型をもつ系統が存在するものがある．たとえば，海島棉 (*Gossypium barbadense* $2n = 4x = 52$) の自然半数体の倍加系統は，高頻度に半数体を誘発する (Turcotte and

Feaster 1963). また,セイヨウナタネのカナダ系品種はヨーロッパ系品種よりも半数体出現頻度が高い (Thompson 1969, Stringam and Downey 1973). ダイズ ($2n = 2x = 40$) では,雄性不稔遺伝子 *ms1* についてホモ接合 (*ms1/ms1*) である雄性不稔個体の子孫から,半数体のみならず二倍体,同質三倍体,同質四倍体,同質五倍体,同質六倍体が出現する (第8章参照, Beversdorf and Bingham 1977). オオムギでは,半数体誘導突然変異遺伝子 (*hap*) の存在が報告されており,そのヘテロ接合体 (*Hap/hap*) からは3〜6%,ホモ接合体 (*hap/hap*) からは15〜40％の割合で半数体が出現する (Hagberg and Hagberg 1980). このように,遺伝的に制御されて起こる半数体は,卵細胞が受精前に発生することを抑制している遺伝子が機能しなくなった結果,単為発生を生じて出現したものと思われる.

(2) 異種間交雑による半数体の誘発

異種間の交雑を行ったとき,雑種胚で一方の親の染色体が脱落するために,半数体となる場合がある. たとえば,オオムギ (*Hordeum vulgare*) に同属の野生種キュウケイオオムギ (*H. bulbosum*) を交雑すると,いずれを母本に用いてもキュウケイオオムギの染色体が脱落してオオムギの半数体になる (Kasha and Kao 1970, Kasha and Sadasiviah 1971, Lange 1969, 1971a, b, Symko 1969, Noda and Kasha 1981, Inagaki and Snape 1982). また,パンコムギにキュウケイオオムギ交雑した場合も同様に,パンコムギが半数体になる (Barclay 1975). この方法は,Bulbosum法としてオオムギやコムギで半数体を誘発するための確立した方法になっている. 一方コムギの場合,受精後胚培養が必要であり,また,キュウケイオオムギとの交雑親和性は品種により大きい変異があり,この方法は親和性の高い品種にのみ適用できる.

キュウケイオオムギ以外にも,他のイネ科植物の花粉による交雑によって,パンコムギやオオムギの半数体が作出できる (*Psathyrostachys* 属 Bothmer *et al.* 1984;トウモロコシ Laurie and Bennett 1988;*Hordeum marinum* Jorgensen and Bothmer 1988;テオシント Ushiyama *et al.* 1991;

ソルガム Ohkawa et al. 1992；*Tripsacum* 属 Riera-Lizarazu and Mujeeb-Kazi 1993；*Agropyron* 属 Sharma 1996；*Haynaldia* 属 Xia et al. 1998；ジュズダマ属 Mochida and Tsujimoto 2001）．この中で，とくにトウモロコシの花粉を交配し，胚培養によって半数体を作成する方法は，どのような遺伝子型のパンコムギやオオムギにも適用でき，トウモロコシ法と称され重要な半数体誘発技術となっている．これらの交雑では，受精後ごく初期の細胞においてトウモロコシ染色体の動原体に紡錘糸が付着しないために脱落することが，蛍光免疫染色法で明らかにされている（図7.1）（Mochida et al. 2003）．

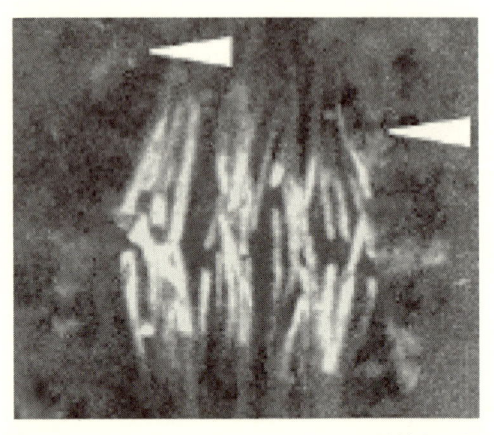

図7.1 パンコムギ×トウモロコシの受精卵の体細胞分裂でみられるトウモロコシ染色体の脱落（矢尻）．
明るく光っている部分は，紡錘糸．（持田原図）

ジャガイモでは二倍性の野生種の *Solanum phureja*（= *S. rybinii*）の花粉を受粉すると，35〜80％という高い頻度で半数体が出現する（Hougas et al. 1958）．この交配では，*S. phureja* の二つの精細胞のうち，一方は極核に受精して胚乳を形成し種子の成長を行うが，他方はジャガイモの卵細胞と受精することなく消失するためである．胚に斑点を発現する *S. phureha* の系統を用いれば，種子の斑点から，半数体を選別することができる（Hermsen and Verdenius 1973）．

(3) 葯培養による半数体の作出

減数分裂によって染色体数が半数になった小胞子は，花粉分裂を行って成熟した花粉になるが，この時期の雄性配偶体を培養すると，細胞分裂を続け半数性のカルスや植物体になることがある．この現象は，ケチョウセ

ンアサガオ, *Datura innoxia* で初めて発見されて以来 (Guha and Maheshwari 1964), タバコ, イネ, パンコムギ, オオムギなど多くの作物において報告されている (Nakata and Tanaka 1968, Niizeki and Oono 1968, Ouyang and Debuyser 1973, Cripham 1971). イネでは, 葯を無菌的に取り出しオーキシンを含む培地で培養すると半数性のカルスが出現する. これをオーキシンが低くサイトカイニン濃度の高い培地に移すと, 半数性植物に再分化する[19]. ナタネ類では, 小胞子がそのまま発生して胚様体になる.

(4) 細胞質置換系統を利用した半数体の作出

交配母本に用いた品種あるいは種の細胞質が半数体の出現頻度に影響することがトウモロコシおよびコムギで知られている (Mazoti and Muhlenberg 1958, Kihara and Tsunewaki 1962, Endo and Katayama 1975). たとえば, パンコムギの通常品種では半数体の出現頻度は $10^{-4} \sim 10^{-3}$ であるが, *Aegilops caudata* の細胞質にパンコムギの核を置換した系統では 1.7% であった. さらに, *Ae. caudata* の細胞質をもつライコムギでは半数体の出現頻度は 53% と著しく高い. コムギの近縁野生種の一つ, *Ae. triuncialis* の細胞質にパンコムギの実験系統 Salmon の核を置換すると, その 82～89% が半数体になった.

2. 半数体の減数分裂における染色体行動と稔性

二倍性種の半数体は一倍体であり, ゲノムが一つしか存在しない. そのため, 減数分裂において, 染色体対合をすることができない. 通常, その減数分裂は不規則となり, 完全な配偶子を作ることができず完全不稔性または高不稔性となる. たとえば, イネの半数体は減数分裂第一中期 (MI) で 12個の一価染色体を示すが, 互いに対合が起こらないので細胞分裂の際に

---

[19] 培養条件によっては二倍体が生じるが, これは培養過程で半数体が自然倍加したものである. ただしイネ以外の植物では葯の組織などの細胞がカルス化し, そのため二倍体が生じるものも多い.

それらは機会的に両極に分配され，12個の染色体を有する完全な配偶子はほとんど形成されない（図7.2）．一価染色体は機会的に一方の極に移動し，0本と12本，1本と11本，2本と10本，3本と9本のように分配される．原理的には，それらの頻度は $(a+b)^{12}$ の各展開項の係数に一致する[20]．稀に，全染色体を揃えた配偶子が現れるが，このような配偶子どうしが受精すると二倍体に復帰する．

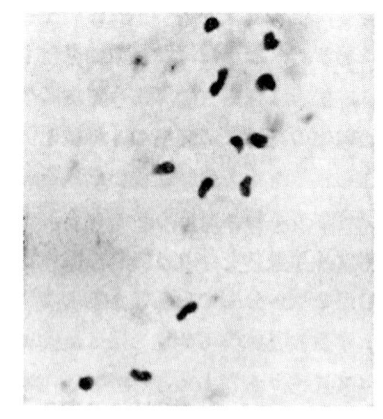

図7.2 イネの半数体の減数分裂第一中期における染色体（12_1）

また，対合する染色体が全くないと，第二分裂を行わずに減数分裂が完了することがある．その結果，四分子ではなく二つの胞子からなる二分子（dyad）が形成される．二分子に由来する配偶子の染色体数は通常の配偶子と同じであるため正常に機能することができる．このような配偶子のことを非還元配偶子（unreduced gamete）という．ほとんど全てが非還元配偶子となる場合には，半数体が高い稔性をもつ．非還元配偶子が出現する頻度は，種や品種間で異なり，遺伝的に支配される性質であることが知られている（松岡2009）．

異質倍数性種の半数体は複半数体であり，異なるゲノムを1個ずつもつ．原理的には，一価染色体のみが形成されるが，実際には同祖染色体が対合し，二価染色体や三価染色体が見られることがある．

3．半数体の育種利用

(1) 半数体の直接利用

半数体は，諸器官が小さく不稔である．ペラルゴニウム（*Pelargonium*）

---
[20] べき指数はそれぞれの植物の染色体数（n）に相当する．

の園芸品種であるKleine Lieblingは$2n = x = 9$の半数体であり,花が小さく,不稔のため花期が長い.しかし,このように,半数体が直接,品種として利用されている例は,ほとんどない.

(2) 倍加半数体による育種期間の短縮

半数体は全ての遺伝子について単量であるため,倍加すると全ての遺伝子がホモ接合になる.自殖性植物の育種では,品種間の雑種後代で遺伝子を固定して純系を得るために,自家受精を何世代も行わなければならない.しかし,半数体の倍加による純系の作出は1代のみで達成され,育種期間を大幅に短縮することができる.このようにして得られた純系を倍加半数体 (doubled haploid) とよび,この手法を半数体育種法 (haploid breeding) とよぶ.たとえば,パンコムギ品種,ニシホナミと中国142号のF_1からトウモロコシ法で半数体を作り,それをコルヒチンで倍加させた倍加半数体の中から,栽培しやすく,うどん適性の高い個体が選抜され,「さぬきの夢2000」という品種が短期間に育成された.しかし,半数体育種法はF_1植物の減数分裂におけるただ一回の組換えしか期待できず,数世代をかけて固定する通常の方法に比べて遺伝子型の多様性の点で劣るとの指摘もある.

同じ両親に由来する倍加半数体の一連の倍加半数体系統 (doubled haploid lines, DH lines) は,遺伝分析やQTL分析に有用である.倍加半数体系統における遺伝子の分離は,F_1植物の配偶子の遺伝子型の分離と同じである.しかも,各系統は,正常な稔性を示すので種子を増殖・再生産できるので,分子マーカーや形質の情報を同一の連鎖地図上に集積することができる.

(3) 同質倍数体の倍数レベルの低減による育種

ジャガイモは同質四倍体であるため,四倍性遺伝を行い,目的とする形質が分離して出現する頻度が低い.そこで,葯培養や近縁種 *Solanum phureja* との交雑によって一旦,半数体を育成し,稔実し塊茎も形成することのできる二倍体レベルで有用形質を選抜することが行われている.具体的には,異なる系統のジャガイモに *S. phureja* を交雑して二倍体を作る.さ

らに，葯培養により半数体（一倍体）のクローンを作る．これを倍加して純系の二倍体を作り，芽の浅さ，休眠の深さ，収量，草勢，耐病性等の形質について優秀な系統を選抜する．次は，同質四倍体への組立の作業である．まず，異なる純系を交雑して F_1 雑種を作る．次にこの F_1 雑種からプロトプラストを作り，細胞融合によって四倍体を作る．このように，一旦，1ゲノムレベルにまで落として選抜し，組合せることによって全てのゲノムに有用遺伝子をもたせた同質四倍性のジャガイモが得られるのである．

(4) 異数体の供給源

Sears (1944) はパンコムギの半数体（$2n = 21$）に正常花粉を交雑してその子孫に21通りのモノソミックシリーズ（monosomic series）を完成した．また，Endrizzi (1966) は海島棉（*G. barbadense*, $2n = 52$）の半数体に正常花粉をかけた子孫に表7.1のように各種の異数体を得ている．Erichsen and Ross (1963) はソルガム（*Sorghum bicolor*, $2n = 20$）の半数体を自殖してトリソミック植物を得た．このように半数体は各種の異数体の給源ともなる．

(5) その他

半数体は，遺伝子を一つずつしかもたないので，変異原処理して突然変異を誘発すると当代で変異形質が現れる．また，突然変異体を倍加することによって，突然変異遺伝子のホモ接合体を得ることができる．このように，半数体を容易に得られる植物では，突然変異を効率よく選抜するために利用できる．

また，異種染色体添加系統を育成する際にも半数体が利用される．モノソミック添加植物の自殖後代において，ダイソミック添加植物を得るため

表7.1 海島綿の半数体の子孫に現れた異数体
(Endrizzi 1966, Curr Sci (C) Indian Academy of Sciences.許可を得て転載1966.)

26_I	26_{II}	$26_{II}-1_I$	$24_{II}+1_{III}$	$25_{II}+$ telosome	$25_{II}+1_{III}$	$24_{II}+1_{III}+1_{IV}$
21	91	3*	1	1	2**	2

*1個体は $24_{II}+$ telosome $+1_I$ を示す．**telosomeを1個有するものが1個体含まれる．

には，異種染色体をもつ配偶子が雌雄両方から受精した個体を得なければならない．しかし，異種染色体によっては，添加染色体をもつ花粉が受精競争を勝ち抜けないために，ダイソミック添加植物がほとんど出現しない場合がある．このとき，モノソミック添加植物から，異種染色体を含む半数体を作り，これを倍加させることによって，ダイソミック添加系統を育成することができる．

8章　倍数体とその利用

ヒトを含めほとんどの高等動物の体細胞は両親由来の二つのゲノムをもつ二倍体である．しかし，植物ではしばしば三つ以上のゲノムをもつ種や個体が存在する．これを倍数体（polyploid）と言い，また倍数体である状態のことを倍数性（polyploidy）とよぶ．さらに，同じゲノムから構成される倍数体を同質倍数体（autopolyploid），異なるゲノムからなるものを異質倍数体（allopolyploid）と区別する．

たとえば，コムギ属（*Triticum*）を見ると，一粒系コムギ（ヒトツブコムギ *T. monococcum* など）はAAゲノムをもつ二倍性種，二粒系コムギ（マカロニコムギ *T. durum* など）はAABBゲノムをもつ四倍性種，普通系コムギ（パンコムギ *T. aestivum* など）はAABBDDゲノムをもつ六倍性種である．A, B, D各ゲノムは7本の染色体からなるので，一粒系コムギの染色体数は$2n=14$，二粒系コムギは$2n=28$，普通系コムギは$2n=42$である．コムギ属は，異質倍数性による典型的な倍数性進化（polyploid evolution）を行った例である．一方，ジャガイモやサツマイモのように同質倍数性によって進化した種もある（表8.1）．トウモロコシやソルガムは二倍体であるが，ゲノ

表8.1　主要作物の倍数性とゲノム

作物名	学名	$2n$	倍数性	ゲノム
イネ	*Oryza sativa* L.	24	$2x$	AA
コムギ	*Triticum aestivum* L.	42	$6x$	AABBDD
オオムギ	*Hordeum vulgare* L.	14	$2x$	HH
ライムギ	*Secale cereale* L.	14	$2x$	RR
エンバク	*Avena sativa* L.	42	$6x$	AACCDD
トウモロコシ	*Zea mays* L.	20	$2x$	AA
セイヨウナタネ	*Brassica napus* L.	38	$4x$	AACC
ワタ	*Gossypium hirsutum* L.	52	$4x$	AADD
タバコ	*Nicotiana tabacum* L.	48	$4x$	TTSS
ジャガイモ	*Solanum tuberosum* L.	48	$4x$	AAAA
サツマイモ	*Ipomoea batatus* L.	90	$6x$	BBBBBB
ダイズ	*Glycine max* (L.) Merr.	40	$2x$	AA

ム内に重複している染色体部分が多く,倍数体になった後,染色体の構造変異によって二倍体化(diploidization)したものであることが示されている(Herentjaris et al. 1989, Whitkus et al. 1992).このように,作物には,倍数体あるいは倍数体に起源する二倍体が数多く見られる(表8.1).

表8.2は,倍数性に関わる用語をまとめたものである.同質(auto-)あるいは異質(allo-)という接頭語を冠して,同質三,四,五倍体(autotriploid, autotetraploid, autopentaploid)とか,異質三,四,五倍体(allotriploid, allotetraploid, allopentaploid)と呼称する.植物界で知られる高次の倍数体としては,イネ科の Poa litorosa のおよそ38倍体($2n = 265$, $x = 7$, Hair and Beuzenberg 1961)があり,シダ植物の Ophiglossum reticulatum のある個体は1,260本もの染色体を有するという.しかし,後者はゲノムを構成する染色体数,つまり基本染色体数(basic chromosome number)が不明であり,何倍体かは明らかでない.

主要作物の染色体数と倍数性の関係を調べてみると,多くのものが倍数性種を含む.それらの中では,四倍体が最も普遍的で,六倍体がこれに次いでいる.三倍体や五倍体など奇数のゲノムを有するものは栄養繁殖植物に多くみられる.これらは,減数分裂での染色体の行動が不規則になり種子繁殖ができない.

倍数性進化をしている植物分類群の染色体数を見ると,基本染色体数が同じで,種の染色体数が倍数系列をなすものと,2種類以上の異なる基本染色体数からなる場合とがある.たとえば,キク属(Chrysanthemum)には $2n = 18, 36, 54, 72, 90$ の染色体数をもつ種が存在するが,これらは9の整数倍である.一方,ネギ属(Allium)では $x = 7, 8, 9$ の3種類の異なった基本染色体数が存在し,アブラナ属(Brassica)では $x = 8, 9, 10$ のそれぞれ異なる基本染色体数が加算的倍数関係を示す.

表8.2 倍数性に関わる用語

$1x$	半数体(一倍体)	haploid (monoploid)
$2x$	二倍体	diploid
$3x$	三倍体	triploid
$4x$	四倍体	tetraploid
$5x$	五倍体	pentaploid
$6x$	六倍体	hexaploid
$7x$	七倍体	heptaploid
$8x$	八倍体	octoploid
$9x$	九倍体	enneaploid (nanoploid)
$10x$	十倍体	decaploid

1. 同質倍数体

(1) 同質倍数体の成因と染色体行動

　同質倍数体とは，同一ゲノムが倍加した倍数体である．体細胞染色体数の倍加，または非還元配偶子 (unreduced gamete) の受精によって作られる．たとえば，栽培イネは二倍体 ($2n = 2x = 24$，AA) であるが，この体細胞染色体数を倍加すると同質四倍体 ($2n = 4x = 48$，AAAA) になる．また，二倍体の減数分裂で何らかの原因により染色体数が減数することなく二倍性の花粉や卵子が形成されて，受精にあずかると同質三倍体 ($2n = 3x = 36$) になる．

　同質倍数体の減数分裂では，倍数性に応じて相同染色体間に多価染色体が形成される．理論的には第一分裂中期においてその基本染色体数に等しい多価染色体が現れることになるが，これは稀であり，一般に，同質三倍体では三価染色体の他に一価および二価染色体が，同質四倍体では四価染色体の他に一価，二価および三価染色体が混在する．種によっては二価染色体のみを形成するものもある．同質倍数体に形成される配偶子の遺伝子型の種類は，倍数性が高まるにつれて増加し，分離比が複雑になる．

(2) 同質倍数体の特徴

　同質倍数体の顕著な特徴は，二倍体に比較して各種器官が増大し，いわゆる巨大性 (ギガス性，gigantism，gigas) を示すことである．茎葉は太く，厚く，粗剛となり，とくに，花粉粒の大きさ，気孔の孔辺細胞の長さに顕著に現れる．しかし，個々の器官は増大しても植物体全体が増大するとは限らない．器官の増大は細胞数の増加によるのではなく，細胞容積の増加によるものである．それは，ほとんど常に含水量の増加，したがってまた浸透圧の低下を招く．器官の増大はそれを構成する組織の均等な増大によるものではない．葉についていえば細胞間隙の縮小，葉脈の短縮，導管の

拡大，気孔数の減少，葉身の幅の増加をきたし，器官または組織によって増加あるいは減少を示す．気孔の孔辺細胞内にある葉緑粒の数の増加や，孔辺細胞の長さの増加，花粉粒の大きさの増大は，染色体数が倍加したかどうかの判定の指標に利用される．

　倍数体の特徴の中で人間にとって有用なのは，利用する器官の増大や細胞内含有成分，たとえば，ビタミン，アルカロイド，タンパク質，糖分，脂肪などの増加である．しかし，これらの形質の増大は，同質倍数体では五倍体を最高として以後下降していく場合が多い．一方，同化，呼吸，蒸散，物質転流，刺激伝達，細胞分裂などの生理作用は，同質倍数体で減退を示し，その結果，開花，成熟が遅延する．とくに，茎の減少は葉数，花数の減少となり，植物体全体の生産量の低下につながる．しかしまた，ある種の病害に対する抵抗性や耐寒性は増加していくことが知られている．同質倍数体は，減数分裂における染色体行動の不規則性の結果として，稔性は一般に低く，同質三倍体では完全不稔性または高不稔性を示す．イネやムギ類のような種子を利用する作物ではこの稔性障害が致命的な欠点になる．しかし，この不稔性を利用して育種に成功している作物もある．「タネなしスイカ」はその一例である．

(3) 同質三倍体

1) 同質三倍体の育成

　多くの植物では，同質三倍体を，同質四倍体と二倍体間の交雑によって作ることができる．その際，四倍体を母本に用いると雑種種子が得られやすく，イネやダイコンはこの例である．しかし，ナタネ，ライムギ，オオムギ，トウモロコシ，トマトなどでは，こうした交雑は正逆方向とも困難である．

　二倍体の子孫にしばしば同質三倍体が出現することがある．多くの場合，偶然生じた非還元配偶子（卵）が正常の半数性配偶子（花粉）と受精した産物である．しかし，逆に半数性の卵が二倍性の花粉によって受粉されて生じた同質三倍体も報告されている (Rhoades 1936)．Beadle (1930) はトウ

図8.1 イネの倍数体の草型（農林8号）
左より，$x, 2x, 3x, 4x$.

モロコシの不対合突然変異体（asynaptic mutant）に正常花粉をかけて多数の同質三倍体を得ている．

カキ（*Diospyros kaki*）の品種の多くは本来同質六倍体（$2n = 6x = 90$）であるが，平核無（ひらたねなし）などの品種は九倍体（$2n = 9x = 135$）になっている（庄ら 1990）．

2）同質三倍体の形態的特徴と染色体行動

イネの場合，同質三倍体は二倍体に比べて草丈が高く，高度の不稔性のために穂は直立したままであり，籾は大形となり，本来無芒の品種でも芒を生じ，分げつが少なくなり，稈は太く，茎葉は粗剛となる（図8.1，8.2）．そのため，傾穂期から登熟期にかけて田面をすかしてみれば，おおよそ10アール当たり2〜3株の割合で同質三倍体を見出すことができる（渡辺と古賀 1975）．

同質三倍体は，減数分裂における染色体行動の不規則性のために完全不稔性または高不稔性となる．種子繁殖植物では同質三倍体を維持することは困難で，稀に子孫を生じてもそれらの多くは異数体になる．しかし，ジャガイモのような栄養繁殖植物では同質三倍体を容易に維持することができる．スイセン，サフラン，ホウチャクソウ，ヒガンバナ（*Lycoris radiata*），ムラサキツユクサ，オニユリ（*Lilium tigrinum*），トウチャ（*Thea macrophylla*, $2n = 3x = 45$），クワ，リンゴのある品種（祝，緋の衣），バナナなども同質三倍体であるが，球根，珠芽（むかご，肉芽，鱗芽），挿し木，株分けなどの栄養繁殖によって維持できる．

同質三倍体の減数分裂では，相同染色体が3本ずつ存在するため，全て三価染色体を形成するはずであるが，そのようなことは稀である．実際には，三価染色体の他に一価および二価染色体が混在する．たとえばイネの同質三倍体のMIにおける染色体対合をみると，表8.3のように48％の細胞が12個の三価染色体を形成したが，他の52％の細胞では三価染色体の他に1～5個の二価および一価染色体が観察された．3本の相同染色体が1個の三価染色体を形成するか，一価と二価染色体を作るか，あるいは全く対合しないで3個の一価染色体となるかは，染色体のもつキアズマ数によって決まる．つまり，長い染色体は短いものよりキアズマ数が多いので，三価染色体を作りやすい．

三価染色体あるいは一価染色体の第一または第二減数分裂後期における分配は機会的で，高頻度の異数性配偶子を形成することになり，ひいては完全不稔性または高不稔性になる．イネの同質三倍体と二倍体の交配後代について，これまで調べられた結果を図8.3にまとめて示した．本図によると，イネでは$2n=24$の二倍体，$2n=36$の同質三倍体およびそれらの中間の染色体をもつ様々な異数体が出現し，とくに$2n=25～27$の個体が高頻度に生じている．こ

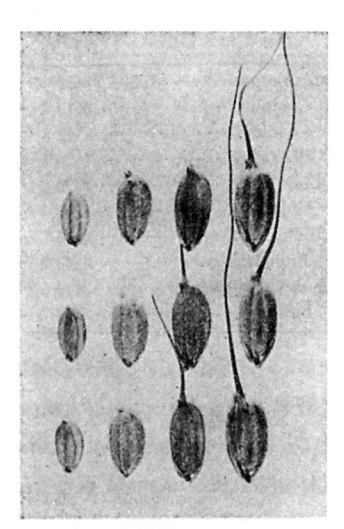

図8.2　イネの倍数体のモミの形態（農林8号）
左より，$x, 2x, 3x, 4x$．

表8.3　同質三倍体イネのMIにおける染色体接合型とその頻度
（Watanabe et al. 1969, Jpn J Breeding 19 (1): 12 - 18, ⓒ Japanese Society of Breeding. 許可を得て転載）

染色体対合	頻度（％）
12_{III}	48
$11_{III} + 1_{II} + 1_{I}$	27
$10_{III} + 2_{II} + 2_{I}$	16
$9_{III} + 3_{II} + 3_{I}$	7
$8_{III} + 4_{II} + 4_{I}$	1
$7_{III} + 5_{II} + 5_{I}$	1
計	100

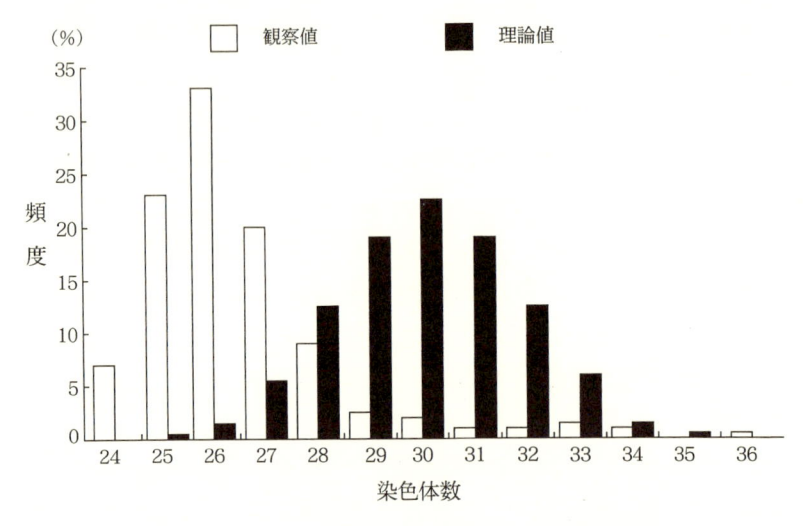

図8.3 イネの三倍体（♀）と二倍体の交配後代における染色体数

のことは，雌性側に12から24までの染色体数をもつ配偶子（卵）が生じていること，とくに $n = 13〜15$ の配偶子が他より高い受粉機能を有していることを示すものである．したがって，同質三倍体はトリソミック植物（$2x+1$の個体）のよい供給源として利用される．

3）同質三倍体の育種への利用

育種では，その成分量の増加を利用してテンサイ（甜菜）の改良が，また不稔性を利用して「タネなしスイカ」が育成されている．

倍数性テンサイの育種は1935年頃から行われ，Matsumura and Mochizuki (1953) は三倍体のテンサイが種々の点から有望であることからその育種を行った．しかし，三倍体テンサイ栽培の障害は，三倍性種子生産の困難さである．二倍体と四倍体の混植率を1：3にした場合に，得られる種子の約75％が三倍体となり，他の方法に比べ能率が高いことがわかったが，三倍体の他に二倍体と四倍体を含んでいる．この混合集団を，希望する三倍体のみの集団にすることを可能にしたのは，細胞質雄性不稔性の発見（Owen 1945）と単胚種の発見（Sauisky 1948）であり，三倍体の利用と細胞質雄性不稔性による雑種強勢を結びつけて多収，高糖の品種，「モノ

ホープ」がつくられた.

スイカ（*Citrullus vulgaris*）は二倍体で $2n=22$ である．コルヒチン処理で染色体数を倍加した同質四倍体（$2n=4x=44$）の母本に二倍体の花粉をかけると，$2n=3x=33$ の同質三倍体ができる．この三倍体の雌花に二倍体の花粉を交配すると，種子がほとんど入らない果実が結実する．これがいわゆる「タネなしスイカ」である（図8.4）．三倍体スイカの減数分裂では11個の三価染色体が形成される．これが第一分裂後期に1本の染色体と2本の染色体に分かれて両極に移動するが，その分離は全く機会的であり，$(Ⅰ+Ⅱ)^{11}$ を展開した各項の係数に相当するいろいろな染色体をもつ配偶子が生じる．その内，11本または22本の染色体をもつもののみが生殖可能とすると，$2×(1/2)^{11}$，すなわち，2/2048の配偶子が機能をもつことになる．通常，スイカの果実1果で500粒程度の種子を含んでいるが，これは1個の胚珠に含まれる卵の数と大差ないわけで，このくらいの数では正常な種子に発達すべきよい卵は存在しないと考えてよい．これが同質三倍体スイカが「タネなし」となる理由である．

図8.4　タネなしスイカ

(4) 同質四倍体

1）同質四倍体の育成

　二倍体の植物集団の中に自然に生ずる倍数体の頻度からいえば，同質四倍体が一番高い．作物によっては，ジャガイモ，ピーナッツ，アルファルファ，コーヒーのように四倍体レベルで成立している．

　Blakeslee and Avery（1937）によって染色体倍加剤としてのコルヒチン（colchicine）が発見されて以来，同質四倍体の人為的作出は非常に容易とな

り，実に多くの属の植物について同質四倍体の作出が報告されてきた．美濃四倍体ダイコン，ビタミントマト，ソバ品種，「みやざきおおつぶ」，「信州大そば」が実用化された．

2）同質四倍体の特徴

同質四倍体における染色体の対合をみると，四価染色体のみを形成する場合（*Datura*, Belling and Blakeslee 1924），二価染色体のみを形成する場合（*Petunia*, Kostoff and Kendall 1931），および両者の中間の種々な対合型を示すものが知られている．多くは四価染色体の他に一価，二価，三価染色体を含み，三価，四価染色体の不分離，一価染色体の消失または不等分配によって配偶子に染色体の数的質的アンバランスがおこる．そのために遺伝子組合せのアンバランスによる致死作用が生じてくる．また，受粉を契機として接合子内の染色体的，遺伝子的アンバランスによる接合子の致死を招く．この他，生理的撹乱によっても不稔を生ずる．オオムギの同質四倍体では系統によって各々固有の稔性と四価染色体数をもち，稔性の高い系統は四価染色体が少ない（土屋 1953）．世代経過に伴って四価染色体の数は減少し，稔性が向上してくる（Giles and Rolph 1951, 小野 1949）．また，トウモロコシの同質四倍体は雑種になると稔性が上昇することも知られている（Randolph 1941, 1942）．イネでは日本型（*japonica*）とインド型（*indica*）のそれぞれの品種について多数の同質四倍体が人為的に作られているが，稔性は一般に低く（15～30％），最高50％止まりである．ところが，あらかじめ染色体を倍加した四倍性の日本稲と四倍性のインド稲の四倍性雑種は高い稔性を示し，平均稔性70～80％のものも得られている（真島と内山田 1955）．普通，イネの亜種間雑種の F_1 は高い不稔性を示すが，染色体を倍加するとゲノムを異にする種間雑種の場合のように，その複二倍体効果によって稔性が高まってくる（Cua 1951）．

ライムギにおいても四倍体品種間の F_1 が両親品種のいずれよりも収量を増し，多くの形質についてヘテロシスを示すものがある（Müntzing 1954）．また，ライムギの四倍体の合成品種は，対応する二倍体のそれより収量性が優れていた（Lacadena and Villena 1967）．

同質四倍体に現れる四価染色体の造形像（configuration）は，鎖状，ジグザグ状，環状，フライパン状などいろいろで，オオムギの四倍体ではジグザグ状と環状が最も普通にみられる（Tsuchiya 1953，図8.5，表8.4）．

同質四倍体の作物を種子繁殖によって維持しようとするとき，子孫にしばしば異数体や同質三倍体を生じ，ときには元の二倍体に戻ってしまうこともある．このような例がイネ（近藤と刈谷 1937），ヒマワリ（野口 1950），ダイコン，ハクサイ（Fukushima and Tokumasu 1957）などで報告されている．これは，同質四倍体の減数分裂に際し，第一減数分裂中期で一価，三価，四価染色体が形成されるため分裂過程で不規則な行動をとり，その結果，異数性配偶子が生じ，しかもそのあるものは受粉能力をもつためにおこる現象である．

図8.5 オオムギの同質四倍体にみられた四価染色体の造形像 (Tsuchiya 1953)

3) 同質四倍体の遺伝

それでは，同質四倍体はどのような遺伝をするのであろうか．まず，用語を整理したい．二倍体の場合は，ある遺伝子座の対立遺伝子 A および a に関して，その取りうる遺伝子型は，AA（優性ホモ接合 dominant homozygous），Aa（ヘテロ接合 heterozygous），aa（劣性ホモ接合 recessive homozygous）の3型である．一方，同質四倍体では，5型になり，それらを

表8.4 オオムギの同質四倍体にみられた四価染色体の種々な造形像 (Tsuchiya 1953)

品種・系統	∞	□□ ‖V	N	○	◇−	∨∣e	計
Hosokar No. 2	37	47	7	4	3	5	103
E. G. Melon	91	46	1	28	4	4	74
H. spont. nigr.	22	30	1	5	2	4	64

次のようによぶ：$AAAA$（四重式, quadriplex），$AAAa$（三重式, triplex），$AAaa$（複式, duplex），$Aaaa$（単式, simplex），$aaaa$（零式, nulliplex）．Aがaに対して完全優性ならば，この内，劣性形質を示すものは零式の場合のみである．

いま，遺伝子型AAの二倍体と遺伝子型aaの二倍体を倍加し，それぞれの同質四倍体（$AAAA$と$aaaa$）の雑種ができたとき，その雑種は複式（$AAaa$）となる．この雑種が自殖した場合の分離比について考えると次のようになる．

この雑種の減数分裂の第一分裂で，4本の相同染色体がそれらの全部について還元的に分離し，第二分裂で均等的に分離するとする無作為染色体分離（random chromosome segregation）を仮定すると，生ずる配偶子比は$1AA:4Aa:1aa$となり，F_2の分離比は$35A:1a$となる．もし，4本の相同染色体が減数分裂の前期にすでに完全に染色分体を作り，8本の染色分体が2回の分裂を通じて全く機会的に配分される無作為染色分体分離（random chromatid segregation）を仮定すれば，生ずる配偶子比は$3AA:8Aa:3aa$となり，F_2の期待分離比は$21.8A:1a$となる．しかし，実際には以上のいずれの仮説とも適合しない場合が多い．これは，第一分裂では，動原体は常に還元的に分離するが，動原体と遺伝子座との距離が大きいほど両者の間の乗換え頻度が高まり，均等分裂をする機会が多くなるためである．つまり，遺伝子の動原体からの位置により，両方の分離仮定が起こる割合が変化すると考えられている．したがって，同質四倍体の雑種では2倍体のように一般化された分離の法則はなく，個々の遺伝子について$35A:1a$と$21.8A:1a$との範囲で，遺伝子固有の表現型の分離比を示すことになる．

2. 異質倍数体

(1) 異質倍数体の種類

　異なるゲノム，すなわち，非相同ゲノムが組合わさって生じた染色体の倍数的変異を異質倍数性（allopolyploidy）といい，そのような倍数体を異質倍数体（allopolyploid）という．異なるゲノムをもつ種間の雑種とその染色体倍加によって生じ，その構成ゲノム数に応じてそれぞれ異質三，四，五，六倍体と呼称する．染色体数は，キク属やコムギ属のように基本染色体数が1種類のものと，ネギ属やアブラナ属のように同一属内に2種類以上の異なった基本染色体数をもちの加算的倍数性を示すものがある．

　共存するゲノムが完全に分化しておらず，部分的に相同なゲノムをもつ倍数体を部分異質倍数体（segmental polyploid）という．また，同質異質倍数体（autoallopolyploid）とは，AAAABBのように同一ゲノムの倍数組に異種ゲノムの加わった倍数体で，六倍体以上の高次倍数体に存在する．

　異質倍数体の内，AABBやAABBCCのように異なるゲノムを1対ずつもつ個体をとくに複二倍体（amphidiploid）という．複二倍体は，後述のように二倍体と同様の遺伝様式をとる．

(2) 異質倍数体の遺伝

　異質倍数体は減数分裂で二価染色体のみを形成し，円滑な染色体の分配過程を行うため，正常な配偶子ができ稔性も高い．また，遺伝様式も通常の二倍体と同じであり，対立遺伝子Aとaの遺伝子座がとりうる遺伝子型はAA, Aa, aaの3型である．ただし，それぞれのゲノム上には機能的に類似な同祖遺伝子（homoeologous gene）が存在する．たとえば，AABBDDゲノムをもつパンコムギでは同祖遺伝子が，それぞれのゲノムの同祖染色体（homoeologous chromosome）に存在するため，たとえAゲノムの遺伝子が劣性ホモ接合になっても，BまたはDゲノム上の同祖遺伝子が優性のまま

であれば，劣性形質は現れない．

(3) 異質倍数性による進化

植物には雑種と染色体倍加による異質倍数性進化をしたものが多い．典型的な例として，コムギ属とアブラナ属の進化を以下に述べる．

1) コムギ属の異質倍数性進化

現在，世界で広く栽培されているパンコムギ（*Triticum aestivum* $2n = 6x = 42$ AABBDD）の成立には，3種の二倍性種が関与する（図8.6）．まず，野生種クサビコムギ（*Aegilops speltoides* $2n = 2x = 14$ SS）に，野生一粒系コムギ（*T. urartu* $2n = 2x = 14$ AA）の花粉が交雑し，染色体が倍加してAASSゲノムをもつ植物が誕生した．この複二倍体は染色体の構造変化によって野生二粒系コムギ（*T. turgidum* var. *dicoccoides* $2n = 2x = 28$ AABB）になり栽培化された．次に栽培二粒系コムギに，雑草であるタルホコムギ（*Ae. tauschii* $2n = 2x = 14$ DD）の花粉がかかってパンコムギになった．なおこの倍数性進化過程の異種交雑において，どちらが母本になったかは，母

```
    Aegilops speltoides    ×    Triticum urartu
    2n=2x=14, SS                 2n=2x=14, AA
                    ↓
                   AS
                   ⇓ ······ 染色体倍加
                  AASS
                   ↓ ······ 染色体構造変化

        T. turgidum      ×    Ae. tauschii
        2n=4x=28, AABB        2n=4x=14, DD
                    ↓
                   ABD
                   ⇓ ······ 染色体倍加
               T. aestivum
              2n=6x=42, AABBDD
```

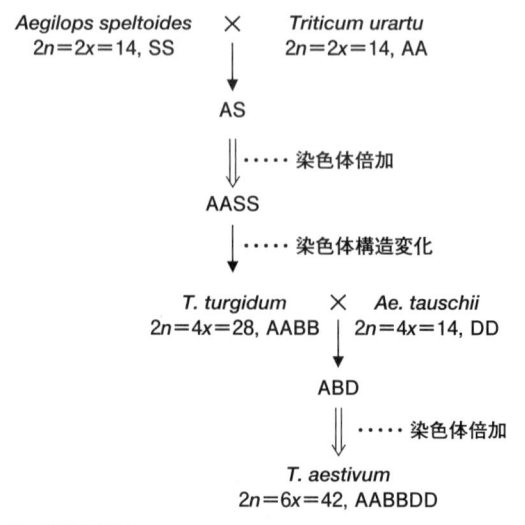

図8.6 コムギの倍数性進化

性遺伝する細胞質ゲノムの比較によって解明された．この進化の中で，より高次の倍数体は多様な環境に対する適応力を高め，これがパンコムギが世界中で栽培される作物になった理由の一つである．

2) アブラナ属の異質倍数性進化

アブラナ属（*Brassica*）は，いろいろな野菜や油料作物として重要であるが，この進化も，3種の二倍性種が関与している（図8.7）．ハクサイやカブはAゲノムをもつ二倍性種（*B. rapa*, $2n = 2x = 20$, AA），クロガラシはBゲノムをもつ二倍性種（*B. nigra*, $2n = 2x = 16$, BB），キャベツやブロッコリーはCゲノムをもつ二倍性種（*B. oleracea*, $2n = 2x = 18$, CC）である．これら3種間における，全ての組合わせの四倍性種があり，AABBはカラシナ（*B. juncea*, $2n = 4x = 36$, ），AACCはセイヨウナタネ（*B. napus*, $2n = 4x = 38$），BBCCはアビシニアガラシ（*B. carinata*, $2n = 4x = 34$）である（禹1934，U1935）．

(4) 異種ゲノム間雑種における自然染色体倍加

上述のような異質倍数性進化が起こるためには，雑種の染色体が自然に倍加しなければならない．両親種のゲノムが異なり，減数分裂の第一分裂中期で染色体が対合しないとき，一価染色体は後期において姉妹染色分体に分かれ各極に移動して第二分裂を省略し，復旧核（restitution nucleus）となる．このような特殊な減数分裂を行うと四分子ではなく二分子が形成される．二分子に由来する配偶子は染色体数を半減していないため，非還元

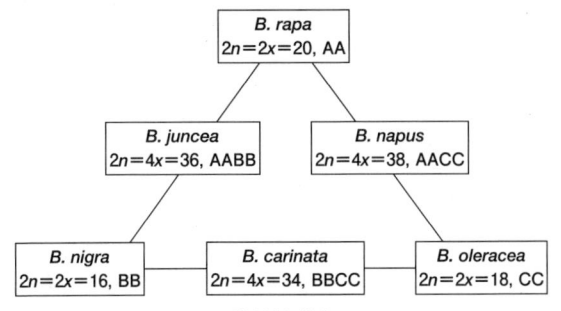

図8.7 アブラナ属（*Brassica*）の倍数性進化

配偶子（unreduced gamete）とよばれる．非還配偶子どうしが受精すると複二倍体が生じる．

　非還元性配偶子ができる頻度は遺伝的に決まっており，たとえば栽培二粒系コムギ（AABB）の様々な系統とタルホコムギ（DD）との雑種（ABD）では，栽培二粒系コムギの遺伝子型によって非還元配偶子を作り稔性が高いものがある．ゲノムが異なる種間の雑種の減数分裂でも，二価染色体や多価染色体が見られることがある．これは，相同染色体が存在しない条件では，同祖染色体が対合しやすくなるためである．一般に，異なるゲノムをもつ種間雑種の減数分裂で，一価染色体が多く出現するものほど，非還元配偶子を作りやすい．

(5) 複二倍体の作出と特徴

　人為的に複二倍体を育成するとき，もし自然倍加が起こらなければ，人為的に染色体倍加を誘発しなければならない．人為的染色体倍加の方法としては，コルヒチン，アセナフテン，笑気ガスなどの化学処理，温度衝撃や遠心力などによる物理的処理などが考案されているが，なかでもコルヒチン処理は植物種を問わず有効であり，複二倍体作出に広く利用されている．

　ところで，複二倍体は相同染色体を一対ずつもつため，減数分裂の第一分裂中期で互いに対合する相手が得られ，その後の分裂における染色体の分配が均等に行われ，欠失や重複のない正常な配偶子を生じ稔性が回復する．しかし，実際には，実験的に誘導した多くの複二倍体では二価染色体の他，三価や四価など，同祖染色体による多価染色体をともなう．一方，自然に生じた複二倍体は，パンコムギやエンバクのような高次の異質倍数体でもこのような多価対合はみられずに二価染色体のみを形成する．これは，長い進化の過程で同祖染色体対合（homoeologous pairing）を抑制する遺伝子，つまり二倍体化遺伝子（diploidizing gene），が生じたためである．たとえば，パンコムギでは5B染色体長腕上に位置する*Ph*遺伝子（*Ph* gene）が同祖染色体対合を抑制し，この遺伝子を欠失した突然変異体（*ph* mutant）では，パンコムギであっても多価染色体が高頻度に現れる（Okamoto and

Sears 1957, Riley *et al*. 1960, Kimber 1964).

　一般に，複二倍体になると正常な配偶子が形成され，稔性が回復する．しかし，植物種により，あるいは組合せにより，稔性が回復しない場合もある．たとえば，イネ属 (*Oryza*) の複二倍体では，両親種の組合せによって完全不稔性を示すものが多く[21]，とくにAとC両ゲノムを共有する複二倍体は葯を形成しない（渡辺 1975）．また，タバコ属の野生種 *Nicotiana sylvestris* × *N. tomentosa*，*N. sylvestris* × *N. tomentosiformis* の複二倍体は高い花粉稔性をもつにもかかわらず雌性不稔のため種子ができない（Greenleaf 1941）．また，*N. glauca* × *N. plumbaginifolia* やワタ属の *Gossypium arboreum* var. *neglectum* × *G. thurberi* では，卵は正常であるにもかかわらず雄性不稔である (Beasley 1940, Greenleaf 1946)．育成当初は稔性が低くても，自殖を重ねるにつれ次第に稔性が向上していく複二倍体も知られている．

(6) 複二倍体の形態と遺伝子間相互作用

　異質倍数体の形態は同質倍数体と同様の巨大性を示す．さらに両親種の特徴を併せ持ち，異種ゲノム間の雑種強勢のため両親より生育の旺盛なことが多い．この性質を利用して，ライコムギ，ハクラン，ノリアサなど，新作物が育成されてきた．これらの育種的利用については，第9章で詳しく述べる．

　このように，複二倍体において，両親種由来の遺伝子は多くの場合，両方とも発現しているが，中には両遺伝子が相互作用し，片親の遺伝子のみが発現することがある．この内，両染色体の相互作用によって染色体の大きさや形態が変化することをアンフィプラスティ (amphiplasty) という．アンフィプラスティの典型的な例は核小体形成部位で見られるリボソームRNA遺伝子 (ribosomal RNA gene, rDNA) の相互作用である．たとえば，パンコムギでは1Bおよび6B染色体に，ライムギでは1R染色体に核小体

---

21) *O. sativa* × *O. officinalis*，*O. sativa* × *O. australiensis*，*O. sativa* × *O. minuta*，*O. sativa* × *O. latifolia* および *O. officinalis* × *O. australiensis* の複二倍体．

形成部位（nucleolar organizing region, NOR）があり，この部分ではリボソームRNAが活発に転写されている．そのため，中期細胞の染色体であってもこの部分は凝縮せず染色体の狭窄として観察される．しかし，パンコムギとライムギの雑種あるいは複二倍体においては，ライムギ1R染色体のリボソームRNA遺伝子の働きが抑制され核小体形成部位は狭窄にならない．一方，野生種 *Aegilops mutica* の核小体形成部位は，パンコムギの1B，6B染色体の核小体形成部位を抑制する作用がある（Panayotov and Tsujimoto 1997）．このようにリボソームRNA遺伝子には上位性（epistatisis）の系列があり，この関係をとくに核小体形成部位ドミナンス（nucleolus dominance）とよんでいる．

9章　種属間雑種とその利用

　DNA配列の類似性が低い異なる属や種の間における雑種の作出は種内の交雑育種に比べて困難であるが，導入したい遺伝形質が当該種や属内に無い場合は不可欠である．そのため通常はF_1ができない種属間の遠縁交雑が従来から試みられてきた．ここでは交雑を用いた成果を述べるとともに，細胞融合法，形質転換法についてもその概要を述べる．育種学的立場から見た場合，種や属の違いによる雑種獲得上の問題を解決するために細胞融合法が開発され，必要とする遺伝情報のみを導入するために形質転換法があると言える．

1. 種属間交雑による新しい種の作出

　従来から行われてきた種属間交雑による有用遺伝子の導入のためには通常の交雑による雑種の獲得に加えて，雑種の獲得自体をより効率的にするための種々の培養法が開発されている．たとえば胚を培養する胚培養法（embryo culture），未熟胚（immature embryo）や小さな胚珠では胚を切り出さずに胚珠ごと培養する胚珠培養（ovule culture），さらには子房ごと培養する子房培養（ovary culture）などが用いられている．通常の植物体の条件では致死する雑種胚をこうした種々の方法で生存させ雑種を獲得することを胚救助（embryo rescue）という．また，たとえば栽培種に無い耐病性を有する野生種を交雑して雑種を得た場合に，栽培種をその雑種に連続して交雑することすなわち，連続戻し交配（recurrent backcross）により，得られた雑種に導入された野生種の種々の形質から，不要な形質を除くことが行われてきた．

(1) ライコムギ

ライコムギ (Triticale) はライムギ (*Secale cereale*, RR) の強健性, 病害抵抗性, 耐寒性など環境ストレスに耐える性質と多収で製パン性が優れているパンコムギ (*Triticum aestivum*, AABBDD) の両方の性質を併せ持たせるために作られた新しい植物である (図9.1).

パンコムギとライムギの間の雑種については Wilson (1876) がパンコムギを母本に用いて初めて報告している. その後人為的な雑種作製は19世紀後半に英国で始められ (Rimpau 1889), 20世紀に入ってスウェーデンでさらに改良が進められて来た. Meister and Tjumjakoff (1928) は正逆両方向に雑種を得ており, ライムギを母本にしたライコムギは Secalotricum とよばれる. しかし倒伏しやすい, 収量が低い, また胚乳の異常発達により穀粒にしわができたり充実が不十分となるなど, 実用栽培する上で種々の問題があり, 作物としての栽培は限定的であった.

ライコムギは通常パンコムギを母本, ライムギを父本として交雑を行い, 雑種を得る. この雑種において機会的に生じるコムギ21本の染色体とライムギ7本の染色体を併せもった卵が同じ染色体組成の花粉で受精するか, あるいは得られた半数性の雑種をコルヒチン処理することにより八倍性ライ

図9.1 ライコムギおよびその母本
a) ライムギ. b) パンコムギ. c) ライコムギ. (藤田原図)

コムギ (AABBDDRR) が得られる．ライコムギにはパンコムギのゲノムにライムギのRゲノムが付加された八倍性ライコムギの他にマカロニコムギ (*Triticum durum*, AABB) のゲノムにライムギのRゲノムが付加された六倍性ライコムギがある．八倍性ライコムギを母本として六倍性ライコムギ (AABBRR) を交雑したものの後代ではいずれもが有するA, B, Rゲノム間に遺伝的組換えが生じかつDゲノムに所属する染色体は失われる．これら六倍性のライコムギを二次ライコムギ (secondary triticale) とよび，これらの中には農業形質において優れたものが見いだされている．またパンコムギと六倍性ライコムギを交雑した後代ではRゲノムに所属する染色体がDゲノムに所属する染色体で置換された置換ライコムギ (substitution triticale) が生じる（鵜飼 2003）．

六倍性ライコムギは米国アイオワ州立農事試験場のO'Mara (1948) により作出されたが，これを用いてカナダで初めての品種Rosnerが1969年に育種された．この品種は1958年に最初の交雑が行われ，次のような複雑な交雑過程をへて11年後に品種登録されたものである．

Rosnerの交雑組合わせ：ライコムギ1 (*T. durum* (cv. Ghiza) /*S. cereale*) /ライコムギ2 (*T. durum* (cv. Carleton) /*S. cereale*) //ライコムギ3 (*T. carthlicum*/*S. cereale*) //ライコムギ4 (*T. turgidum*/*S. cereale*)

これを契機として，ヨーロッパ諸国をはじめわが国でもライコムギの育種が進められた．主としてヨーロッパで多数の品種が生まれた．

(2) ノリアサ

オクラ (*Abelmoschus esculentus*) とトロロアオイ (*A. manihot*) との種間交雑により，得られた種間雑種にノリアサ (*A. glutino-textilis* KAGAWA) がある（香川 1944）．ノリアサは一年生の複二倍体である．現在ではオクラはアオイ科に分類にされ，トロロアオイ属 (*Abelmouschus*) のままであるが，トロロアオイはフヨウ属 (*Hibiscus*) にノリアサとともに分類されている．すなわちトロロアオイは *Hibiscus manihot*，ノリアサは *Hibiscus glutinoextilis* と再分類されており，現在の分類体系からはノリアサは作出さ

れた当時考えられていた種間雑種ではなく,属間雑種といえる.

ノリアサはその後多くの品種・系統が生じ,新植物成立の過程が細胞遺伝学的に調査され,性状,栽培法,種子稔性,収量についても詳細に調査されてきた.オクラとトロロアオイの F_1 は完全不稔性または高不稔性を呈するが,自殖によってわずかに生ずる F_2 の96%は複二倍体化しており,稔性も向上し,1果から50粒前後の種子を得ることができる.片親のトロロアオイの草丈が0.3〜0.5 m,他方のオクラは1.0〜1.5 mであるが,ノリアサは著しく長大で,実際栽培上密植した場合に2.5〜3.0 mに達し,糊分の収量はトロロアオイの数倍,粗繊維の収量は10アール当たり150〜170 kgで,耐病性も強い.最近では緑環境を保全する植物として再び注目されている.

(3) ハクラン

アブラナ科の植物は異なる染色体数をもつにも関わらず,多くの場合,交

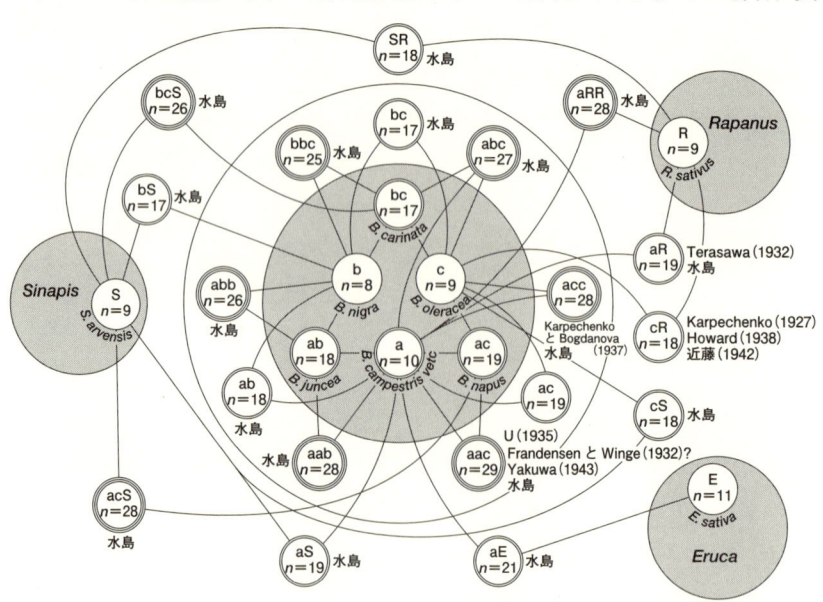

図9.2 アブラナ科植物における人為倍数体の作成
(ゲノム記号は発表時の記載法.水島 1952,アブラナ類の核遺伝学的研究.技報堂 一部改変)

雑により雑種を得ることが可能である．図9.2に示すように，水島（1959）はアセナフテン（acenaphten）を用いて多くの人為異質倍数体を作出した．ただこうした異質倍数体の内，新しい作物として栽培されたものはハクランその他数えるほどしかなく，またハクラン自体，広く栽培されているわけではない．この事実は，異質倍数体が新作物となるためには細胞遺伝学的な問題以外に解決すべき多くの課題があることを示している．

実際に栽培に供されたものの例としてはハクサイ（*Brassica campestris* = *B. rapa*, $2n=20$, AA）とキャベツ（カンラン）（*B. oleracea* $2n=18$, CC）の種間雑種（$2n=56$, AACCCC）（水島 1946）から選抜された飼料ナタネ（Namai *et al.* 1980）が挙げられる．またハクサイとキャベツの交雑後，結球性のある植物が得られ（細田 1950），これに基づき胚培養法などの雑種の獲得法に改良が加えられた．その結果得られたAACCゲノムを有する複二倍体（$2n=38$）にさらに種々の育種的努力がなされた結果，新作物ハクランが誕生した（Nishi 1980）．さらに，ハクサイとキャベツとの種間雑種を直接用いるのではなくハクランにハクサイを戻し交雑し，キャベツの軟腐病抵抗性のみを導入したハクサイ，平塚1号が育種された．この品種はハクサイの軟腐病抵抗性の母本として広く用いられた．最近，キャベツの変種であるブロッコリー（*B. oleracea*）と中国野菜サイシン（*B. rapa*）の交雑と胚培養による後代から新野菜，はなっこりーが育成されている．

（4）ヒエンソウ

ヒエンソウ（Garden delphinium, *Delphinium elatum*, $2n = 4x = 32$）はキンポウゲ科の園芸品種で，白色から濃い青色までのいろいろな色の花を付けるが，黄色花と赤色花はない．しかし，近縁種には赤色花を付ける

```
Delphinium nudicaule    ×    D. cardinale
     (2n=16)                    (2n=16)
      橙色花                      赤色花
            F₁の染色体倍加
                 ↓
      D. nudicaule-cardinale   ×   D. elatum
         (2n=4x=32)                (2n=4x=32)
           橙赤色花                   白色花
                          ┊
                          ↓
            F₅ D. elatum University Hybrids
                   (2n=4x=32)
                     赤色花
```

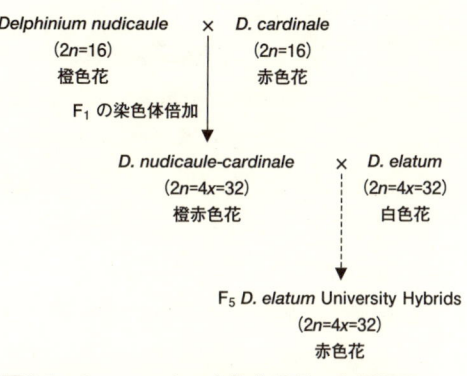

図9.3 ヒエンソウの赤色花品種の育種経過
（Legro 1965, *Genetics Today* 2：11 − 15に基づき渡辺作図）

D. cardinale ($2n = 2x = 16$) やオレンジ色の花を付ける *D. nudicaule* ($2n = 2x = 16$) がある．そこで Legro (1965) は図9.3に示すように，まず *D. nudicaule* と *D. cardinale* 間に雑種を作り，コルヒチン処理によってその染色体を倍加させオレンジ系赤色花を付ける複二倍体 ($2n = 4x = 32$) を作出した．これに白色花の園芸品種 (*D. elatum*) を交雑し，その F_5 世代で赤色花の園芸品種 University Hybrids を育種した．

2. 種属間交雑による有用遺伝子の導入

(1) イネの耐虫性育種

　国際イネ研究所では野生イネのもつトビイロウンカに対する耐虫性，白葉枯病，イモチ病，ツングロ病に対する高度耐病性遺伝子などを栽培種に導入して栽培種の抵抗性を飛躍的に改良するプログラムを実施した．そのためインド型イネ品種を母本として，知られている野生種のほとんどを花粉親として人工交配し，胚救助も用いて雑種を獲得した．これらの雑種に対しては自然倍加あるいはコルヒチンによる染色体数の人為的倍加後，野生種を1回親 (non-recurrent parent)，栽培種を反復親 (recurrent parent) とした連続戻し交配 (recurrent backcross) が行われた．その結果，通常のイネの染色体数24本に加えて野生種の染色体1本のみが付加されたモノソミック異種添加系統 (monosomic alien addition line, MAAL) が育成された (5.3節)．

　トビイロウンカ抵抗性遺伝子の導入に当たっては栽培イネとトビロウンカ抵抗性の野生イネ (*O. australiensis,* $2n = 24$, EE) との間の F_1 を作り，これに対して栽培イネを二回戻し交雑し，その後四世代自殖させた集団を得た．B_2F_3 世代から耐虫性検定網室の中で耐虫性に関する選抜を同時に開始した結果，B_2F_4 世代において興味深い事実が明らかになった．すなわち，栽培イネ (IR31917-45-3-2) にトビイロウンカ抵抗性 *O. australiensis* を交雑し，育種された耐虫性系統は細胞遺伝学的検討により正常な数の染色体を有することが明らかとなり，かつ三つのバイオタイプ (biotype) のトビイロ

ウンカに対する抵抗性遺伝子 *BPH* を有していた．第12染色体上の分子マーカー（RG457, Tanksley *et al.* 1992）を用いた検定から *BPH* は分子マーカーから 1.29 cM の距離にあることが明らかとなった（Ishii *et al.* 1994）．野生種のもつ特異的な反復配列を用いた FISH 法やその他の分子マーカーによる検討から 1 本の野生種染色体全体あるいは大きな断片が置換されたのではなく，ごく小さな染色体断片がイネ第12染色体に挿入されていることが明らかとなった．すなわち野生種と栽培種の染色体間で対合が生じ，乗換えが生じたと考えられる．ただし，栽培種である *O. sativa* (AA) と用いた野生種 *O. australiensis* (EE) とではゲノムが異なり，一般的には減数分裂時での染色体の対合が認められないため，どのような機構でこうした乗換えが生じたのかは不明である．ゲノムの異なる種間での染色体に乗換えが生じることは良く知られており，栽培種と *O. australiensis* の F_1 の減数分裂において 0〜8個の二価染色体が見られ，栽培種の戻し交雑後代にいくつかの遺伝形質が後者より前者に導入されたとの報告がある（Multani *et al.* 1994）．

そこで GISH 法を用いてイネ栽培種（*O. sativa*, $2n = 24$, AA）と野生種（*O. australiensis*）の二つの両親種とその間の F_1 および栽培種を戻し交雑して得られた B_1F_1, B_2F_1 の染色体構成が調査された．その結果，F_1 で50％を占めると予測された栽培種の遺伝（DNA）量は，実際に栽培種および野生種の染色体が 12 本ずつ検出され裏付けられた．一方 B_1F_1 および B_2F_1 においては野生種の染色体がそれぞれ 13 本ずつ検出されることも明らかになった．すなわち栽培種を戻し交雑するたびに野生種の核内

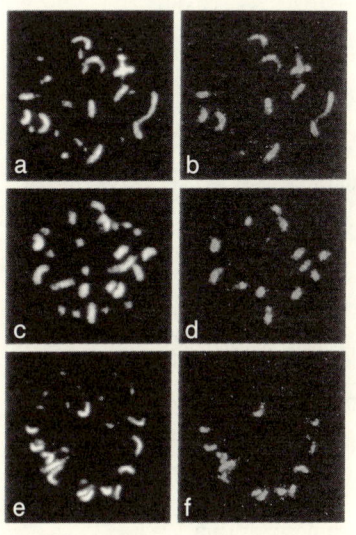

図 9.4 *O. sativa* × *O. australiensis* の F_1 (a,b) および B_1F_1 (c,d), B_2F_1 (e,f) における染色体の挙動 b,d,f は GISH で検出した *O. australiensis* 染色体（Uozu 1998）

DNA量は半分ずつ減少すると統計的に予測された結果とは異なって，図9.4に示すように B_2F_1 世代においても野生種の染色体は失われることなく F_1 世代より増加して維持されることが明らかとなった (Uozu 1998)．こうした事実は種属間交雑では，戻し交雑により野生種のDNAはケーキを切り分けるように減少するのみではないことを示している．すなわち核内DNAの後代への伝達は染色体という構造体に組込まれていることから，染色体を単位としてなされること．したがっての世代間の核内DNAの変化は染色体の行動様式を考えに入れて把握することが必要であることを示している．

(2) パンコムギの赤さび病抵抗性育種

Sears (1956) は赤さび病抵抗性を *Aegilops umbellulata* ($2n = 14$, UU) からコムギに移すことを考えた．そして野生種である *Ae. umbellulata* の核DNAをなるべく限定して抵抗性を有するごく限られた部分のみを移すことに成功した (図9.5)．

Ae. umbellutata は赤さび病に抵抗性であるが，コムギとの交雑は困難である．ところが四倍性の野生種である *T. dicoccoides* ($2n = 28$, AABB) とは交雑が可能であり，かつ得られた複二倍体 (AABBUU) は赤さび病に高度に抵抗性であるだけでなく，パンコムギと容易に交雑可能であった．そこで *T. dicoccoides* を橋渡し植物 (bridging plant) として赤さび病に対しては感受性であるパンコムギの一品種 Chinese Spring に交雑した．Chinese Spring と複二倍体の F_1 は雌性，雄性とも受精能力

```
T. dicoccoides × Ae. umbellulata
   AABB              UU
          ↓
         ABU
          ⇓
 AABBDD × AABBUU
T. aestivum
          ↓
  AABBUD × AABBDD
          ↓
       AABBDD+1(u)
          ↓
X-ray ⇝ AABBDD+iso(u)
          ↓
        AABBDD
```

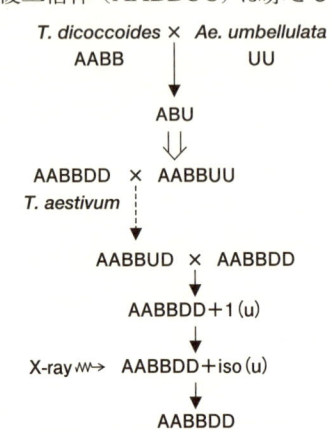

図9.5　橋渡し交雑と赤さび病抵抗性育種の経過
(Sears 1956, *Brookhaven Symp Biol* 92 : 1 – 22 に基づき渡辺作図)

を有する．そこでこの F_1 を花粉親に用いて Chinese Spring に交雑し，赤さび病の菌系9，15の混合接種を行い $20_{II}+3_I$ を示す抵抗性の個体を2個体得た．3本の一価染色体の内2本は *Ae. umbellulata* 由来，1本はDゲノム由来であることを確認するとともに，これら個体の内一つを花粉親に用いて Chinese Spring に戻し交雑をした．その結果，抵抗性の5個体を得たが，その内1個体は $21_{II}+1_I$ を示し，1本の一価染色体は *Ae. umbellulata* 由来のものであった．そこでこの抵抗性遺伝子は *Ae. umbellulata* 染色体に座乗していると結論した．さらにこの個体から次代を育て，赤さび病の菌系9，15ともに抵抗性のものを30個体選抜した．これら個体を細胞学的に分析したところ1対の *Ae. umbellulata* 染色体をもつものが28個体，1本もつものが1個体，残りの1個体はこの *Ae. umbellulata* 染色体の長腕のみからなる等腕染色体を1本もっていることが判明した．

ここで，等腕染色体をもつ個体の減数分裂時に13～31GyのX線照射を行った．処理個体の花粉を Chinese Spring に交雑し，得られた種子に菌系9を接種して抵抗性の個体を見いだした．細胞学的な検討を行いこの内42本の染色体を有しかつ赤さび病に高度の抵抗性がある個体を発見した．すなわち *Ae. umbellulata* の赤さび病抵抗遺伝子を含むごく限られた領域だけが放射線処理によって Chinese Spring の染色体に移行したわけである．この系統は後に Transfer と命名された．その後同様の試みが数多くなされ，カモジグサ，ライムギなどから病害抵抗性遺伝子が導入されている．

(3) パンコムギ5B染色体の利用

種属間交雑で雑種を得たとしても異なるゲノム間においては減数分裂において染色体の対合が生じないことから，乗換えの結果としての遺伝子の再組合せを利用できないことになる．ところがパンコムギにおいて5B染色体長腕に同祖染色体の対合を制御している遺伝子が見つかり *Ph* 遺伝子（*Ph gene*）と命名された（8.2.5項）．パンコムギにおいては起源を同じくする染色体を同祖染色体といい，A，BおよびDゲノムのそれぞれのゲノムごとに7種類2本づつ，すなわち1～7までの同祖群においてそれぞれ6本ずつの同

祖染色体を有することになる．ところが二倍体化（diploidization）により通常はパンコムギにおいてA，B，Dゲノムの同祖染色体間での対合は抑制され，減数分裂時に二価染色体が作られている．ところが Ph 遺伝子が座乗する5B染色体を欠如すると，同祖染色体間に対合が生じ，多価染色体が形成される．その結果，パンコムギと $Aegilops$ 属あるいはライムギとの雑種の両親種の同祖染色体が対合し，乗換えが行われ，遺伝子の組換えが生じるため，今までに期待できなかった遺伝子導入が可能となる．

図9.6に示すものは $Ae.\ comosa$ ($2n = 14$, MM) から黄さび病抵抗性遺伝子を導入するために用いられた方法である．まずパンコムギ（$T.\ aestivum$）× $Ae.\ comosa$ の F_1 にパンコムギを数回戻し交雑を行い，黄さび病抵抗性に

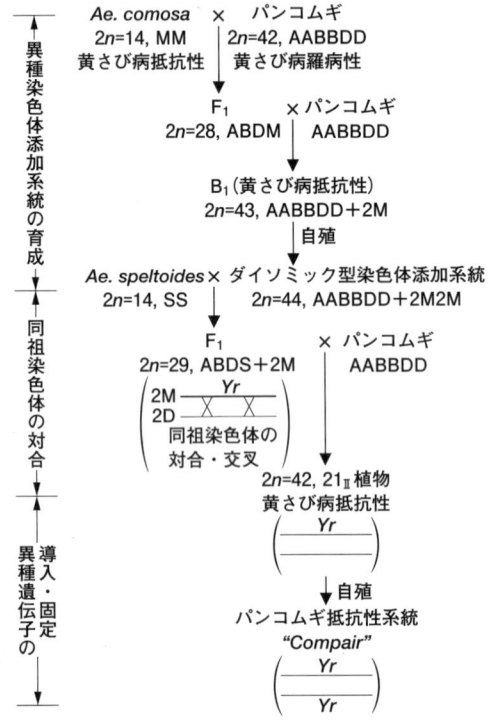

```
異種染色体添加系統の育成          Ae. comosa     ×   パンコムギ
    ↑                        2n=14, MM          2n=42, AABBDD
    │                        黄さび病抵抗性      黄さび病罹病性
    │                                    ↓
    │                                   F_1       × パンコムギ
    │                              2n=28, ABDM       AABBDD
    ↓                                    ↓
    ↑                          B_1 (黄さび病抵抗性)
同祖染色体の対合                 2n=43, AABBDD＋2M
    │                                    ↓ 自殖
    │                        Ae. speltoides × ダイソミック型染色体添加系統
    │                        2n=14, SS           2n=44, AABBDD＋2M2M
    ↓                                    ↓
    ↑                                   F_1       × パンコムギ
導入・固定                     2n=29, ABDS＋2M      AABBDD
異種遺伝子の                    ⎛ 2M ── Yr ⎞
    │                          ⎝ 2D ──×── ⎠
    │                          同祖染色体の
    │                           対合・交叉
    │                                    ↓
    ↓                         2n=42, 21_II 植物
                                黄さび病抵抗性
                                ⎛ ── Yr ── ⎞
                                ⎝ ─────── ⎠
                                     ↓ 自殖
                                パンコムギ抵抗性系統
                                   "Compair"
                                ⎛ ── Yr ── ⎞
                                ⎝ ── Yr ── ⎠
```

図9.6 $Ae.\ comosa$ の黄さび病抵抗性遺伝子（Yr）をパンコムギに導入するために用いられた方法
（常脇 1977, 細胞工学, 角田ら著, 植物育種学, 文永堂）

ついて選抜をする．そして黄さび病抵抗性遺伝子が座乗する2M染色体を1本のみ添加した$2n = 43$のMAALを得る．これを自殖させ，2M染色体を対で有する系統（$2n = 44, 22_{II}$）を選び，パンコムギの染色体と*Ae. comosa*由来の染色体との対合を促進し，パンコムギの第2同祖群に所属する同祖染色体上に*Ae. comosa*の2M染色体上の抵抗性遺伝子を移すため，*Ae. speltoides*を交雑した．*Ae. speltoides*には5B染色体上の*Ph*遺伝子の働きを抑制する遺伝子*Ph^I*があり，これにより*Ae. speltoides*との雑種は同祖染色体間で対合とそれに続く乗換えが生じる．このようにして*Ae. comosa*の2M染色体を対で有する系統と*Ae. speltoides*のF_1（$2n = 29$）にコムギを数回戻し交雑をすると同時に黄さび病に関して抵抗性のものの選抜を重ねた．その結果，黄さび病に抵抗性で，しかも減数分裂時には21の二価染色体を示すパンコムギが育種され，Compairと命名された．

現在では*Ph^I*遺伝子をパンコムギに導入した系統が育成され，異種植物遺伝子を導入する際に用いられている（Chen *et al*. 1994）．

3．細胞融合法による種属間雑種の作出

細胞融合法による種属間雑種の作出と有用遺伝子の導入も多く試みられている．プロトプラストの作製には当初カタツムリの消化液により細胞壁を消化する方法が用いられたが（2.5.2項），Cocking（1960）が木材腐朽菌（*Myrothecium verrucaria*）から分離したセルラーゼを用い，トマト根端細胞からプロトプラストを分離することに成功して以来，酵素を用いる方法が一般的となった．プロトプラストからの植物体の再分化はTakebe *et al*.（1971）がタバコで初めて成功した．一細胞が植物個体全体を再生する遺伝情報をもつことすなわち植物細胞の全能性（totipotency）はVasil and Hildebrandt（1965）により示されていたが，プロトプラストからの再分化が成功したことにより全能性を容易に利用することが可能となった．全能性という用語については意味をより明瞭にした分化全能性（大澤1996）や全形成能という用語も提案されている（鵜飼 2003）．

その後 Carlson et al.(1972) によるタバコの種間雑種, さらには Melchers et al.(1978) によるトマトとジャガイモのプロトプラストを用いた細胞融合 (cell fusion) により, 再分化個体 (regenerated plant) ポマトが獲得された. 細胞融合による雑種を体細胞雑種 (somatic hybrid) とよび, 現在ではナス科の植物に加えてニンジン, レタス, イネ, オレンジ, ハクサイ, メロンなど70種を越える体細胞雑種が作られている. 図9.7にはその内オレンジとカラタチの体細胞雑種オレタチを示す. オレタチの葉は上位形質である3出葉をカラタチと同様に示している. 細胞融合において両親のプロトプラストが1対1で融合し, 両親の核内全ゲノムと細胞質が等しく雑種形成にあずかる場合を対称融合 (symmetric fusion), 片方のプロトプラストを放射線などで処理をして, 一部の核ゲノムが雑種形成に関与する場合を非対称融合 (asymmetric fusion) という. 後者は遠縁の植物間で一部の有用形質を導入する場合に有効な方法である. 核を不活性化し, 細胞質のみを融合させたものを細胞質雑種 (cytoplasmic hybrid, cybrid) という. プロトプラストの

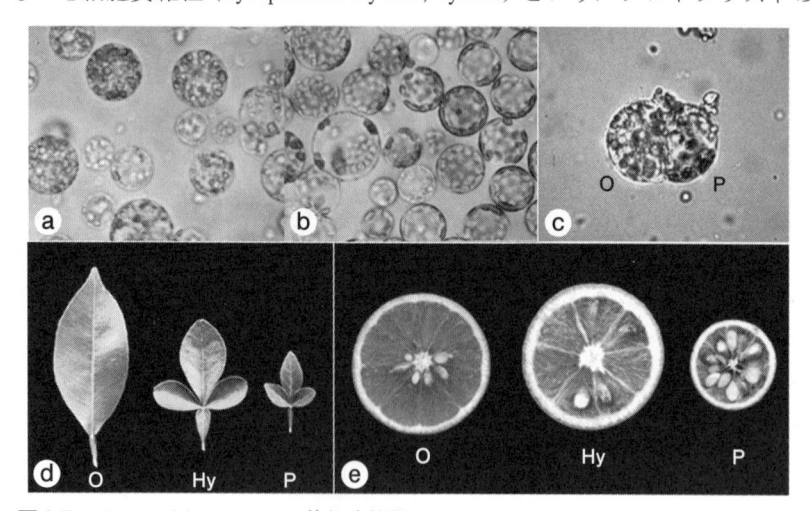

図9.7 オレンジとカラタチの体細胞雑種「オレタチ」
a) オレンジのプロトプラスト. b) カラタチのプロトプラスト. c) オレンジ (O) とカラタチ (P) のプロトプラストの細胞融合. d) オレンジ (O), 体細胞雑種 (Hy) およびカラタチ (P) の葉. e) オレンジ (O), 体細胞雑種 (Hy) およびカラタチ (P) の果実. (小林原図)

融合にはポリエチレングリコールを用いた化学的な方法に加えて電気融合法（electrofusion）があり，細胞融合自体は容易である．日本ではレッドキャベツ（*B. oleracea*）＋ハクサイ（*B. rapa*）の体細胞雑種からバイオハクランが，またカナダでは *N. tabacum* ＋ *N. rustica* に由来する体細胞雑種からタバコ品種，Delfield が育種されている．

(1) 対称融合法

ポマトやオレタチは対称融合の例であり，両親の形質をいずれも等価で有する雑種を得たい場合に用いる方法である．また対称融合の場合は雑種において両親の核ゲノムが等しく関係するだけでなく，細胞質も等しく体細胞雑種に取り込まれる．したがって厳密な意味では体細胞交雑（somatic hybridization）は既存の交雑と同じ結果をもたらすものとはいえない．交雑を表す記号も通常の×ではなく＋を用いる．×の場合は記号の左に母本，右に父本をおくが，＋の場合にはその区別は無い．雑種細胞における両親由来の核および細胞質の変化についても多くの研究がある．図9.8にしたがってまず核について見ると，細胞融合直後には両親の核が別個に存在している状態がある．細胞中に2個の核が存在する雑種細胞をヘテロカリオン（heterokaryon, heterocaryon）とよぶ．同じ親からの二つの細胞に由来する核が存在する細胞はホモカリオン（homokaryon, homocaryon）とよぶ．これらの二つの核はやがて融合し，一つの核となる．この現象をカリオガミィ（karyogamy）という．ヘテロカリオンであった核はその際にどちらかの染色体が新しい核の形成にあずかれずに脱落することがしばしば観察される．ただし一方の染色体が完全に脱落した場合でも染色体の断片が転座していたり，遺伝子レベルでは組換えが生じていたりすることがある．これは体細胞レベルでの染色体乗換え，すなわち体細胞組換え（somatic recombination）が生じたことを示しているが，その機構は未だ不明である．

細胞小器官についてみると，通常の交雑とは異なり葉緑体やミトコンドリアは当初，均等に二つの細胞から供給されヘテロプラズモン（heteroplasmon）とよばれる状態となる．しかしながら雑種細胞が細胞分裂をする

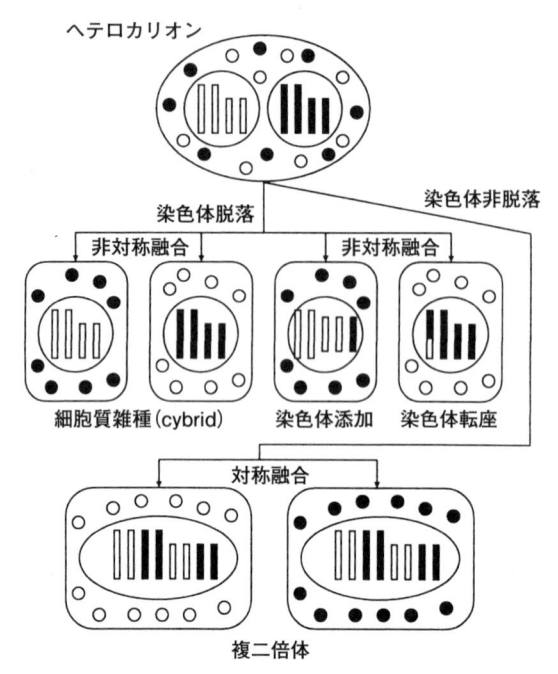

図9.8 細胞融合における核と細胞質の変遷
●,○はそれぞれの親細胞に由来する細胞小器官.(鵜飼 2003,植物育種学,東大出版会)

間にどちらかの親のものに統一される.したがって組合せとしては両親の核ゲノムが全て揃った核からいずれかが完全に脱落したものまで染色体組織の異なる種々の核に,どちらか一方の親由来のミトコンドリアあるいは葉緑体が組合されることとなる.しかもミトコンドリアの場合は両親のミトコンドリアDNAが組換えられたものが生じるので体細胞雑種の遺伝組成はきわめて変化に富むものとなる.

(2)非対称融合法

以上述べてきた対称融合とは異なり,当初から片親の核ゲノムの,しかもその一部のみを細胞融合法により導入する方法が非対称融合法である.そのためには目的とする形質を有する細胞に前もって放射線処理を行って

染色体を切断したものを用いる．これにより，供与親（donor）の染色体を断片として導入することが可能となる．すなわちプロトプラストを染色体断片の運び手（vector）として使うというものである．500 Gy の X 線処理をしたイタリアンライグラスとトールフェスクとの細胞融合では 80％以上のイタリアンライグラスの染色体が脱落したとの報告がある（Spangenberg *et al.* 1995）この場合，染色体のどの部分がどの程度の大きさで切断されるかについては制御できないため，必ずしも目的の部分が受入親（recipient）に導入されるとは限らない．したがって動物細胞でよく用いられる脂質二重膜を備えたリポソーム（liposome）などの人工的な小胞あるいは小さなビーズに目的とする染色体あるいは遺伝子を取り込ませて受入親に導入させることが検討されている（Liu *et al.* 2003,2004）.

非対称融合の一例として核ゲノムを対象とせず，細胞質のみを対象とするものがある．これはたとえば細胞質雄性不稔系統（cytoplasmic male sterility line, CMS line）の細胞質を別の細胞に移行させる場合に有効である．通常はミトコンドリア DNA が原因である細胞質雄性不稔性を他の系統に導入するために何代にもわたる戻し交雑が必要といわれている．しかし図9.9に示すように細胞質の供与親に高

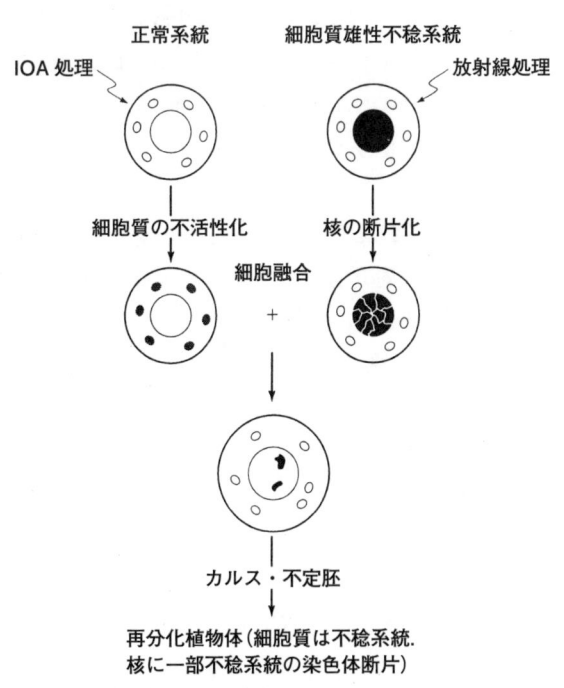

図9.9　細胞質雑種の作成法
IOAはヨードアセトアミド．（福井1997, 植物の遺伝と育種, 米澤ら著, 朝倉書店, pp.108 − 162. 一部改変）

線量の放射線を照射して染色体を断片化しておき，一方で核の供与親に関してはタンパク質の化学的修飾剤であるヨードアセトアミド（iodoacetamide, IOA）処理により細胞質を不活性化しておく．これにより両者が融合した際に細胞質が置換された細胞質雑種が直ちに得られる．現在では遠縁の親どうしの細胞融合において非対称細胞融合法が広く用いられている．

4．形質転換法による異種遺伝子の導入

　形質転換法（transformation）は，J. S. Schell および M. van Montagu らの研究により，土壌細菌であるアグロバクテリウム（*Agrobacterium tumefacience*）がもつTiプラスミド（Ti plasmid）を用いてタバコの形質転換に成功したことで実質的に始まる（Zambryski *et al.* 1983）．形質転換法は目的とする外来遺伝子を準備することから始まり，最終的にそれを核DNAあるいはオルガネラDNA中に保持する形質転換体（transgenic plant）を得て完了する．どの遺伝子が目的とする機能を細胞や個体の中で発現するかを決め，塩基配列を一部でも決定することができればその配列をプローブDNA（probe DNA），としてcDNAライブラリー（cDNA library）の中から目的とするクローンを選抜する．得られた遺伝子の上流側（5'側）に適当なプロモータ（promoter），下流側（3'側）にターミネータ（terminator）をつけて，転写の開始と終了を制御する．こうして実際に働く遺伝子をプラスミド（plasmid）とよばれる細菌がもつ環状の2本鎖DNAに制限酵素（restriction enzyme）とリガーゼ（ligase）を用いて組換える．この組換えプラスミドを用いて細菌を形質転換し，増殖したプラスミドを回収する．

　また別の生物で目的とする遺伝子の塩基配列が知られていれば，いくつかの配列を比較することにより20塩基程度のDNA分子，プライマー（primer）を設計，合成してPCR（polymerase chain reaction）法により核DNAから直接，当該遺伝子を大量に増幅することも可能である．

　増幅した遺伝子を，植物に感染するアグロバクテリウムがもつTiプラスミド中の約10％を占める植物の核に移行する領域，T-DNA中に組込む．

4. 形質転換法による異種遺伝子の導入 (193)

目的の遺伝子を有するアグロバクテリウムを植物体に感染させると，T-DNAが植物細胞の核に移行し，目的とする遺伝子が組込まれる．その際に

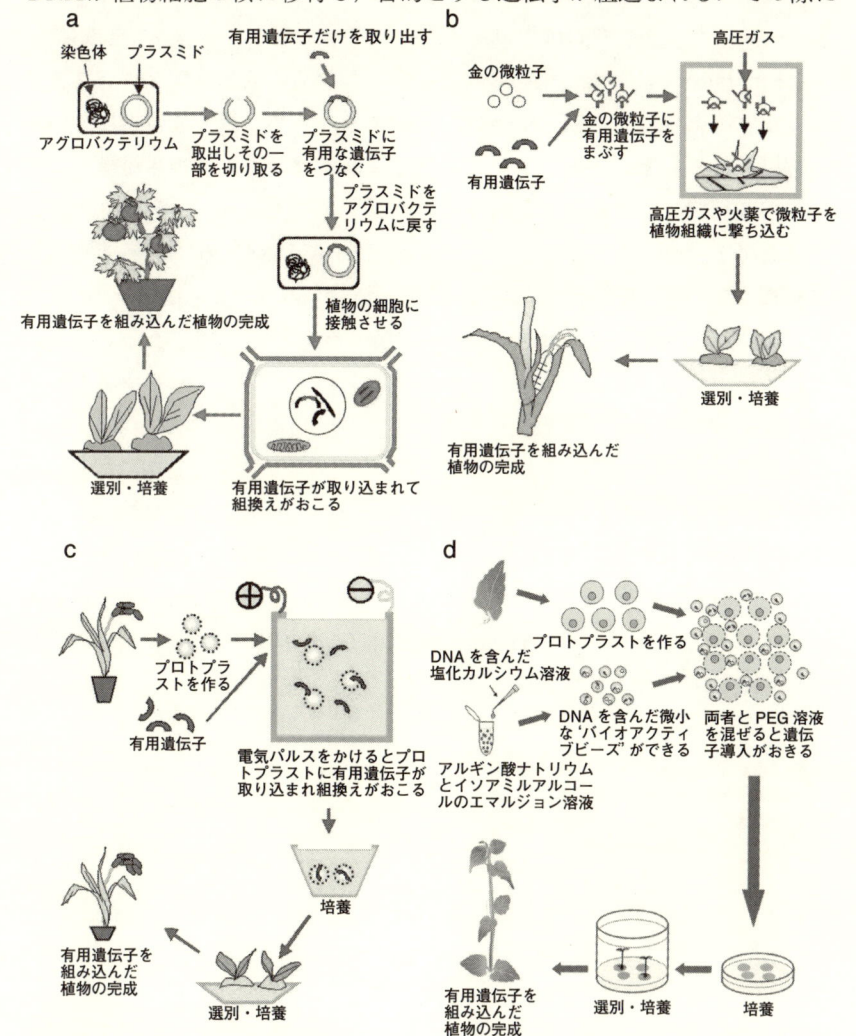

図9.10 代表的な植物形質転換法
a) アグロバクテリウム法. b) パーティクルガン（遺伝子銃）法. c) エレクトロポレーション法. d) バイオアクティブビーズ法.(a-c：バイテクコミュニケーションハウス, http：//www.biotech－house.jp/glossary/, 社団法人　農林水産先端技術産業振興センター, d：福井原図)

は本来のT-DNAがもつ腫瘍形成遺伝子などは取り除いておく．

　こうした生物学的な方法ではなく，物理的に遺伝子を導入する方法としてパーティクルガン（particle gun）法やエレクトロポレーション（電気穿孔，electroporation）法などが用いられている．これらの方法はアグロバクテリウムが本来果樹などの双子葉植物に感染することから単子葉植物については感染しにくいという欠点がなく，とくに前者は種子，植物体組織，カルスなど利用対象も広範囲にわたるという長所を有する．パーティクルガン法は直径1 μm程度の金やタングステンの粒子にDNA分子をからませ，そのままガスの圧力を利用して対象物に撃ち込むものである．遺伝子銃（gene gun）ともいわれ，固定したものから手に持てるものまでが開発されている．

　エレクトロポレーション法は小さなチャンバー中にプロトプラストとプラスミド中に組込んだ遺伝子を懸濁しておき，高電圧の直流パルスを用いて細胞膜に瞬間的に細孔をあけた際にプラスミドDNAを細胞中に取り込ませる方法である．また0.5Mbp程度にもなる巨大DNAの形質転換法としてアルギン酸カルシウムの微小ビーズ中にDNAを包摂して動，植物細胞へDNAを移行させるバイオアクティブビーズ（bio-active beads）法が開発されている（Sone *et al.* 2002, Higashi *et al.* 2004）．図9.10によく用いられている形質転換法について示す．

10章 ゲノム・染色体研究における手法

1. ゲノム・染色体解析法

(1) 種々の顕微鏡技術

　細胞遺伝学の歴史は顕微鏡の発達と深くかかわっている．ここでは細胞や染色体の観察さらには定量に用いられる顕微鏡技術（microscopy）および可視化法（visualization method）について述べる．実際の染色体標本作製法および観察法については実験書が出ているのでそれらを参照されたい[22]．

1) 光学顕微鏡観察法（optical microscopy）

　光学顕微鏡の発明は17世紀に遡り，顕微鏡を用いて原生動物，血球，精子が観察されている．生物の観察がより一般的に行われるようになったのは17世紀後半である．現在では種々の光学理論に基づき新しい顕微鏡が開発されている．図10.1に各種顕微鏡で見た染色体の画像を示す．

　(i) 明視野検鏡法（bright-field microscopy）：最も一般的な検鏡法である．顕微鏡で見分けられる2点間の最小の間隔を分解能（resolution）といい，肉眼の分解能は約100 μmである．顕微鏡の分解能は，対物レンズ（objective lens）の開口数（numerical aperture, N.A., $N.A.=n \times sin(\theta/2)$；nは被験体と対物レンズとの間にある媒質の屈折率，θは対物レンズの開角）と用いる光の波長（wave length）によって決まる．すなわち以下のアッベの式（Abbe's formula）で求めることができる．開口数はそれぞれの対物レンズ本体に記

---

[22] Fukui, K. and Nakayama, S., eds. (1996) Plant Chromosomes : Laboratory Methods, CRC Press, Boca Raton, FL, p.1-274. 福井希一・向井康比己・谷口研至編著 (2006) クロモソーム：染色体研究の方法，養賢堂，東京，p.1-274.

載されており，最小間隔を d，光の波長を λ，対物レンズの開口数を a とすると，レーザ光のような位相の揃った干渉性をもつコヒーレント光では $d = 0.77\lambda/a$，通常の光では $d = 0.61\lambda/a$ となる．したがって N.A. = 1.4 の対物レンズを用いる顕微鏡では，平均波長が540 nmの可視光線に関しては後者の式を適用し，0.24 μmの分解能となる．経験則として開口数の1,000倍程度の拡大倍率が適当とされている．これに従うと開口数が1.4の対物レンズで倍率が100倍のものであれば接眼レンズ（ocular lens）には15倍程度のものを用いて1,500倍程度で検鏡するのが適当である．

（ⅱ）位相差検鏡法（phase‒contrast microscopy）：肉眼は光の強度と色（波長）の違いのみを見分けるので，ほとんど透明な生きた細胞は見えないことになる．一方細胞の中では光が通過する場所によって，光の速度を変え得る領域がある．速度が変わることはすなわちその屈折率（index of refraction）の違いとなり，屈折角が異なってくる．たとえば，低い屈折率の細胞質と高い屈折率の核では，核を通過する方がより長い時間がかかる．すなわち，核を通過する光は細胞質を通過する光に較べて速度が遅くなり，細胞質を通過する光と位相がずれる．位相差顕微鏡像の各部での相対的な明るさは，細胞の各領域を通ってきた回折光と直接入射する背景光の二つの光が相互に干渉し，位相の変化がその程度に応じて明るさの違いになることにより決まる．すなわち人間の目には透明であるのに，屈折率の違いを利用して濃淡のコントラストをつけ，それにより対象

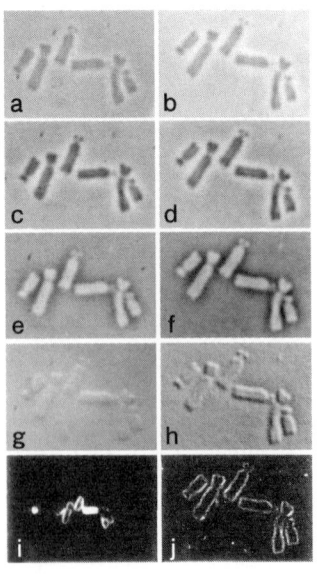

図10.1　種々の検鏡法によるクレピス染色体像
a）位相差DL像．c）位相差DM像．e）位相差BM像．g）微分干渉像．i）暗視野像．b, d, f, h, j）画像解析法によるシミュレーション像（Fukui and Kamisugi 1991, In : *Computer Aided Innovation of New Materials*, Doyama *et al.* eds., Elsevier）

物を可視化する方法である．この業績により Zernike は 1953 年にノーベル物理学賞を受賞した．

　（iii）微分干渉検鏡法（differential interference microscopy）：微分干渉顕微鏡は G. Nomarski により開発されたものである．微分干渉顕微鏡は直接光と回折光を完全に分離し，最大のコントラストを得るように設計された顕微鏡である．このため分解能が高く生物試料が立体的に浮き彫りになるように見える．したがって細胞分裂，原形質流動など細胞の種々の運動や構造が生きたまま容易に可視化できる．また最近はプラスチックのスライドなどを用いても従来のノマルスキー型と同様に微分干渉が可能なホフマン型の微分干渉顕微鏡が開発されている．

　（iv）蛍光検鏡法（fluorescence microscopy）：蛍光顕微鏡は紫外光や近紫外光などエネルギーの高い光で照射された特定の物質が光を吸収して得たエネルギーの一部をより長い波長の光として出す性質，すなわち自家蛍光（autofluorescence）を利用している．たとえば葉緑体にあるクロロフィルは赤，ミトコンドリア中のリボフラビンは黄色の蛍光を出す．自らは蛍光を出さない大部分の物質，たとえばタンパク質，核酸，炭水化物などについても蛍光色素（fluorochrome）と結合させて二次蛍光を得ることができる．表 10.1 に主な蛍光色素とその特性について示す．現在はヌクレオチド，抗体，核酸などを蛍光色素で標識し，細胞や組織内で相補的な塩基配列や抗原となるタンパク質の局在を可視化することができる．抗体，核酸を用いたこれら方法をそれぞれ，間接蛍光抗体（indirect immu-

表 10.1　主な蛍光色素とその特性

蛍光色素	励起波長 (nm)	発光波長 (nm)
7-AAD	546	648
Alexa Fluor488	498	522
Allophycocyanin	650	660
AMCA	345	489
AmCyan	458	443
Cy2	488	505
Cy3	552	565
Cy5	647	665
DAPI	360	443
DsRED	553	586
EGFP	484	510
EYFP	519	510
FITC	495	519
MethylCoumarin	360	450
PerCP	481	676
R-Phycoerythrin	497,565	575
Propidium Iodide	538	620
Rhodamine-123	507	528
Tetramethylrhodamine	554	582
Texas Red	595	612

nofluorescence）法および蛍光 in situ ハイブリダイゼーション（FISH）法と
よび，いずれも細胞遺伝学分野を含めて幅広い領域で用いられる有効な手
法である．加えて最近ではオワンクラゲなど海洋生物の有する蛍光タンパ
ク質を利用する方法が広く用いられている（米村ら 2004）．すなわちオワ
ンクラゲの緑色蛍光タンパク質（green fluorescent protein, GFP）の遺伝子を
目的とするタンパク質をコードする遺伝子の 5' 側（タンパク質の N 末端側）
あるいは 3' 側（C 末端側）に繋いだ融合遺伝子を目的とする細胞や植物体に
形質転換することにより，GFP が目的タンパク質と融合した融合タンパク
質が合成される．こうした融合タンパク質が発する蛍光を利用して目的と
するタンパク質の生細胞内での局在や動態を可視化することが出来る．

2）電子顕微鏡観察法

　光学顕微鏡の項で述べたように，顕微鏡の解像力は用いる電磁波の波長
の関数である．そこで可視光より波長の短い紫外線などを用いる顕微鏡も
開発されたが，可視光の代わりに波長のさらに短い電子線を用い，レンズ
の代わりに磁場を利用するものが電子顕微鏡（electron microscope）である．
電子顕微鏡には大きく分けて透過型電子顕微鏡（transmission electron
microscope, TEM）と走査型電子顕微鏡（scanning electron microscope,

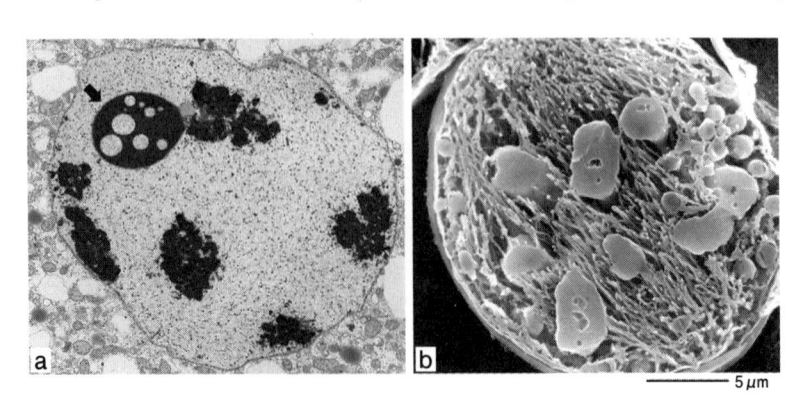

図 10.2 　染色体の電子顕微鏡写真
a）タカサゴユリ花粉母細胞の減数分裂移動期の TEM 像．電子密度が高い（暗い）
部分が染色体領域．左上矢印で示した部分は核小体．b）ムラサキツユクサ花粉母細
胞の減数第一分裂中期の SEM 像．（稲賀原図）

SEM) の2種類がある．

　TEM では，試料内における電子波の吸収や散乱などの程度により，試料を透過した電子波の電子密度が異なることを利用して，蛍光板やフィルム上でコントラストがついた像が作られる．電子の波長は電子の速度で決まり，加速電圧が 60 kV の時に電子波の波長は 0.005 nm となる．TEM の開口数は一般的には 0.01〜0.001 であり，分解能の限界は 0.3〜0.5 nm である．30〜40 kV の加速電圧を有するものは中高圧電子顕微鏡，100 kV 以上の加速電圧を有するものを超高圧電子顕微鏡という．電子の加速電圧が高いほど電子波の透過能は高くなるが電子波を通すために試料は薄く（超薄切片），乾燥している必要がある．一方ほとんど電子の散乱や吸収がない生体物質においては，単位面積当たりの原子の数と原子の密度によって規定される質量厚みを大きくすることが必要となる．そのために酢酸ウラニル（uranyl acetate）やクエン酸鉛など原子番号の大きい元素を用いた電子染色を行う．またオスミウム酸やタンニン酸を媒染剤として用いてコントラスを増強することもされる．図 10.2 a は酢酸ウラニルと酢酸鉛の二重染色によるタカサゴユリ花粉母細胞の減数分裂像である．矢印で示すように核小体の内部構造が明瞭に観察できる．

　SEM はごく細く絞った電子線束（電子プローブ）で試料の表面を走査し，出てくる二次電子，反射電子，X 線，カソード・ルミネッセンス，オージェ電子などの信号を検出して像を得るものである．したがって TEM とは異なり，物体の表面を観察するために主として利用される．分解能は電子線束の径により決定されるので，最近は従来の熱電子型の電子銃に替わってさらに電子線束を絞ることができる電界放射型の電子銃を用いた SEM が開発されている．出てくる信号のなかでは二次電子を利用するのが最も一般的である．二次電子は一次電子（入射電子）と試料中の原子との相互作用で励起され，放出される電子である．エネルギーが小さいため，試料表面のごく限られた領域のみから放出されることから，像のコントラストは表面の形状に左右される．したがって，SEM は対象物の表面構造を立体的に観察するのに適している．

試料は通常，臨界点乾燥法（critical-point drying）という水などの細胞中の溶媒を液体二酸化炭素に置換したうえで圧力をかけたまま二酸化炭素を気化させることにより，三次元構造を歪ませる表面張力を与えず乾燥させる方法が用いられる．試料は導電性であることが条件となるので，導電性の無い生物試料などでは金や白金原子あるいはオスミウムで表面をコーティングすることが必要となる．コーティングには前者ではイオンビームスパッタリング法，後者ではプラズマコーティング法がよく用いられ，現在ではオングストロームレベルでの厚さでコーティングが可能となっている．図10.2bはオスミウム酸とタンニン酸による導電染色をした後，表面と白金原子でコーティングしたムラサキツユクサ花粉母細胞の減数第一分裂中期の染色体像である．染色体のみならず紡錘糸の構造などが明瞭に観察できる．

3）走査型プローブ顕微鏡観察法

1981年に G. Binnig と H. Rohrer により従来の光学系を用いる顕微鏡とは全く原理を異にする顕微鏡，すなわち走査型トンネル顕微鏡（scanning tunneling microscope, STM）が開発された．走査型トンネル顕微鏡は微小な金属製の探針（probe）で導電性の試料の表面を操作し，探針と試料間のトンネル電流を計測して表面の形状を検出するものである．その後種々の探針が目的に応じて開発されたが，探針を用いて表面を走査して得た情報を可視化する点では同様である．したがってこうした一連の顕微鏡を走査型プローブ顕微鏡（scanning probe microscope, SPM）と一括してよぶ．現在最も一般的なものは1986年に Binnig らによって開発された非電導性の試料を観察できる原子間力顕微鏡（atomic force microscope, AFM）である．原子間力顕微鏡はカンチレバーとよばれる板バネの下部に窒化珪素やカーボンナノチューブなどを用いたきわめて鋭利な探針を付け，その探針の先端と試料表面の間に働く原子間力（引力または斥力）を検出し，その力が一定になるようにフィードバック制御しつつ操作することにより対象とする物体の表面構造を明らかにするものである．

図10.3に原子間力顕微鏡で見たプラスミドDNAおよびオオムギ染色体の像を示す．B型モデルによるDNA二重鎖の直径は2nmであるが，実際に測

定された DNA の高さは 1.7 nm であり，ほぼ正確な値が得られている．一方幅については 10 nm 程度とかなり過大評価されている．これは用いた探針の影響によるものであり，探針の一層の改良が待たれる．また板バネと探針の組合せの代わりに先端をきわめて先鋭化した光ファイバーを探針として用いる顕微鏡，走査型近接場光原子間力顕微鏡（scanning near-field optical atomic microscope, SNOAM）が開発されている．この顕微鏡は光の波長より開口径が小さい光ファイバーの中にレーザ光を導入し，先端部に発生するエバネッセント光を用いて蛍光標識した試料を励起して蛍光像の取得すること，および光ファイバー自身を探針とした原子間力顕微鏡による形状の把握を同時に行うものである．

4）三次元構造解析法

核や染色体は本来三次元的な構造をもつものであるが，解析法の制限に

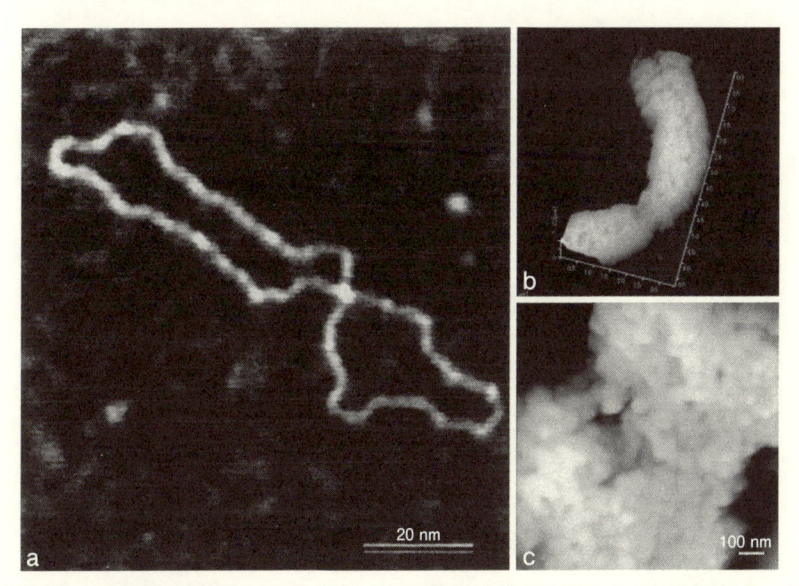

図 10.3 原子間力顕微鏡によるプラスミド DNA（a）およびオオムギ染色体（b, c）
(a ; Ushiki *et al.* 1996, *Arch Histol Cytol*, 59 : 421 − 431, b ; ⓒ International Society of Histology and Cyyology, Japan, Ohmido *et al.* 2005, *Cytologia* 70 : 101 − 108 ⓒ The Japan Mendel Society. それぞれ許可を得て転載）

より従来は二次元に展開した試料を用いて解析されてきた．1957年にM. Minskyは三次元画像構築が可能な新しい顕微鏡システムを提案した．それは光源となるレーザと受光部が試料の結像位置とその対称点におかれたものであり，共焦点顕微鏡（confocal microscope）と命名された．その仕組みは図10.4aに示すように受光部の直前にピンホールを開けた遮蔽板を置くことにより，焦点深度の浅い画像を得る，すなわち一定の焦点面以外の領域から出た蛍光を遮断するものである．その上でz軸方向に顕微鏡のステージを順次ずらすことにより焦点のあった面からの像のみを連続的に集め，それらをコンピュータ処理により，三次元画像に再構築する．通常は光源にコヒーレント光であるレーザ光を用いて解像力を上げている．

一方，レーザ光による蛍光色素の減衰を最小限に留めるために2光量子が同時に蛍光色素に当たった際にのみ蛍光色素が励起されるという2光量子型の三次元顕微鏡が開発されている．蛍光色素を励起するために通常行われている1光量子を用いるものに比較して2光量子型のものでは半分のエネルギーをもつ光量子を用いるため，レーザ光の波長も1光量子型のものより長く，レーザ光束が試料中を通過する際の光路における蛍光色素の減衰を抑えることができる．また2光子励起を行うに充分な光量子の密度は焦点のみで得られるため，z軸方向の情報が得られる．

一方，共焦点顕微鏡や2光子顕微鏡とは全く異なった三次元構造観察法として，図10.4bに示すデコンボリューション法（deconvolution method）がある．デコンボリューション法はあらかじめ，形状が既知であ

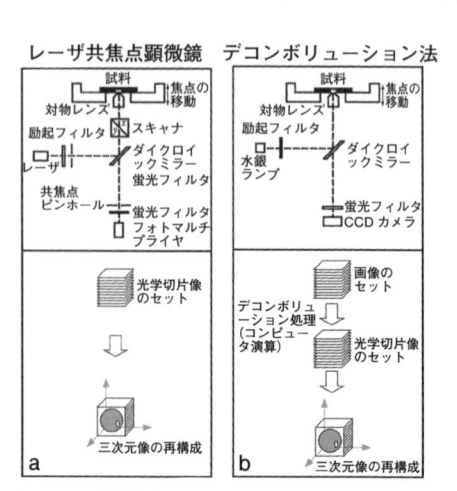

図10.4 共焦点顕微鏡（a）およびデコンボリューション法（b）の仕組み
（Wako *et al.* 1998, *Anal Chim Acta* 365：9－17, © Elsevier. 許可を得て一部改変）

る蛍光ビーズのような点光源から出た光が顕微鏡の光学系を通過した場合にどのように結像されるかを顕微鏡ステージのz軸を移動させて得た光学切片(optical section)を用いて実測する．次に実測された焦点面以外の情報を含む「ぼけた像」の情報および蛍光ビーズの形状が既知であることを利用して，元の蛍光ビーズ像を復元する三次元点像分布関数を求める．最後にこの点像分布関数を用いてコンピュータを用いた演算により三次元画像を構築するものである．ぼけた実際の像から元の像を点像分布関数を用いて求めることをデコンボリューションという．デコンボリューション法ではそのため光学系としては通常の蛍光顕微鏡が用いられる．

デコンボリューション法は既に1983年に多糸染色体を三次元的に観察する方法として報告があるが，波動光学的な三次元点像分布関数のデコンボ

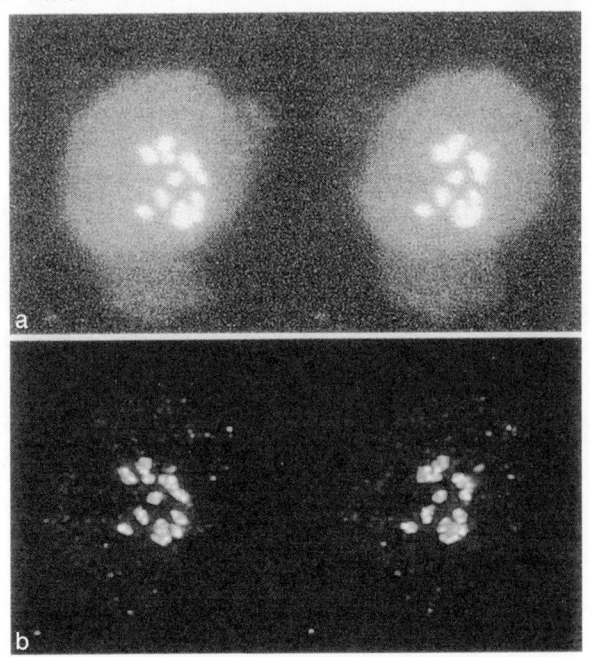

図10.5 オオムギ間期核におけるアセチル化ヒストンH4の分布域のステレオグラム a) 共焦点顕微鏡像．b) デコンボリューション像．（左目で左図，右目で右図を見るようにすると立体視できる）（Wako *et al*. 1998, *Anal Chim Acta* 365 : 9 − 17,© Elsevier. 許可を得て一部改変）

リューション,さらには三次元光学伝達関数の逆フィルタリングに多大の計算負荷がかかり,コンピュータの演算速度が飛躍的に増大した90年代以降実用化された.図10.5は共焦点レーザ走査顕微鏡とデコンボリューションシステムで解析したオオムギ間期核におけるヒストンH4の高アセチル化領域のステレオグラムである.デコンボリューション法における高い解像力が理解できる.

(2) 遺伝子,染色体,ゲノム解析

1) *in situ* ハイブリダイゼーション法

顕微鏡下で観察される染色体構造とDNAの分子交雑を可視化という斬新な切り口で結びつけた方法が *in situ* ハイブリダイゼーション法（*in situ* hybridization, ISH）である.ISH法は1960年にPardueとGallがラジオアイソトープで標識したリボソームRNAを細胞と直接分子交雑させ,マイクロオートラジオグラフィー法によりリボソームRNAの核小体における局在を証明したことに始まる.その後呈色反応も利用し,シグナル位置の検出精度が高められてきた（Leitch *et al.* 1994）.

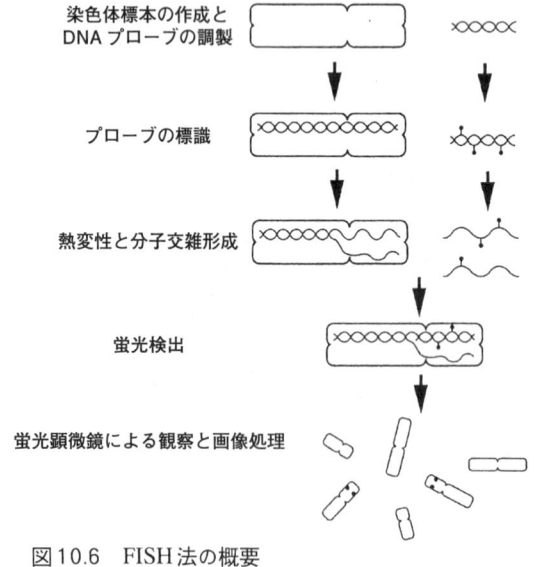

(i) 蛍光 *in situ* ハイブリダイゼーション法（FISH法）：分子交雑シグナルの検出に蛍光を用いた方法は蛍光 *in situ* ハイブリダイゼーション（fluorescence *in situ* hybridization, FISH）法とよばれる.蛍光標識したプローブDNA（probe DNA）を迅速に検出することが可能となり,特定のDNA配列を染色体

図10.6 FISH法の概要
（福井原図）

上に位置付け，それら配列の染色体上での位置や数の情報を容易に可視化できる（Mukai 1996, Schwarzacher and Heslop-Harrison 2000）．

　FISH法の概要を図10.6に示す．まず染色体DNAに相補的なRNAあるいはDNA分子をディゴキシゲニン（digoxygenin）などハプテン（hapten）とよばれる抗体との結合能を有する小分子あるいはビオチン（biotin）で標識したプローブとよぶ標識分子を用意する．ついでプローブを用いてスライドグラス上の染色体DNAと分子交雑させる．その後プローブ中のディゴキシゲニンに対して蛍光標識した抗体，あるいはビオチンに対して親和性の高い蛍光標識したアビジンを結合させて，プローブが分子交雑した染色体上の位置を可視化する．特定の遺伝子をプローブとして用いれば図10.7に示すように，遺伝子の染色体上での位置，コピー数などに関する情報を可視化（visualization）できる（Ohmido *at al.* 1998）．このことは同時に特定の染色体に蛍光標識をつけることも意味し，特定の染色体を識別・同定することもできる．

　プローブに反復配列（repeated sequence, repetitive sequence）を用いて染色体上の反復配列の分布を見ることもできる．ゲノムDNAより種々の反復配列をクローニングし，それらを異なった蛍光色素の組合せで標識し，テンサイでは染色体全長にわたる反復配列の分布が明らかにされた（Schmidt and Heslop-Harrison 1996）．

　(ii) 伸長DNA-FISH法：単離した核から取り出し，スライドグラス上に伸長したDNA分子（extended DNA fiber, EDF）に対してプローブを分子交雑させ，DNA分子上での遺伝子のコピー数，二つの遺伝子間の距離などを可視化することが可能となった．こうしたスライドグラス上に伸展したDNA分子に直接FISHを行う方法は植

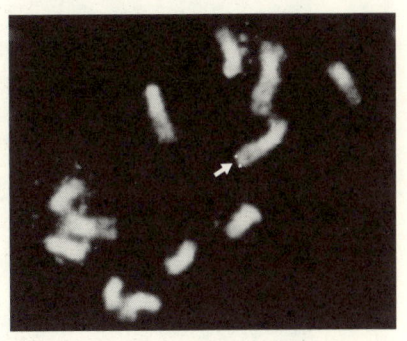

図10.7　FISH法によるイネ第2染色体上のDNA（BAC123, 180kb）位置の検出
（Nakamura *et al.* 1997, *Mol Gen Genet* 254：611 – 620, © Springer Science and Business Media.許可を得て転載）

物では Franzs et al. (1996) によってトマトで開発され，伸長 DNA FISH（extended DNA fiber FISH, EDF-FISH）法，省略してファイバー FISH 法とよばれている．この方法を用いて塩基配列を解読する方法では困難であった DNA 上で反復配列が占める領域を直読できるようになった．たとえばイネではインド型イネと日本型イネにおけるテロメアのコピー数の違いが直読されている（図10.8）（Ohmido et al. 2000）．本法により，近接する遺伝子間の距離を DNA ファイバー上で直接読み取ることも可能であり，ナタネの自家不和合性に関係する遺伝子間の距離が DNA 上で直読されている（Suzuki et al. 1999）．

その他の DNA を対象とした可視化技術としては，DNA 水溶液に漬けたガラス基板をゆっくりと持ち上げることにより，DNA 分子をくしの歯のように並行に付着させ，それに対して FISH 法を行う DNA コーミング（DNA combing）法（Michalet et al. 1997），またガラス基板に貼り付けたバクテリア人工染色体（BAC）に対して制限酵素処理を行い，蛍光色素で DNA を染色して制限サイト（restriction site）の位置を直読するオプティカルマッピング法（optical mapping）（Lin et al. 1999）など種々の新しい方法が考案され

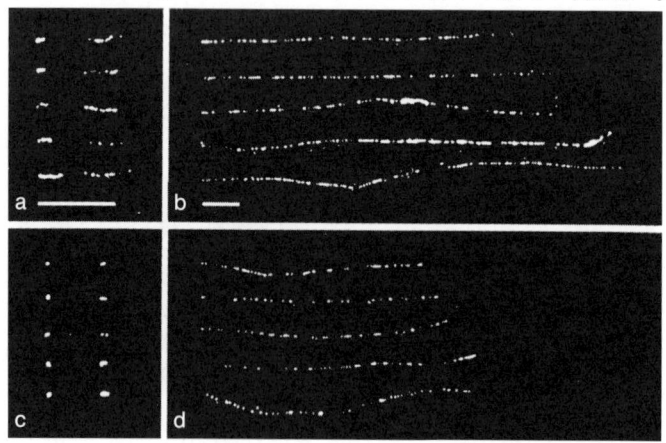

図10.8　伸長 DNA FISH 法によるイネ japonica（a, b）および indica（c, d）におけるテロメア（a, c）および 5S rDNA（b, d）長の違いの可視化
バーは 10 μm．(Ohmido et al. 2000, *Mol Gen Genet* 263, 388-394, ⓒ Springer Science and Business Media．許可を得て転載)

ている．また一塩基対の置換を検出する方法としてローリングサークル増幅法（rolling circle amplification method）がある．この方法はT_4，T_7ファージなどで知られているローリングサークル型のDNA複製法を利用して，一塩基置換が生じたDNAを鋳型として*in vitro*での大量のDNA複製を行い，複製されたDNAを検出するというものである（Zhong *et al.* 2001）．以上述べてきた方法に加えて任意のDNA塩基配列が対象となるDNA分子上にあるかないか，あるとすればどの位置にあるかを検出する方法も開発されている（Seong *et al.* 2000）．最後に述べた二つの方法は大きな可能性はあるものの，実用化のためにはさらに条件の検討が必要である．

2）**染色体の識別・同定法**

（i）分染法の利用：同様の形態を示し核型分析では染色体の識別・同定が困難であるL型染色体の場合は，染色体の分染法（banding method）により識別・同定が可能な場合がある．染色体上に濃淡の領域を染め出し，そのパターンにより染色体を識別・同定する方法，すなわち現在は分染法とよばれる手法は日本人研究者により初めて試みられたものである[23]．分染法ではC分染法（C-banding method）とN分染法（N-banding method）が一般的である．前者は染色体を水酸化バリウム水溶液などの弱いアルカリで処理するものであり（Gill and Kimber 1974, Tanaka and Taniguchi 1975, Endo 1986），後者は逆にリン酸などの弱い酸で処理する方法（Matsui and Sasaki 1973, Matsui 1974, Gerlach 1977, Singh and Tsuchiya 1982, Endo and Gill 1984）である．図10.9aにC分染したライムギ染色体を示す．両分染法により出現する濃染部，すなわちバンドは，たとえばオオムギ染色体を材料にした場合には動原体領域や染色体端部によく出現し，全体としてはよく似た分染像を示すが，詳細に見るとその位置は異なっている（Kakeda *et al.* 1989）．N分染法は核小体形成部位（NOR）を特異的に染色する分染法として開発されたものであり，単子葉植物に適用例が多い．その他にもNORを特異的に染色する銀染色法（silver staining），植物では報告例は少な

---

[23] Noriko Yamasaki (1955) Differentielle Farbung der somatischen Metaphasechromosomen von Cypripedium Debile I. Mitteilung. *Chromosoma* 7 : 620-626.

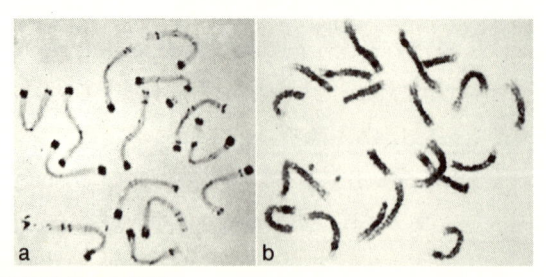

図10.9　植物染色体の分染像
a；ライムギのC分染像．b；トウモロコシのG分染像．(a；遠藤原図，b；Kakeda et al. 1990, Theor Appl Genet 80：265 − 272, © Springer Science and Business Media. 許可を得て転載)

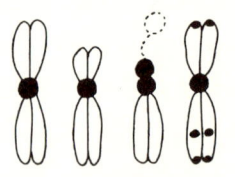

図10.10　凝縮型を生じた染色体の3つの類型
左よりⅠ型，Ⅱ型，Ⅲ型およびFUSCを示すⅠ型．(福井2006，クロモソーム　植物染色体研究の方法，養賢堂，pp.136 − 137)

いが，ギムザ染色により動物では詳細なバンドが得られるG分染法（G-banding method）（図10.9b）など種々の分染法が報告されている．ただし動物染色体の分染法として一般的なG，R，Q分染法は植物にはほとんど適用できない（Wang and Kao 1988, Kakeda et al. 1990）．この事実は動物と植物の間での染色体構造上の違いがあることを物語るものである（福井1989）．Greilhuber (1977) はその違いを植物染色体と動物染色体の凝縮の程度の違いであるとしたが，未だその詳細は不明である．

(ii) 凝縮型（condensation pattern）の利用：中期における凝縮により全長が1〜5μmとなるS型染色体の場合は前処理を省いて前中期の染色体を解析対象とする．染色体自体の出現頻度も少なくなるが，中期の染色体が識別・同定に不適なS型染色体では中期染色体を集積することは数を調べる目的以外にはあまり意味が無いといえる．明瞭な凝縮型が得られたら，目視によりそれらの染色体を図10.10に示すようにⅠ型（中部・次中部動原体型），Ⅱ型（次端部動原体型），Ⅲ型（端部動原体型）の三つの類型に分別する．その上で染色体長，腕比，小凝縮（FUSC）の有無，位置などを参考に全ての

染色体を識別・同定する（福井 2006）．イネ第11染色体は長腕上に2カ所の凝縮中心がある珍しい例である．B. rapa や B. oleracea に認められるように動原体近傍の凝縮部にリボソーム DNA のクラスターを有するものがあり，前者では長腕の動原体近傍に，後者では短腕の動原体近傍に座乗している．これにより動原体近傍の凝縮部に短腕側が大きい染色体と長腕側が大きいものとが生じる．図10.11に示すように，この2種からなる複二倍体である B. napus の中でそれぞれの染色体の由来を凝縮型により知ることができる（Fukui et al. 1998, Kamisugi et al. 1998）．種によってリボソーム遺伝子座が動原体をはさんだ両腕の特定の側に分れる理由はわかっていない．

画像解析法を用いて凝縮型の濃度分布プロファイルを染色分体の中軸線に沿って取ることにより，染色体の凝縮型をデジタル情報として得ることができ，凝縮中心の位置も定量的に決定することができる．画像解析して得られた数値情報を CP とよび，充分数の染色体から得た CP を平均したものを標準 CP（stCP）とよぶ．標準 CP に適当な濃度で域値を設けることにより，凝縮部と非凝縮部を区別することができる．また同様にして定量的な染色体地図を作成することが可能になる（福井 2006）．

3）ゲノムの識別・同定法

ゲノムの識別とは目的とするゲノムと他のゲノムとの異同を明らかにすることであり，ゲノムの同定とは当該ゲノムのゲノム式を明らかにするこ

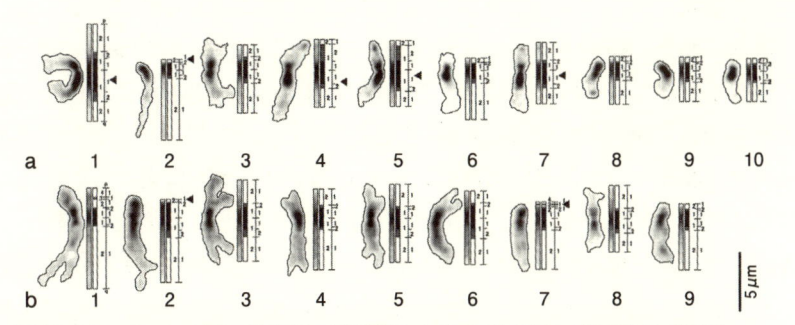

図10.11　ブラシカ属二倍体種の凝縮型および45S rDNA遺伝子座（矢尻）
a）B. rapa．b）B. oleracea．（Fukui et al. 1998, Theor Appl Genet 96：325－330, © Springer Science and Business Media. 許可を得て一部改変）

とである．

(i) ゲノム分析法：ゲノム構成を知りたい種とゲノム構成が既知の種を交雑し，減数分裂期における二価染色体の形成を調査することが一般に行われてきた．雑種の減数分裂時に全ての染色体が対合することなく一価染色体を形成すればこれら両種のゲノムは異なると考える．また二価染色体が形成されれば同じゲノムとみなす（3.2.1項）．こうした雑種植物の減数分裂時における染色体の造形像については村松（2006）に詳述されている．しかしゲノム分析法では関係する種やゲノムが増えるにつれ，それぞれのゲノム間の関係を明らかにするために数多くの交雑が必要となり，分析に要する時間と労力が飛躍的に増える．

(ii) ゲノミックサザン法：異なったゲノムをもつ種の染色体DNA間での塩基配列の違いに着目し，ゲノムDNAを用いたサザン解析によりゲノムの識別・同定が可能である．すなわち対象となる種の染色体DNAを標識し，ゲノムの異同を比較したい種の染色体DNAとフィルター上で分子交雑させる．2種の染色体DNAの塩基配列の類似の程度に対応した交雑シグナルが観察される．この方法は両種間の主として反復配列の異同を見るものとなる．この方法によりイネ属では新たにG, H, Jの3種のゲノムが交雑や核型分析をすることなく同定された（Aggarwal *et al.* 1997）．

(iii) GISH（genomic *in situ* nybridization）法：GISH法はゲノムDNAを標識して同じゲノムに所属する染色体に分子交雑させるものである．それによりこれら二種のゲノムの塩基配列が対象としたゲノムの塩基配列とどの程度類似しているかを推定することが可能である．GISH法を用いて染色体塗り分け（chromosome painting）を行うことにより，異ったゲノムを有する二つの属間あるいは種間雑種において両親ゲノムから由来する染色体を区別することが可能である．さらに自殖あるいは戻し交雑後代で次第に双方の染色体が非相同な乗換えあるいは転座により，入れ替わる状況を追跡することもできる．トマト（*Lycopersicon esculentum*）＋トマト近縁野生種（*Solanum lycopersicoides*）の体細胞雑種後代においては時を経ずして両者の染色体が一部ではあるが相互に入れ替わっている状況がGISH法により確

認されている（Escalante et al. 1998）（図10.12）．

ゲノムDNAを用いて，倍数体のゲノム構造（Wendel 2000, D'Hont 2005），異なったゲノムを有する野生種から導入された染色体の塗り分け（Leitch et al. 1991, Friebe et al. 1999, Garriga-Calderé et al. 1999, Kishii et al. 2004），遠縁交雑や細胞融合により作製された人為倍数体のゲノムごとの塗り分けも可能となる（Fukui et al. 1993, Shishido et al. 1998, Mizukami et al. 1998）．GISH法によりそれまでは交雑による雑種の獲得が困難であったことからゲノム構成を知ることのできなかった種々の植物のゲノム構成を明らかにする基本的な条件が整ったといえる．

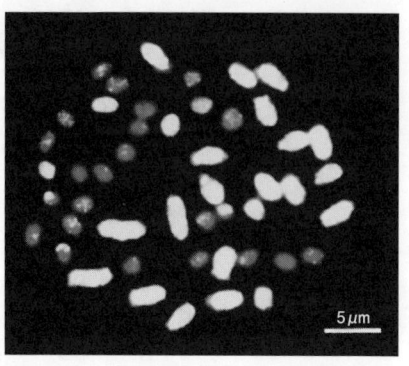

図10.12 GISH法による体細胞雑種（トマト＋トマト近縁種）における染色体の塗り分け
明るく見える染色体がトマト近縁種由来の染色体．（Escalante et al. 1998, *Theor Appl Genet* 96：719-726, ⓒ Springer Science and Business Media. 許可を得て転載）

2．染色体操作法

（1）染色体ソーティング法

染色体ソーティング（chromosome sorting）はフローソーター（flow-sorter）を用いて行われる．図10.13にその概略を示す．フローソーターは染色体を懸濁した緩衝液をジェット水流にて，振動する細いノズルから流下させる．ノズルの出口を細かく振動させることにより，水流が水滴に変えられる．これら個々の液滴中に蛍光染色された染色体や核が含まれると，レーザ光を用いて液滴ごとにDNA量が測定される．波長の異なった複数のレーザを用いることにより，異った蛍光色の強度を同時に測定することも

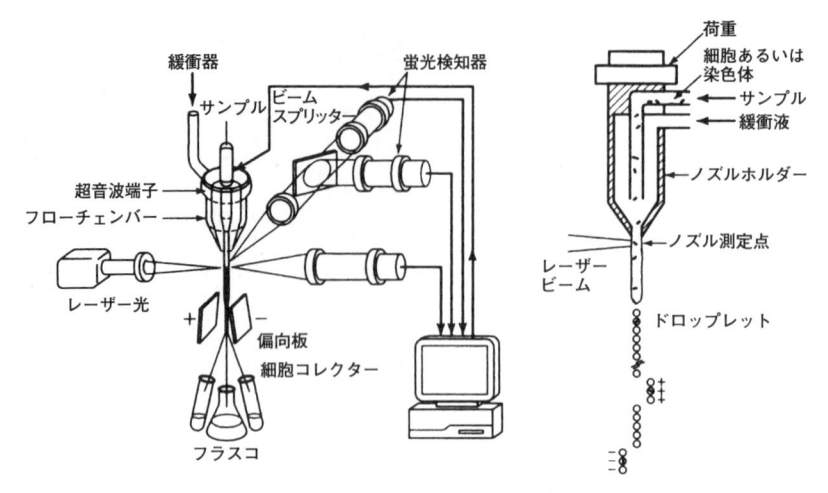

図10.13　フローソーティングの原理
(熊谷 1993, 遺伝子組換え実用化技術第4集, サイエンスフォーラム, pp. 323-332. 一部改変)

可能である．その蛍光強度に基づき，液滴を荷電無し，プラスあるいはマイナスに帯電させ，それらの液滴を荷電状態の違いによって偏向板を用いて分別・回収するものである．染色体や核を分別，回収せず，DNA量のみを測定することも可能であり，多くの植物の核DNA量が定量されている．この方法をフローサイトメトリ (flow-cytometry) という．

　図10.14にコムギおよび近縁種の染色体のフローサイトメトリの結果を示す．染色体それぞれがDNA量に応じて分別されていることがピークによってわかる．個々の染色体が分別できると，染色体特異的DNAライブラリ (chromosome specific DNA library) や, 染色体移植 (chromosome transplanting) のために特定染色体を収集するなどの新しい利用分野が広がることとなる．染色体を大量に分離するためには細胞周期を同調させて中期に停止させ，中期染色体を大量に集める必要がある．現在では細胞周期を G_1 期で停止させるアフィディコリン，ヒドロキシウレアさらにはM期で停止させるコルヒチン，低温処理などを組合せて処理することによりライムギ根端では60％を越える分裂指数 (mitotic index) が得られている (Lee *et al*.

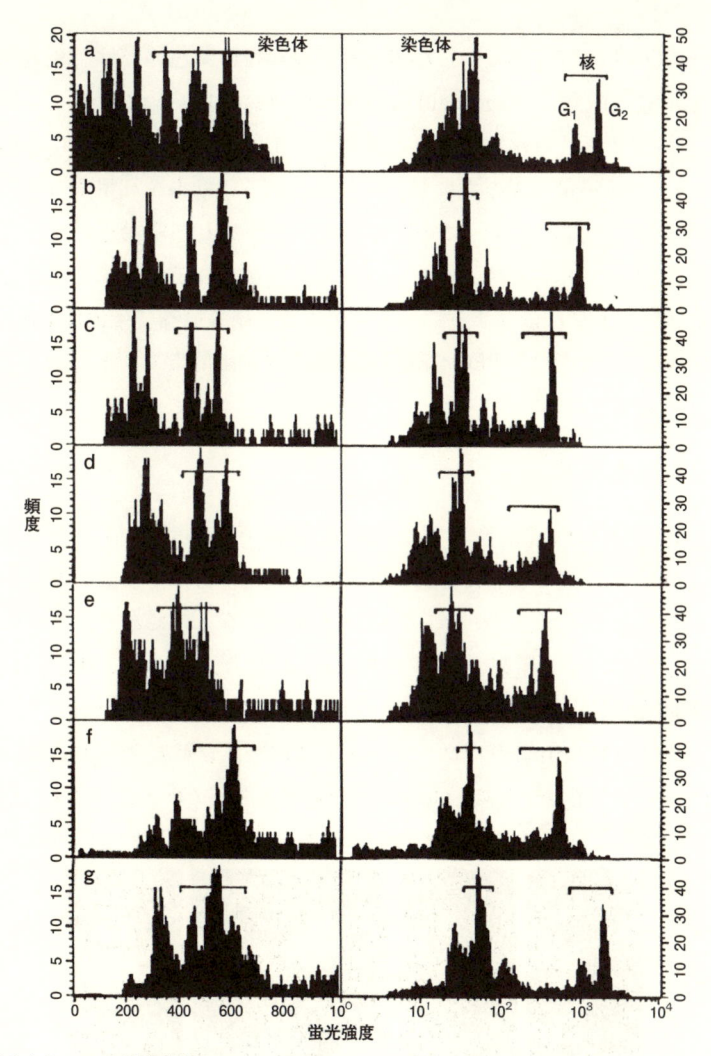

図10.14 コムギ染色体のフローサイトメトリー
X軸はPI (Propidium Iodide) の蛍光強度, Y軸は頻度. 左図はリニアスケール, 右図はLogスケール. a) Wichita (*T. aestivum*, ABD genome), b) *T. dicoccoides* (AB genome), c) *T. monococcum* (A genome donor), d) *Ae. searsii* (B genome donor), e) *Ae. tauschii* (D genome donor), f) Elbon (*S. cereale*, R genome), g) Newcale (Triticale, ABR genome). (Lee *et al.* 2004, *Chromosome Res* 12 : 93 – 102, © Springer Science and Business Media. 許可を得て一部改変)

2004).

1Mbp程度以下のDNAからなる出芽酵母などの染色体ではパルスフィールドゲル電気泳動 (pulsed field gel electrophresis, PFG) 法によって染色体DNAを分別することができる．通常のゲル電気泳動法が一方向に電場をかけ，DNAの分子量の大きさに対するゲルのふるい効果を利用するのに対して，PFGは二つないしは三つの異なる方向から交互に電場をかけ，交互に変化する電場の中でDNAが異なった方向に移動できる形態をとるまでに要する時間が分子量に依存することを利用する．高等植物の染色体DNAのように大きなDNAでは，PFGを行う前に適当な制限酵素で切ってから泳動することが必要である．

(2) 染色体移植法

染色体全体を形質転換に用いる，すなわち染色体移植（chromosome transplanting）が試みられてきた．すなわち染色体自体を多数の遺伝子を同時に形質転換するベクターとして用いようとするものである．そのためには単離した染色体を用い，プロトプラストに取り込ませる方法が用いられる．図10.15に示すのはGriesbach *et al.*(1982)がユリから単離した染色体をタバコ葉肉細胞由来のプロトプラストに取り込ませた例である．ユリ染色体はファゴサイトーシス（phagocytosis）により，プロトプラストに取り込まれると考えられている[24]．またアラビドプシスの第5染色体DNA約100

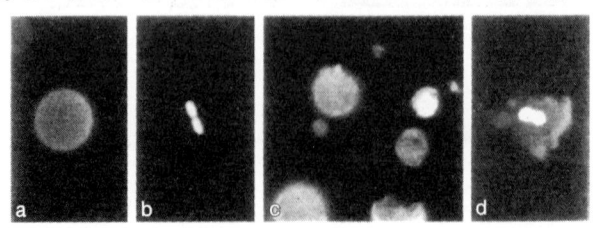

図10.15　ユリ単離染色体 (b) のタバコプロトプラスト (a) への導入 (c,d)
(Griesbach *et al.* 1982, *J Heredity* 73 : 151 - 152, © American Genetics Association. 許可を得て転載)

---

24) ファゴサイトーシス（食作用）は粒子状の物質の取り込みをさし，エンドサイトーシス（endocytosis）は液体や溶けている溶質や懸濁している高分子の細胞内への取り込みをさす．

kbを含むYACをアルギン酸カルシウムのマイクロビーズ（バイオアクティブビーズ）中に包摂し，タバコBY2細胞に移植したという報告がなされている．アラビドプシス遺伝子の転写はRT-PCR法で確認された（Liu *et al.* 2004）．移植された染色体が安定して存在しているのかどうか，複製されるかどうか，また後代に安定して伝達されるかどうかなどについては今後の問題として残されている．人為的に取り出した染色体を細胞中に移植し，何らかの遺伝子機能の発現が安定的に見られたという報告はないのが現状であるが，ヒトでは人工染色体を安定したベクターとして医療に用いようとする研究がベンチャー企業ですでにいくつか始まっている．大量の遺伝子を同時に運び込むベクターとして核内で数的に安定しており自立的に複製し，均等に分配される染色体ほど好都合なものはなく，今後の研究の進展が期待される．その際には先に述べた人工染色体，微小染色体やB染色体（3.3.6項，10.2.5項）などもベクターとして検討の対象となるであろう．

(3) 染色体の微細加工とダイレクトクローニング法

植物体に放射線を照射することにより染色体切断や転座を誘発することは広く行われてきた．現在はそれに加えてマイクロマニピュレータやレーザ，さらには原子間力顕微鏡の探針を用いて，直接的に対象となる染色体を操作することが行われている．すなわち顕微鏡下で染色体を観察しつつマイクロマニピュレータを用いて目的とする染色体（部分）を削り取ることやレーザを用いて染色体の一部を焼き切り，残った断片を特殊なフィルムを用いて回収したり（Fukui *et al.* 1995, Nakamura and Fukui 1997）あるいはレーザ光圧を用いて回収する微細加工法（micromanipulation）が開発されている（松永2006）．多くの場合，レーザは顕微鏡の対物レンズ中を通って染色体に照射されるので，染色体を観察しつつ，目的の場所にレーザを照射することができる（Kamisugi and Fukui 1996）．アルゴンイオンレーザによるオオムギ染色体の微細加工例ではレーザ光の幅を0.5 μmにまで絞り込み，オオムギ第6染色体と第5染色体のそれぞれ動原体とサテライト領域のみを残すことに成功した．図10.16にその過程を示す．まず比較的大きな出

力で周辺部の染色体，次いで第5および第6染色体のみを残して焼き切る．その上でレーザの出力を絞り，対象とした1本の染色体の上での微細な加工を行い，サテライト領域と動原体領域のみを得た（Fukui *et al.* 1992）．

顕微鏡下で微細加工された染色体あるいは染色体断片の回収のためには特殊なフィルムを敷いたプラスチックディッシュが用いられた．すなわちレーザ光を吸収し，発熱させるため炭素粒子をコーティングしたポリエステルの薄膜を敷いたプラスチック板上に染色体標本を作製する．必要な染色体の微細加工が行われた後，レーザ光の出力を上げ，染色体断片を載せた薄膜自体をレーザで円形に切り取り実体顕微鏡の下で鋭利な先端を持つピンセットでマイクロチューブの中に回収する．この後は目的に応じて設計されたプライマーを用いてディスク上の染色体断片を鋳型としてPCRを行うことにより，染色体断片から目的とするDNAを増幅できる．またメタセコイアの染色体のNORを切り出し，PCRで45S rDNAを増幅する過程で直接ビオチン標識することにより，ビオチン標識された45S rDNAをプローブとして用いたFISHが行われた．これにより染色体断片を切り出した元の染色体上の位置を再確認することができる（Nakamura and Fukui 1997）．

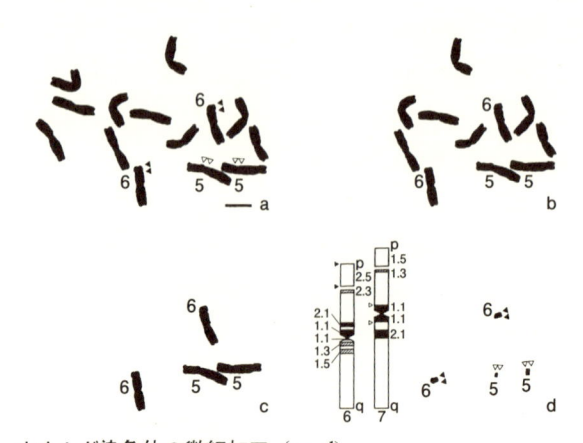

図10.16　オオムギ染色体の微細加工（a～d）
(Fukui *et al.* 1992, *Theor Appl Genet* 84 : 787 – 791, © Springer Science and Business Media. 許可を得て転載)

(4) 光ピンセット法

レーザ光を利用するその他の方法で染色体やゲノム関連の研究に有効であるのは光ピンセット法（optical pincette, laser forceps）である（Fukui et al. 1995, 福井1996）. 光ピンセット法とはレーザ光束の中に花粉, 酵母, 細胞核などを捕捉し, 自由に操作するものである. その原理は開口数の大きな対物レンズを用いて透明な物体にレーザ光を照射すると物体の中を透過するレーザ光の屈折率の違いから応力が生じて物体がレーザ光束の中に捕捉される. 光ピンセット法では透過性が良い近赤外光レーザが多用される.

実際にタバコから単離した核を光ピンセットにて捕捉しタバコプロトプラストへ接着させる例を図10.17に示す. 図の中心部にあるタバコプロトプラストの周辺にタバコ細胞から単離した核がある. この内1個の単離核を選びアルゴンイオンレーザにより捕捉して固定し, 顕微鏡のステージを固定された単離核方向に移動させることにより, 最終的にプロトプラストと単離核を接着させることができる. プロトプラスト側を事前に放射線照射をしておくならこの方法を適用することにより, 直ちにサイブリッドを得られる（9.3節）. また2つのプロトプラストに光ピンセットを用いると電気融合法やPEG法など, 他の方法では不可能な対象細胞を特定した細胞融合が可能となる.

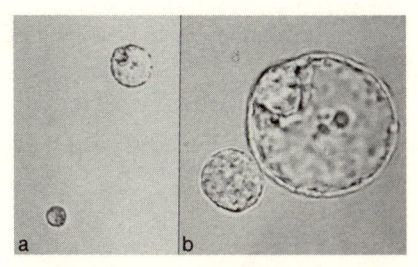

図10.17 光ピンセット法による単離核とプロトプラストの接着
（福井原図）

(5) 人工染色体の構築

人工染色体（artificial chromosome）とは染色体として機能するための必要最小限の機能領域であるセントロメア配列（centromeric sequence, CEN）, 自律的複製配列（autonomously replicating sequence, ARS）, テロメア配列（telomeric sequence）を一つのDNA配列のなかに保持するものである. 1987年, M. Olsonらは大腸菌で増えるプラスミドである

pBR322にテトラヒメナ由来のテロメア配列と出芽酵母第4染色体のセントロメア配列,さらに1個の自律的複製配列を組み込んだ.その結果,大腸菌と酵母の両方で複製され,安定的に保持されるシャトルベクター(shuttle vector)が開発された.しかもこのベクターを用いると数Mbp程度までの巨大なDNAを取り込むことが可能となり,酵母では染色体とよぶにふさわしい大きさをも兼ね備えていることから酵母人工染色体(yeast artificial chromosome, YAC)と命名された.図10.18にYACの例を示すとおり,YACは染色体と同様,直鎖状のDNA分子である.一方,環状のDNA分子で,大腸菌の中で複製される数百Kbp程度の大きさをもつプラスミドが開発され,バクテリア人工染色体(bacterial artificial chromosome, BAC)と命名された.宿主の細胞内で組換えを起こさないなど取り扱いが容易であることから現在広く用いられている.

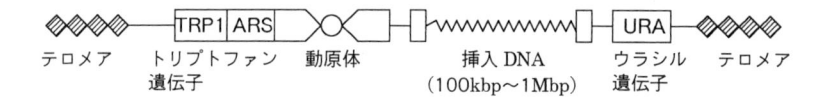

図10.18 酵母人工染色体(YAC)の例
ARSは自立的複製配列.(福井 1997,植物の遺伝と育種,米澤ら著,朝倉書店,pp. 108-162)

3. ゲノムプロジェクト

(1) 植物のゲノム解析

ゲノム解析はゲノムに含まれる全ての遺伝情報を解析の対象とするものであり,多岐にわたる研究が含まれる.塩基配列の解析に当たっては遺伝子を地図上に位置づけるマッピングがまず必要となる.植物では異なった遺伝子型を有する個体間で交配して雑種を作り,その後代集団での形質またはマーカー間の分離を見ることにより,連鎖の有無を判断することがで

きる.すなわち異なった染色体間に乗っている遺伝子の間では形質は独立に分離するが,同一染色体上の近接した位置関係にあるものは減数分裂時の乗換えにより,その染色体上の距離に応じて異なる分離比を示す.同一染色体上においても距離がある程度以上離れると見かけ上は独立して分離するようになる.したがって理想的には全ての染色体上にほぼ均等な間隔で密に分布するマーカーが必要となる.これを実現するために開発されたのが DNA の塩基配列を用いた分子マーカー(molecular marker)である.

図 10.19 に分子マーカーの例として制限酵素断片長多型(restriction fragment length polymorphism, RFLP)を用いた連鎖地図を示す.RFLP は最も早く開発された分子マーカーで,機能の有無とは関係なくゲル電気泳動法で検出できる DNA 断片長の違いを利用するものである(Herentjaris et al. 1985, Tanlesley 1985).すなわち制限酵素による切断部位の違いが DNA 上にあればそれが後代に伝わり,分離比から特定の形質間,あるいは分子マーカー間での組換え価を推定することにより染色体全長にわたる詳細な連鎖地図(linkage map)を構築することができる(Tanksley et al. 1989).まずトマトとトウモロコシ(Helentjaris et al. 1986)で,またヒト(Donis-Keller et al. 1987)で 180 種の RFLP マーカーを用いて RFLP 利用の連鎖地図が作成された.その後 1988 年にアラビドプシス(Chang et al. 1988, Nam et al. 1989),トウモロコシ(Helentjaris et al. 1988, Burr et al. 1988),およびイネで(McCouch et al. 1988, Harushima et al. 1998)で地図が作られた.現在では RFLP の他に,VNTR(variable number of tandem repeat, Jeffrey et al. 1985), RAPD(random amplified polymorphic DNA, Williams et al. 1990), SSLP(simple sequence length polymorphism, Hamada et al. 1982), SSR(simple sequence repeat, Powell et al. 1996), AFLP(amplified fragment length polymorphism, Zebeau and Vos 1993), SSCP(single strand conformational polymorphism, Orita et al. 1989)など種々の新しい分子マーカーやその検出法が開発されている.

染色体上へ目印となるマーカーが位置づけられた地図が作成されると,次にはゲノムの全塩基配列を明らかにすることがゲノム解析の大きな目標と

(220) 10章 ゲノム・染色体研究における手法

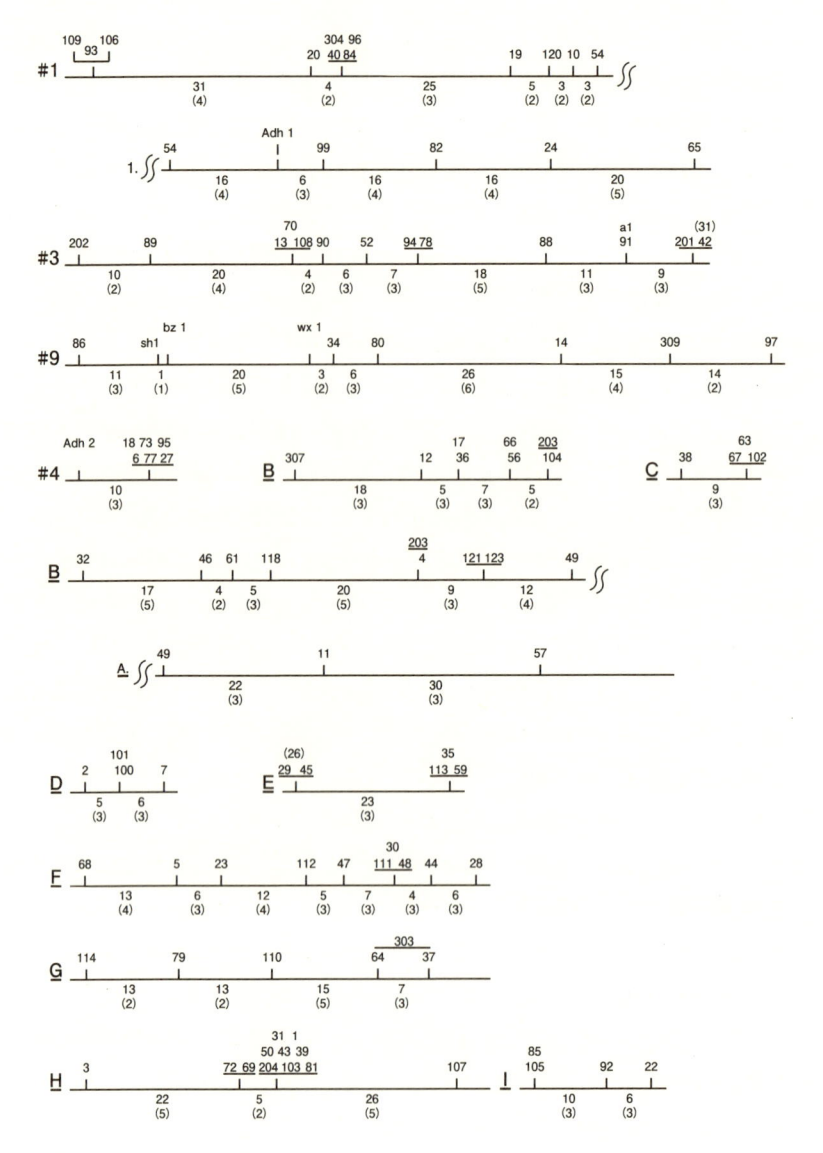

図10.19 RFLPを用いて作られた最初のトウモロコシ連鎖地図
(Helentjaris *et al.* 1986, *Theor Appl Genet* 72：761 − 769, © Springer Science and Business Media. 許可を得て転載)

なる．図10.20は半数性のイネの体細胞分裂前中期の染色体から，第4染色体を取り出し，その染色体地図（chromosome map），および分子マーカー地図を示したものである（福井 1996）．特定の塩基配列を持つ分子マーカーを指標として酵母人工染色体（YAC）に挿入されているイネ染色体DNAの断片を整列（contig）させる．次に一つのYACクローン中のイネ染色体DNAを別の制限酵素を用いてより小さな断片とし，より長さの短いDNAをクローニングするバクテリア人工染色体（BAC），さらにはコスミド（cosmid），プラスミド（plasmid）などのベクター（vector）に組換える．これらのベクターに組換られたイネ染色体DNAは末端部分の塩基配列あるいはその断片中にある分子マーカーと相同な配列を目印として整列化される．DNAシーケンサー（DNA sequencer）で読み取り可能な大きさにまで挿入

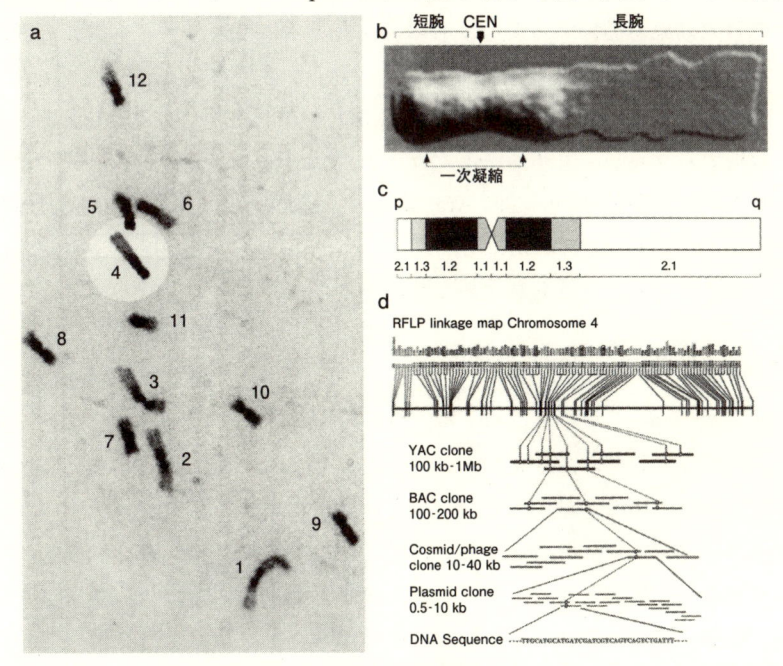

図10.20　イネ第4染色体とその塩基配列の解読
a）イネ第4染色体．b）擬似三次元化したイネ第4染色体．c）染色体地図．d）連鎖地図上の分子マーカーから塩基配列までの各段階におけるクローンの整列化．（福井および廣瀬 1996, 植物のゲノムサイエンス, 秀潤社, pp. 7 – 13）

DNA断片長が小さくなれば,そのクローンの塩基配列を読むことができる.これら配列は両末端部分では重なり合うDNA断片と相同な配列を有し,これにより染色体上のDNA配列を全て読み取ることができる.

　上述の方法は大腸菌や酵母など小型のゲノムをもつ生物で用いられた有効な方法であるが,反復配列を多く有する高等植物ではDNA断片を整列させて全ゲノムをカバーすることは困難である.そこでゲノムDNAの何倍にも相当するDNAを物理的な方法などにより任意に切断し,DNA断片の塩基配列を読み取る.その上で得られたDNA配列情報をコンピュータ中で繋ぎ合わせるという方法が開発された.この方法は全ゲノムショットガン法（whole genome shotgun method）とよばれ,DNA断片の染色体上での目印となる分子マーカーの数やコンピュータの能力さらには用いるプログラムに応じて効果を発揮する.いずれの方法をとるにせよ,ゲノム情報の解読のために数多くの研究者の多くの時間と労力が必要となる.

　基本染色体数の染色体がもつ全DNA情報すなわちゲノムの塩基配列を全て解析するプロジェクトを一般にゲノムプロジェクトと言い,植物ではアラビドプシスが2000年（The Arabidopsis Genome Initiative 2000）,日本型イネが2002年（Goff *et al*., 2002）,インド型イネが2002年（Yu *et al*., 2002）にゲノム配列が報告されている[25].

(2) ポストゲノム研究の方法

　ゲノムがコードするタンパク質,つまりプロテイン（protein）全体とゲノムの二つの言葉を合体させたプロテオーム（proteome）という用語は特定の生物,器官,組織,細胞さらには細胞小器官に含まれるタンパク質の網羅的情報を意味する.プロテオーム解析は生体内のタンパク質を網羅的に解析することを目的とする.ゲノム内の全塩基配列が次々と明らかになっている現在,電気泳動法あるいは高速液体クロマトグラフィーを用いて分離

---

[25] 日本型イネのゲノムプロジェクトに関してはより高い精度でかつDNAの断点が少ない完成度の高いゲノム解析が日本を中心とした国際コンソーシアムで進められ,3億9000万塩基対の解析が2004年12月に終了した.International Rice Genome Sequencing Project (2005) The map-based sequeuce of rice genome. *Nature* 436 : 793-800.

したタンパク質を質量分析法（mass spectrometry）により解析し，得られている塩基配列情報に基づきタンパク質を迅速に同定する方法が確立されている．図10.21にイネ全タンパク質の二次元電気泳動像を示す（Shen *et al.* 2003）．ゲル中のタンパク質のスポットを画像解析を用いて特定し，ロボットによりゲルから取り出し，ゲル中でのタンパク質分解酵素による断片化を行って，質量分析にかけ，得られた結果をゲノム解析により得られているデータと対照して，タンパク質を同定するというのが現在のところ一般的な方法である．プロテオーム解析では関係するタンパク質を網羅的に同定することができ，それらの等電点，分子量，そしてアミノ酸配列（一次構造）に関する情報，タンパク質の発現状況，翻訳後修飾などに関する情報，さらには大量発現させたタンパク質の立体構造解析などから，タンパク質と生体機能との関係を網羅的に明らかにしようとするものである．

現在は転写されている全てのmRNAの網羅したものを意味するトランスクリプトーム（transcriptome），全ての代謝産物の網羅したものを意味するメタボローム（metaborome）など新しい分野が生まれている．またガラス基板上に数千のタンパク質を固定してそのいずれかと相互作用をするタンパク質を見い出すなど基板を用いた新しい解析法すなわちチップテクノロジー（chip technology）が生まれている（Tamiya 2007）．

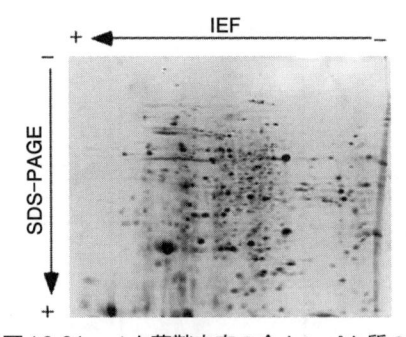

図10.21　イネ葉鞘由来の全タンパク質の二次元電気泳動像
（Shen *et al.* 2003, *Biol Pharm Bull* 26 : 129 – 136, ⓒ The Pharmaceutical Society of Japa. 許可を得て転載）

4. 細胞遺伝学における情報処理

(1) 染色体画像解析法

染色体は可視化できる遺伝情報の担体として，またゲノムの概念の実体として，形態面からの研究が続けられてきた．これは人間の五感を通して外界から取り入れる情報量の7～8割が視覚情報であることを考慮すれば当然といえる．以前は人間の視覚情報を客観化あるいは数値化することが困難であった．これは画像情報が有する情報量の多さによっていたが，コンピュータ技術の発展によりこれらの問題は基本的には解決された．

植物染色体研究における最初の画像解析システムは1985年に構築され，染色体画像解析システム（chromosome image analyzing system, CHIAS[26]）と命名された（Fukui 1986）．CHIASは各種の画像処理用のデジタルフィルターや擬似カラー化のためのルックアップテーブルなど画質改善，染色体

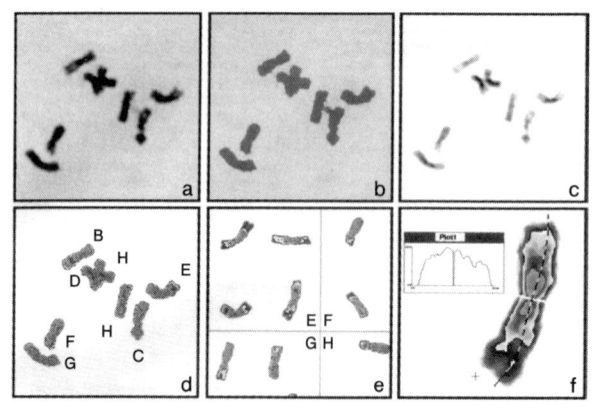

図10.22 サトウキビ染色体の画像解析の過程
a) 原画像．b) 染色体領域の抽出．c) 背景画像の消去．d) 染色体濃淡像の擬似カラー化．e) 相同染色体のグループ化．f) 染色体像の拡大および濃度分布曲線の獲得．(Kato and Fukui 1998, *Chromosome Res* 6 : 473 - 479, ⓒ Springer Science and Business Media. 許可を得て転載)

---

26) http://www2.kobe-u.ac.jp/~ohmido/index03.htm

の自動ペアリング，腕長，CPなど各種数値パラメータの計測，染色体像の自動検出などの各種の機能を有しており，これらを組合せることにより半自動的に染色体画像の入力から，数値情報を得た上でカリオグラム，イディオグラムを出力することが可能である．CHIASによりオオムギ，クレピス，イネ，サトウキビ，ナタネなどの染色体が解析され，定量的な染色体地図が作成された（福井1999）．CHIASがとりわけ有効であったのは，体細胞分裂前中期に生じる凝縮型による染色体の識別・同定法と組合された点にあった．すなわち，分裂中期染色体を多く集める為に前処理をするとS型染色体の識別・同定が困難になることから，前処理法は染色体の試料調整法から省かれ，前中期に生じる凝縮型が染色体の識別・同定に用いられた．凝縮型は濃淡情報であり，従来の方法では定量化が困難であったが，画像解析法を組合せることにより定量化が容易となった．また凝縮型に基づく定量的な染色体地図の作成を可能とするCPが定義され，多くの定量的な染色体地図が作られている．その他に染色体の画像解析法ではオオムギ分染像で行われたバンド領域をインタラクテティブに識別して定量的地図を作る方法（Fukui and Kakeda 1990），クレピスC分染像で行われたバンド領域を人間の視覚能をシミュレーションして抽出し，定量的地図を作る方法（Fukui and Kamisugi 1995）などが開発された．また位相差像や微分干渉像など種々の光学顕微鏡像をシミュレーションすることなども可能である（Fukui and Kamisugi 1991）．

　CHIASはその後，第2世代を経て現在第4世代に至っている．第4世代のCHIASではハードウェアは通常のPCで，ソフトウエアはWindowsをベースとしておりインターネットからダウンロードできる[26]．

　図10.22はCHIAS3を用いたサトウキビ野生種半数体（*Saccharum spontaneum*, $2n = 4x = 32$）の染色体の解析過程である（Kato and Fukui 1998）．解析の対象となる原画像（a）に対して染色体領域をうまくカバーする濃度値を決め，染色体領域を決定する（b）．染色体領域が確定すると背景になる領域を消去し（c），擬似カラーを用いてそれぞれの染色体の凝縮型を明示する（d）．これにより識別・同定された相同染色体をそれぞれ染色体ギャラリー

中のサブパネルにコピーアンドペーストで集め,染色体間の特徴を比較検討する(e).相同染色体が決定された段階で,染色体を拡大し,動原体部を特定の濃度で標識した後,染色分体に沿って濃度プロファイル,すなわちCPを求める.こうした一連の操作により最終的に全ての染色体についての充分な数のCPによる標準CPを求め,染色体地図を作ることができる.

(2) 文献情報に見る細胞遺伝学関連諸分野の研究動向

Macgregor (2000) は最近20年間の主として動物の染色体研究を振り返って,FISHやGISHを用いた研究が数多くなされたことを指摘した.たとえば1995年に出版されたchromosomeをタイトルかキーワードに含む32,000の論文の内14,700がこれらの少なくとも一方を含む論文であった.この事実は染色体研究における可視化技術の重要性を再認識させると同時に核酸分子の交雑を利用するこれらの方法がいかに染色体研究を進める上で重要な貢献をしたかを物語っている.同時にMacgregor (2000) はFISHをタイトルあるいはキーワードに用いた論文がいずれも1997年をピークとして減少に転じたことも示した.一方でchromatinを含む論文は着実に増加しており,研究手法や対象の変遷を如実に示している.

一方,植物染色体研究に目を転じてみると,谷口 (2003) は,PubMedの文献情報に基づき,今世紀に入って植物細胞遺伝学分野の報告数がかなり低下していることを指摘した.20世紀の染色体研究に関して最も報告の多いアラビドプシスでもヒト染色体研究の報告数の1.4%を占めるのみである.ついでその約半分の数でイネ,コムギの報告が続く.しかしながら2001年から2004年までの4年間のヒト染色体研究報告が20世紀全体の報告数の約20%を占めるのに対し,植物染色体分野では50%あるいはそれ以上の報告件数となるものがあり,染色体構造,細胞周期,さらには性染色体分野など特定の分野の研究が急速に発展してきていることがわかる.

表10.2 細胞遺伝学関連有用ウエブサイト

【ゲノムサイズ・染色体数】
既知の植物のゲノムサイズ：Plant DNA C-values Database
http：//date.kew.org./cvalues/
植物の染色体数：Index to Plant Chromosome Numbers（IPCN）
http：//mobot.mobot.org/W3T/Search/ipcn.html
【クロマチン・染色体蛋白質関連】
植物クロマチン蛋白に関するデータベース.Arabidopsisおよびmaizeが中心.：ChromDB：The Plant Chromatin Database
http：//www.chromdb.org/
核タンパクに関するデータベース：Nuclear Protein Database（NPD）
http：//npd.hgu.mrc.ac.uk/
各種ヒストンのデータベース：Histone Sequence Database
http：//research.nhgri.nih.gov/histones/

（3）インターネットによる情報検索と細胞遺伝学関連データベース

　インターネット上にも多くの細胞遺伝学関連の情報が公開されている．ちなみに2010年3月10日Yahoo USAでのcytogeneticsあるいはヤフーでの細胞遺伝学というキーワードでヒットする件数は前者が約2,560,000件であり，後者は約1,400,000件である．またGoogleでのヒット数はそれぞれ2,540,000件あるいは779,000件であった．また本書の索引にあるそれ以外のキーワードを用いての検索も簡単に行える．こうした情報は全て学問的保証があるとは言えないにしても，細胞遺伝学分野における動向を知り情報を得る上で有用である．

　2010年3月の時点で細胞遺伝学関連のウエブサイト（website）としては表10.2に示すものが有用である．またそれ以外の関連するウエブサイトについては若生（2006）に詳しく取りまとめられている[27]．

　細胞遺伝学関連の文献情報の入手方法について，PubMed, Google Scholar, Web of Science, BIOSISなどにアクセスして見ることができる．国内の文献情報の場合はJ-STAGE, Journal@rchive CiNiiへアクセスするのが良

27）若生俊行（2006）染色体ゲノムウエブサイト．福井ら編著クロモソーム：植物染色体研究の方法，養賢堂，東京，p.258-262.

い．多くの場合，大学や研究所の図書館はこうした文献データベースの会社と一括して契約を結んでいることから構成員は与えられたパスワードを用いて無料でアクセスできる．その他シュプリンガーなどの出版社あるいはNatureなどの雑誌のホームページにアクセスし，所定の手続きを経てそれらが電子出版している雑誌の情報をオンラインで見ることも可能である．

　細胞遺伝学関連データベースとしては，植物の染色体数に関するデータベースはミズーリ州立植物園が，核内DNA量に関するデータベースはキュー植物園がそれぞれ蒐集し，オンラインで提供している．染色体画像データベース，Chromosome Image Library/Eudejasは日本で構築されており（谷口 2006），今後公開が予定されている．

11章 これからの育種と細胞遺伝学

　本書は1982年に発行された初版に基づいて，福井と辻本が2009年時点の最新技術と知見をできるだけ多く取り込み著すことを試みた．執筆する際には，常に二つのキーワード「育種学」と「細胞遺伝学」を意識したつもりであるが，個々を見ると必ずしもこの枠内に当てはまらない箇所も数多くある．初版と比較すると，全体に渡って，DNAやタンパク質などの分子生物学の言葉が頻繁に登場している．しかし，これは，著者らの嗜好によるのではなく，現在の育種学は，これらの言葉なくしては語れないためであり，また，細胞遺伝学も従来の定義に収まらない学問分野に成長し，ゲノム科学（ゲノミクス）を支える確固たる基盤になっているからである．ややもすると，「育種学」や「細胞遺伝学」の範疇を超えてしまうのであるが，これは，この分野が大きく発展している証しであり，分野間の垣根が低くなっていることを意味している．しかしながら，これは「育種における細胞遺伝学」が大海の中に埋没してしまったと言うことではない．

　毎年，米国のサンディエゴにおいて植物動物ゲノム会議が開催されており，2009年で第17回目となる．全世界から千名を超える参加者がゲノム科学について話し合い最新の情報を交換する場である．会議の名称から見ると，基礎科学のイメージを強く感じるが，実際には様々な情報の中に「生物生産の向上」を対象とするという一本の太い筋が通っていることが強く感じられる．つまり，ここで言う植物とは作物を，動物とは家畜であって，これらの改良を意識したゲノム会議であり，ゲノム科学の応用を目指した会議であると言うことが窺えるのである．毎年，この会議では必ず「植物細胞遺伝学」のワークショップが開かれる．これは1997年3月に日本で開催された国際シンポジウム，Analysis and Utility of Plant Chromosome

Information(植物染色体情報の分析と利用)を契機として(福井と芦川 1998),責任のあるオーガナイザーが世界中から卓越した研究を選定し,その研究を披露する場としている.初回のワークショップは1999年にテキサスA&M大学のD. Stelly教授と福井により開催された.このワークショップにおける最近9年間のキーワードとなる言葉をみると次のようになる.

2002年 染色体テリトリー,ファイバーFISH,動原体,配偶子致死遺伝子,同祖染色体対合遺伝子
2003年 クロマチン構成,テロメアとテロメラーゼ,動原体タンパク質,染色体対合
2004年 物理地図,反復配列,トランスポゾンとレトロポゾン,誤分離
2005年 染色体凝縮,クロマチン修飾,ヘテロクロマチン,B染色体,性染色体,コンデンシン
2006年 統合地図,ゲノムプロジェクト,乗換え,ゲノム構造,相同染色体対合,染色体切断点の構造解析
2007年 染色体フローソーティング,減数分裂における相同染色体認識・組換え,染色体部位による遺伝子発現調節
2008年 減数分裂における染色体配置・組換え,動原体
2009年 染色体のエピジェネティク修飾,姉妹染色分体の接着
2010年 ライブイメージング,凝縮とメチル化,異数性

これらのキーワードは,細胞遺伝学分野に特異的な用語も多いが,全て本書に盛り込まれているので,熟読してから会議に参加すると十分に話題についていけるだろうと思っている.

1953年にワトソンとクリックによってDNAの構造が解明され,20世紀後半の生物学は大きくDNA研究にシフトした.植物においても1980年前後からクローニング技術を中心とした分子生物学が始まり,1990年ごろから多くの研究者が「モレキュラー」ということばに新しさを感じ,分子生物学の技術を導入した.学会においてもこの技術を利用した講演発表が急激に増加した.育種学においては,分子生物学の流れに先んじて,植物の細胞・組織培養が一般化し,多様な細胞・組織培養技術が確立していた.これら細胞・組織培養技術と分子生物学的技術は遺伝子導入で結びつき,現

在では，多くの組換え品種が世界に広がっている．このあまりにも急速な展開に社会的な理解・認知が確かなものにならず，その是非が議論されている．

　細胞遺伝学的手法は，これらの大きな流れが生まれる前は最先端技術として確立されていた．たとえば，遠縁交雑による新変異の創出は，育種に大きく貢献し夢を与え，先の流れを導いたのであるが，この20年間は，大河の中で目立って前面に姿を表していたとは言えない．しかし，細胞遺伝学は，この間，決して休止していたのではなく多くの知見を蓄積して来たのである．この発展の背景には，分子生物学と光学技術の発展およびコンピュータの革命的進歩がある．一例として，FISH（蛍光 in situ ハイブリダイゼーション）は，今では細胞遺伝学に欠かせない標準的技術となっているが，これを行うためには，DNAクローニング（分子生物学技術），蛍光顕微鏡による観察（光学技術）および画像の取得と解析（CCDカメラとコンピュータ技術）が三位一体となっている．FISHは染色体観察に留まらず，ゲノム中のDNAに対して行われ，ファイバーFISHとして遺伝子構造を顕微鏡下で見る技術にまで進展し，今ではさらに進んで，分子生物学的手法では時間と手間がかかる大腸菌の人工染色体（BAC）の構造解析にさえ応用されている．最近では，染色体の研究は，DNAを飛び出しタンパク質レベルで行われるようになって来た．染色体を形成するタンパク質の中でヒストンはリン酸化やアセチル化など様々な修飾が行われる．修飾されるアミノ酸は細胞周期によって動的に変化しており，これが遺伝子発現・調節に深く関わるものと考えられ，染色体に刻まれたエピジェネティックな情報として注目されている．また，細胞分裂に関わる動原体タンパク質や姉妹染色体を付着させるタンパク質など新たなタンパク質の局在や行動が間接蛍光抗体染色法で解析され，その勢いは留まるところを知らない．

　現在，生物学の動向を見ると，ゲノミクス，プロテオミクスやメタボロミクスなどという，ある一つの生物についてのDNA，タンパク質，代謝産物などを網羅的に研究する手法が広く用いられている．ゲノミクスについては，すでに膨大なゲノム情報が読み取られ，データベースとして蓄積さ

れ，その全容はなかなか把握できないのであるが，顕微鏡で染色体を見ていると，この全ての情報がこの染色体のセットの中に存在することに不思議な気持ちを覚えることがある．各々の遺伝子は，決して単独で細胞の中に浮遊しているのではなく，染色体という一まとまりの構造的単位の中に位置づけられているのである．この情報をいかに用いるか，とくに，ここでは育種に生かし，現在問題となっている食料，環境，人口問題等の解決に用いるかが今後の課題である．

　ところで，作物は元来，個別の用途があって，異なる作物は異なる研究アプローチが取られてきた．系統発生的に比較的近い植物であっても，作物として異なっていれば，それぞれ独自の学問・技術体系が構築されてきた．たとえば，イネとコムギは，全く異なる作物であるために，それら研究の接点は皆無に等しく，独自の遺伝学が進み独自の遺伝子記号が与えられてきた．しかし，DNAレベルでは，これら作物間で類縁関係を見出すことができ，遺伝子記号としても他の作物の遺伝子記号を適用することが増えてきた．このように，他の植物との交流の中で研究を進めて行くのが今の遺伝学の主流となっている．この交流は遺伝情報に限ったことではなく，研究者や研究手法の交流にも繋がっている．研究のみならず，インターネットを通じて世界中のあらゆる情報が規制なしに入手できるようになり，これまで何十年も培われてきた様々な社会の枠組みすら変化して来たようにも思われる．

　このように世の中の状況が変化している一方で，人はご飯とみそ汁，パンとコーヒーといった具合に，昔ながらの食生活を送っている．情報の交流がいくら進んでも，そこにはイネ，コムギ，ダイズ，ダイコン，コーヒーなどの個別の作物が存在し続け，決して，作物自体も大きく融合して，新奇な作物に変化して行くとは到底思えない．その意味では，今後の育種も作物個別に進んで行くと思われる．育種とは「ものづくり」である．自動車の生産と何ら変わる所はない．目標を立て，計画を練り，パーツ（遺伝子）を探して，既存のモデル（品種）と組合わせ，評価・試験をし，大量生産するラインを作り，宣伝，販売，そしてユーザーからの意見を次の目標にフ

ィードバックするのである．この過程で，現在の作物研究の成果をいかに組込むことができるか．その具体的な方策を考え出し，実行して行く必要がある．

　今後，十年後，二十年後の育種学はどのように進んで行くのであろうか．細胞遺伝学に限って見ても，受精のメカニズムや減数分裂など，最も基本的であるのに，まだ十分に理解されていないことが沢山残されている．これらを人為的にコントロールできれば，どんな植物間でも雑種ができ，試験管内で減数分裂を人為誘導して組換えを起こすことができるかもしれない．本書を読んでくださっている方々，とくに学生，院生などの若手の皆さんが，これらを可能にして，夢を現実のものとしてくれることを期待している．そのために，本書が，ほんの一助になればと願っている．

学名・品種名索引

英数字

Aegilops caudata　63,155
Ae. columnaris　122
Ae. comosa　186,187
Ae. cylindrica　63
Ae. mutica　176
Ae. speltoides　187
Ae. tauschii　63
Ae. triuncialis　155
Ae. umbellulata　48,184,185
Aegilops 属　53
Agropyron 属　154
Alchemilla　41
Antennaria　41
Apex　127
Avena sativa　137,160
Brassica napus　160,209
B. nigra　96,173
B. oleracea　173,209
B. rapa　173,181,209
Brachyscome dichromosomatica　88
Capsicum annum　50
C. chinense　50
Carleton　179
Chinese Spring　124
Chondrilla　41
Colpodium versicolor　88
Columbia　66
Compair　187
Delphinium cardinale　181,182
D. elatum　182
D. nudicaule　181
Datura　168
Delfield　189
Erigeron　41
Eupatorium　41
Galeopsis tetrahit　87
G. thurberi　175
G. pubescens　87
Ghiza　179
Glycine max　160
Gossypium arboreum　175
G. hirsutum　160
Graptopetalum pachyphyllum　88

Haplopappus gracilis　88
Haynaldia 属　154
Hibiscus glutinoextilis　179
Hibiscus manihot　179
Hieracium　41
Hordeum vulgare　153,160
Ipomoea batatus　160
Ixeris　41
Kleine Liebling　157
Marchantia polymorpha　98
Nicotiana glauca　175
N. plumbaginifolia　175
N. rustica　189
N. sylvestris　136,149,175
N. tabacum　139,160,189
N. tomentosa　136,175
N. tomentosiformis　175
N. langsdorfii　137
Oryza australiensis　182,183
O. eichingeri　69
O. officinalis　69
O. petiolatum　88
O. punctata　64
O. reticulatum　88
O. sativa　48,64,65,160,183
O. brachyantha　48
Ophiglossum reticulatum　161
O. pycnostichum　88
Petunia　168
Poa litorosa　88,161
Primula kewensis　86
Rosner　179
S-615　127
Saccharum spontaneum　96
Salmon　155
Secale cereale　160
Silene latifolia　98
Solanum lycopersicoides　210
S. phureja　154,157
S. rybinii　154
S. tuberosum　160
Som Cau　52
Sorbus　41
Triticum aestivum　63,160
T. araraticum　63
T. boeoticum　63
T. carthricum　63
T. compactum　63

T. dicoccoides　48,63,137,184
T. dicoccum　63
T. durum　63,160
T. macha　63
T. monococcum　63,123,149
T. orientale　63
T. polonicum　63
T. pyramidale　63
T. spelta　63
T. sphaerococcum　63
T. thaoudar　63
T. timopheevi　63,122
T. turgidum　63
Taraxacum　41
Thacher　136
Thinopyrum elongatum　145
Timstein　124,125,126,128
Transfer　185
Tripsacum 属　154
University Hybrids　182
Wickstroemia　41
Youngia　41
Zea mays　160
Zingeria biebersteinianna　88

あ

アオイ科　179
アカガシ　36
アグロバクテリウム　192,193,194
アズキ　38
アサ　37,98,99
アスパラガス　37,90
アビシニアガラシ　47,173
アフリカツメガエル　77,78
アブラナ科　38,44,46,86,90,180
アブラナ属　1,2,161,171,173
アマ　45
アラビドプシス　33,59,60,66,68,82,85,96,101,
アルファルファ　38,65
イカリソウ　93
イグサ科　101,102
イタリアンライグラス　191

学名・品種名索引

イチゴ　38
イチゴ属　86
イチョウ　90
イヌサフラン　38
イネ
　1,12,14,15,25,32,36,37,42,
　48,50,55,57,64,71,80,81,82,
　83,84,90,94,95,98,106,120,
　155,162,165,168,169,182,
　205,206,209,221,223
イネ科　41,70,71,90
イネ属　1,64,175
イバラ科　41
イモリ　77
祝　164
インゲン　47
インゲンマメ　50
ウシノケグサ属　46
ウニ　19
ウンシュウミカン　42
エンドウ　57,90
エンバク　1,57,90,160,174
エンレイソウ　89,90
オオマツヨイグサ　115
オオムギ
　10,13,21,22,57,59,69,73,80,
　89,90,105,106,107,160,169,
　201,203,215,216
オクラ　179,180
オシロイバナ　47
オニタビラコ属　42
オニユリ　164
オランダイチゴ　41
オレタチ　188,189
オレンジ　43,188

か

海島棉　152,158
カエル　19
カキ　39,42,164
カタバミ科　38
カボチャ　43
カブ　57,90
カモジグサ　131,185
カヤツリグサ科　101
カラシナ　90,173
カラタチ　188
キイチゴ属　46
キク　38
キク科　41,44,88,90
キク属　86,161,171
畿内15号　123

キヌガサソウ　123
木下モチ　52
キャッサバ　40
キャベツ　43,46,47,90,96,
　173,181,189
キュウケイオオムギ　153
キュウリ　42,98
金仙　52
キンポウゲ科　181
キンレンカ　103
ギニアグラス　40
ギンリョウソウ　36
クサビコムギ　172
クレピス　19,42,90,106,107,
　225
クロガラシ　90,96,173
クロヒメシライトソウ　101
クロマツ　57
クロユリ　59,116
クロレラ　85
クワ　164
ケシ科(ケシ)　44
ケチョウセンアサガオ　154
コーヒー　167
酵母　57,67,218
コシヒカリ　94
コヒロハハナヤスリ　88
コムギ　2,6,53,54,63,116,
　118,127,129,130,131,142,
　143,145,146,155,160,213
コムギ属　39,62,160,171,
　172
ゴマノハグサ科　103

さ

サイシン　181
栽培ギク　90
サクラソウ　44,45
サクラソウ属　38
サツマイモ　41,46,90,160
サトウキビ　87,107,224,225
さぬきの夢2000　157
サフラン　164
サンショウウオ　10
シアノバクテリア　12
シダ植物　42,88,89,161
シャクヤク　80,92
出芽酵母　10
ショウジョウバエ　28,29,57,
　60,84
シライトソウ　101
シロイヌナズナ　57,90

飼料ナタネ　181
シロバナチョウセンアサガオ
　42
シャロット　132
ジャガイモ　57,90,154,157,
　158,160,188
ジャマイカ　50
ジュズダマ属　154
信州大そば　168
ジンチョウゲ科　41
スイカ　37,43,120,163,166,
　167
スイセン　164
スイバ　90,99
スジギボウシ　123
ストック　150
スミレ　37
セイヨウナタネ　57,90,96,
　153,160,173
ゼニゴケ　90,98,99
ソバ　38,45,168
ソラマメ　2,80,82,90
ソルガム　38,57,72,90,154,
　158,160

た

タイサイ　47
タカサゴユリ　198
タデ科(ソバ)　44
タバコ　19,45,49,52,53,57,
　90,136,139,155,160,214,
　217
タマネギ　10,38,50,69,85,90
タルホコムギ　90,172,174
ダイコン　43,47,48,163,169
ダイズ　19,38,57,65,80,86,
　90,153,160
大腸菌　57,218
チカラシバ　41
チシマオドリコソウ属　87
中国142号　157
チューリップ　90
チョウセンアサガオ　36,42,
　47
ツクバネソウ　89
ツツジ属　42
テオシント　153
テトラヒメナ　85,218
テンサイ　50,166
テッポウユリ　57,90
トールフェスク　191
トウガラシ　51,65

トウチャ　164
トウモロコシ　2,19,26,36,37,50,51,57,72,84,90,98,141,149,152,153,154,155,160,208,219,220
トノサマガエル　19
トマト　42,57,90,141,187,188,206,210,211,219
トレニア　26,89
トロロアオイ　179,180

な

ナガバオシロイバナ　47
ナシ　39,43,45
ナス　38,42
ナス科　44,45,90
ナタネ　46,52,73,80,163,206,225
ナツカゼ　40
ナツユタカ　40
ニシホナミ　157
日本晴　65
ニラ　42
ニンニク　90
ニンジン　19,50,188
ヌカボシソウ属　102
ヌマムラサキツユクサ　93
ネギ　90,132
ネギ属　161,171
ネジバナ　97
メランドリウム　98
農林33号　123
農林42号　123
ノリアサ　175,179,180

は

ハクサイ　43,65,96,169,181,188,189
ハクラン　175,180,181
ハゴロモソウ　42
白殻早仔　52
はなっこりー　181
ハナニラ　93
ハナヤスリ属　88
ハプロパップス　90

ハマニンニク　131,132,133
バイオハクラン　189
バナナ　42,86,164
バラ科　44
バレイショ　41
パールミレット　41
パイナップル　42
パパイア　42,65
パンコムギ　2,3,24,32,48,53,55,57,69,90,117,118,124,133,134,135,138,141,142,144,153,154,157,158,172,174,176,184,186,187
ヒエンソウ　181
ヒガンバナ　164
ヒト　4,19,57,60,68,77,78,84,85,107,215,219,226
ヒトツブコムギ　90,115,160,172
ヒナゲシ　103
緋の衣　164
ヒマワリ　169
平核無　164
平塚1号　181
ヒルガオ科　44,46
ヒロハノマンテマ　90,98,99
ビート　38
ビタミントマト　168
ピーナッツ　90,167
藤染衣　92
フタツブコムギ　160,174
フタマタタンポポ属　87
フヨウ属　179
ブドウ　43,65
ブラキコーム　89,99
ブロッコリー　173
ベンケイソウ科　88
ペカン　36
ペチュニア　42
ペラルゴニウム　156
ホウセンカ　38
ホウチャクソウ　164
ホウレンソウ　37,60,82
ホテイアオイ　38,45
ポプラ　65
ポマト　188,189

ま

マカロニコムギ　90,160,179
マツヨイグサ属　42
マメ　103
マメ科　44,60,90
ミカン　40
ミソハギ　45
美濃四倍体ダイコン　168
ミヤコグサ　65,90
みやざきおおつぶ　168
ムラサキオモト　60
ムラサキツユクサ　164,200
メロン　188
木材腐朽菌　187
モクレン　38
モノホープ　166
モヤシマメ　47

や

野生オオムギ　148
ヤマノイモ　41
ユリ　24,32,48,214
ユリ科　90,101
ヨウシュチョウセンアサガオ　1,141,149,152

ら

ライコムギ　6,155,175,178,179
ライムギ　3,6,44,69,86,90,99,100,129,130,131,150,168,175,176,178,179,185,207,208,212
ラン科　97
リンゴ　39,43,45,164
レイメイ　55
レタス　188

わ

ワタ　38,42,46,48,54,57,90,152,160

用語索引

英数字

1ヒット型変異　118
2n　86
2光子顕微鏡　202
2ヒット型変異　118
A染色体　99
ABCモデル　16
AFLP　219
AFM　200
ARS　217
ATP　10
BAC　218
BFBサイクル　123
B染色体　99
Breakage-Fusion-Bridge サイクル　123
Cdk　19
CP　209
C値　57
C分染法　3,86,207
cDNAライブラリー　192
CEN　217
CentO　83
CHIAS　224
CMS　191
condensation pattern　94
cytogenetics　227
DNAコーミング法　206
DNAシーケンサー　221
DNAシャペロン　75
EDF-FISH　206
EMC　35
ER　12
EST　104
FISH　204
FUSC　82
G_0期　18
G_1期　18
G_2期　18
G分染法　208
GFP　198
GISH　210
HMG　74
in situ ハイブリダイゼーション法　204
L型染色体　80
M　92

MADS-box　16
M期　18
n　86
N分染　207
NOR　84
Ph遺伝子　32,174,185
PCR　192
PI　57
pin型　45
QTL　128
RAPD　219
rDNA　69,70,175,209
RFLP　219
SNOAM　201
SPM　200
SSCP　219
SSLP　219
SSR　219
STM　200
T　92
T-DNA　192
TEM　198
rf遺伝子　51
RNA分解酵素　45
SAR　77
SCE　117
SEM　199
S型染色体　80
S期　18
S細胞質　51
S複対立遺伝子　46
TCA回路　10
thrum型　45
Tiプラスミド　192
x　60,86
X染色体　99
VNTR　219
W染色体　99
Y染色体　99
YAC　218
Z染色体　99

あ

アセチル化　79
アッベの式　195
アンカーマーカー　71
アンフィプラスティ　175

い

異型花　38
異型花柱　44
異型花柱性　38
異型二価染色体　151
異質染色質　96
異質倍数性　171
異質倍数性進化　172
異質倍数体　86,160,171
異種染色体　52
異種染色体置換　124
異種染色体置換系統　130
異種染色体添加系統　124,130
維持系統　51
異数性　87,135
異数体　87,135
異数体分析　141
位相差検鏡法　196
一回親　124
一価染色体　27
一価染色体シフト　144
一次狭窄　83
一次凝縮　81
一次根　15
一次対合　26
一次トリソミック植物　139
一倍体　152
イディオグラム　90
遺伝学的地図　27
遺伝子銃　194
遺伝子量　47
遺伝地図　104
移動期　24,30
イントロン　67

う

受入親　191

え

永続雑種性　115
栄養核　34
栄養生殖　41
栄養繁殖　41,164

用語索引

エキソン　67
液胞　13
エピジェネシス　79
エレクトロポレーション　194

お

大型染色体　23
オプティカルマッピング　206
温度感応性遺伝子雄性不稔　55

か

塊茎　41
開口数　195
塊根　41
介在欠失　109
介在部　84
開始点　18
解対合　27,121
解糖系　10
核型　89
核型分析　1,89
核型分析法　23
核形態　97
核孔　8
核小体　10
核小体（仁）形成部位　84
核小体形成部位　175
核小体形成部位ドミナンス　176
核内（多）倍数性　60,102
核内DNA含量　57
核内有糸分裂　102
核板　23
核膜　7
隔膜形成体　23
核膜崩壊　22
花糸　33
可視化　195,205
過剰染色体　138
花托　33
花柱　33
可稔　114
花粉　34
花粉管　36
花粉管核　34
花粉四分子　32
花粉致死遺伝子　53
花粉培養　42

花粉分裂　34
花粉母細胞　33
花弁　33
カリオガミィ　189
カリオグラム　90
間期　18,21
環境感応性遺伝子雄性不稔　55
干渉　28
環状染色体　117
間接蛍光抗体法　197
がく片　33

き

キアズマ　28,30
キアズマ干渉　28
ギガス性　162
器官　13
キセニア　39
基本核型　89
基本染色体数　60,86
球根　164
挟動原体逆位　110
狭窄　83
共焦点顕微鏡　202
供与親　124,191
極核　35
局在型動原体　101
巨大性　162
均等的　92
均等分裂　31
近隣部　84
偽果　39
逆位　30,110
逆位重複　110
逆位ループ　111
凝縮型　22,81,93,208
凝縮中心　22,81
凝縮部　73
銀染色法　207

く

クエン酸回路　10
屈折角　196
屈折率　196
クロマチン凝縮　22
クロマチン繊維　22
クロモセンター　73
クロモソームテリトリ　58
クロロフィル　11

け

蛍光 in situ ハイブリダイゼーション　198,204
蛍光検鏡法　197
蛍光顕微鏡　197
蛍光色素　197
蛍光タンパク質　198
蛍光標識　205
形質転換体　192
形質転換法　192
欠失　30,109
顕微測光法　57
顕微鏡技術　195
ゲノム　60
ゲノミックサザン法　210
ゲノム解析　65
ゲノム記号　63
ゲノムサイズ　67
ゲノム分析　61,210
ゲノムプロジェクト　4,65,218
原核生物　7
原形質連絡　24
原子間力　200
原子間力顕微鏡　200
減数分裂　17,24

こ

コールドスポット　28
コアセルベート　17
高異数体　135
後還元　26
光学切片　203
後期　21,23
光合成　7
交互型配置　113
交互型分離　115
交雑不稔性　43,46
交雑不和合性　44
交叉　26
広親和性品種　50
構成的異質染色質　73
酵素解離空気乾燥法　94
構造異常　109
勾配的　92
酵母人工染色体　218
小型染色体　22
古細菌　7
コスミド　221
古倍数体　68
コリニアリティ　66

用語索引(239)

コルヒチン　23,174,212
混数性　60,87
混数体　87
コンデンシン　77
後減数　26
後生胚のう核　35
誤分裂　116
ゴルジ(複合)体　13

さ

サイクリン　19
サイクリン依存性キナーゼ　19
細糸期　24
サイブリッド　217
再分化個体　188
細胞　7
組織　13
細胞遺伝学　1,227
細胞核　56
細胞学　1,7
細胞学的地図　104
細胞工学　4
細胞骨格　7
細胞質　10
細胞質雑種　188
細胞質分裂　21
細胞質雄性不稔系統　51,191
細胞質雄性不稔性　50
細胞周期　17,18
細胞説　7
細胞内共生説　11
細胞板　24
細胞分類学　89
細胞分裂　17
細胞壁　7
細胞融合　48,188
酢酸ウラニル　199
挿し木　41,164
サテライト　84,92
三形花型　45
三糸型　28
三次狭窄　84
三次元構造観察法　201
三次トリソミック植物　139
三重式　170
三染色体　146
三相的　92
三倍体　86
雑種強勢　51
雑種形成不能　47
雑種弱勢　50

雑種第一代不稔性　48
雑種不稔遺伝子　47
雑種不稔性　43,49
雑種崩壊　48,52

し

自然受粉　38
雌ずい　33
雌ずい先熟　38
質量分析法　223
シナプシス　26
シナプトネマ構造　26
四分子　32
四分染色体　30
四分胞子　32
子房　33
子房下位　33
子房上位　33
子房中位　33
子房培養　177
姉妹染色分体　23
姉妹染色分体交換　117
シャトルベクター　218
雌雄異株　37
雌雄異熟　37
雌雄異熟性　38
雌雄同株　37
雌雄同熟　37
雌雄離熟性　38
終期　21,23
珠芽　164
小凝縮　208
小胞体　12
真果　39
真核生物　7
真正クロマチン　98
真正細菌　7
伸長DNA FISH　206
心皮　12
シンプレクス　147
ジェノミック in situ ハイブリッド　65
自家蛍光　197
自家受精植物　38
自家受粉　37
自家不和合性　37,43,44
ジグザグモデル　75
自己　44
次端部動原体型　92
次中部動原体型　92
ジベレリン処理　43
重複　109

重複受精　36
珠心　40
珠心性胚　40
受精　36
受粉　36
受容親　124
上位性　176
条件的アポミクト　39
娘細胞　22
常染色体　98
助細胞　35
自律的複製配列　217
人工授粉　37
人工染色体　215,217

す

水媒花　37
数的異常　109
ステレオグラム　14
すりかえ現象　138

せ

正逆交雑　38,47
制御点　18
制限酵素　192
制限酵素断片長多型　104,219
制限サイト　206
静止期　21
生殖核　34
性染色体　2,99
整列　221
赤道板　23
赤道面　23
接眼レンズ　196
接合子　39
接合糸期　24
切断-融合-染色体橋サイクル　53
節板　14
染色糸　26
染色小粒　27,30,98
染色体移植　212,214
染色体異常　30
染色体環　112
染色体画像解析システム　224
染色体型　118
染色体橋　111
染色体組　60
染色体工学　2

用語索引

染色体構造タンパク質　78
染色体軸　77
染色体周縁タンパク質　78
染色体数　86
染色体切断　122
染色体繊維タンパク質　78
染色体ソーティング　211
染色体置換　124
染色体地図　104,221
染色体添加　131
染色体特異的 DNA ライブラリ　212
染色体塗り分け　210
染色体被覆タンパク質　78
染色体モザイク　121
染色体4層モデル　78
染色体腕　82
染色中心　96
染色分体　22
染色分体型　118
染色分体干渉　28
真正染色質　73
セントロメア配列　217
絶対的アポミクト　39
前還元　26
前期　21
前期前微小管バンド　23
全ゲノムショットガン法　222
前減数　26
全数性単為生殖　40
前中期　21,22
全動原体染色体　102
全能性　187

そ

相互転座　87,112
走査型近接場光原子間力顕微鏡　201
走査型電子顕微鏡　198
走査型トンネル顕微鏡　200
走査型プローブ顕微鏡　200
双子葉類　31
相対長　82
相同組換え　28
相同染色体置換　124
ソレノイドモデル　75
造形像　112
増幅断片長多型　104

た

ターミネータ　192
ターミネーター遺伝子　53
ターミネーターテクノロジー　53
体細胞組換え　189
体細胞交雑　189
体細胞雑種　188
体細胞分裂　17,21
太糸期　24
代謝期　21
対称融合　188
対物レンズ　195
他家受精植物　38
他家受粉　37
多糸染色体　103
多重染色体　103
タネなしスイカ　120,167
多胚　40,43
多様性　43
単為結果　43
単為結実　42
単一染色体組換え系統　128
単式　170
探針　200
単純転座　87,112
単性花　37
単相　152
単相的　92
単子葉類　31
端部　84
端部欠失　109
端部動原体型　92
端部動原体染色体　116
短腕　83
第一雄核　34
第一収縮期　30
第一分裂　24
第一分裂後期　24,31
第一分裂終期　24,31
第一分裂前期　24
第一分裂中期　24,31
第二収縮期　30
第三収縮期　31
ダイソミック異種添加系統　131
ダイソミック植物　125,139
ダイテロセントリック植物　150
第二雄核　34
第二分裂　24
第二分裂後期　24,31
第二分裂終期　24
第二分裂前期　24,31
第二分裂中期　24,31
唾液腺染色体　103
脱凝縮　23
断片倍数性　102
断片分数性　102

ち

チェックポイント　21
置換ライコムギ　179
チップテクノロジー　223
中間期　21
中期　21,23
中高圧電子顕微鏡　199
柱頭　33
虫媒花　37
中部動原体型　92
超遺伝子　112
超高圧電子顕微鏡　199
超薄切片　199
長腕　84
直接分裂　17
直列重複　109

つ

対合　30
接ぎ木　41
角　85

て

低異数体　135
定量的染色体地図　82
ディゴキシゲニン　205
デコンボリューション　202
テトラソミック植物　133,135
デュープレックス　147
テロトリソミック植物　139
テロメア　54,85
テロメア配列　217
テロメラーゼ　85
転位　112
転座　112
電気融合法　189
電子顕微鏡　198
電子伝達鎖　11

用語索引（ 241 ）

と

トウモロコシ法　154
透過型電子顕微鏡　198
等腕染色体　116,139
突然変異説　115
トビイロウンカ　182
トポイソメラーゼⅡα　77
トランスクリプトーム　223
トリソミック遺伝　146,147
トリソミック植物　2
トリソミック植物　135
トリソミック分析　141
トリプレックス　147
同型花　37
動原体　23,83
動原体近傍　22
動原体近傍領域　107
動原体半球　10
同質異質倍数体　171
同質三倍体　166
同質倍数体　86,160
同質四倍体　167
同種染色体置換　124
同種染色体置換系統　133
同伸葉・同伸分げつ理論　15
同祖遺伝子　171
同祖群　134
同祖染色体　134,171
同祖染色体対合　174
童貞生殖　42

な

ナリソミック植物　133
ナリソミック分析　141
ナリテトラソミック植物　134
ナリテトラ補償　134
ナリプレックス　147

に

二価染色体　27
二形花型　45
二糸型　28
二次根　15
二次狭窄　84
二次トリソミック植物　139
二重乗換え　28
二次ライコムギ　179
二相的　92
ニック　29
日長感応性遺伝子雄性不稔　55
日長感応性細胞質雄性不稔　55
二倍体　86
二倍体化　161,186
二倍体化遺伝子　174
二量体　74

ぬ

ヌクレオソーム　73

ね

稔性回復遺伝子　51
稔性回復系統　51

の

濃度分布プロファイル　209
乗換え　26
乗換え点　29

は

胚　36
胚柄　103
胚救助　177
配偶子　24,25,33
配偶子致死遺伝子　50,118
配偶子致死効果　53
配偶子致死染色体　53
配偶体アポミクシス　41
配偶体型不和合性　45
胚珠　35
胚珠培養　177
胚乳　36
胚のう　35
胚のう核　35
胚のう母細胞　35
胚培養法　48,177
胚盤細胞　103
ハイブリッド品種　55
胚様体　40
ハクラン　181
運び手　191
橋渡し植物　184
波長　195
発芽孔　34
ハプテン　205
半数性単為生殖　42

半数体　42,152
半数体育種法　157
反足細胞　35,103
反復親　124,182
反復配列　205
バーバーポール　77
バイオアクティブビーズ法　194
バイオタイプ　182
倍加半数体　157
倍加半数体系統　157
倍数性　86,160
倍数性進化　160
倍数体　160
バクテリア人工染色体　218
パーティクルガン法　194
パキテン期　30
パキテン地図　30,98
パキテン分析　98
パルスフィールドゲル電気泳動　214

ひ

比較ゲノム学　72
比較ゲノム地図　66,71
光ピンセット法　217
非還元　26
非還元配偶子　156,173
非凝縮部　73
非減数配偶子　87
非コードRNA　67
非自己　44
脆弱部位　84
ヒストン　73
ヒストンアセチル化酵素　79
ヒストンコード　78
ヒストンコア　74
ヒストン脱アセチル化酵素　79
ヒストンテール　79
ヒストン八量体　74
ヒストンバリアント　84
非対称細胞融合法　192
非対称融合　188
非ヒストンタンパク質　74
標識遺伝子　149
標識モノソミック植物　127,146
標準CP　209
品種間染色体置換　124

ビーズオンストリング構造 75
ビオチン 205
微細加工法 215
微小管 17
微小管形成阻害剤 23
微小染色体 100
微分干渉検鏡法 197
ピンマップ 119

ふ

ファゴサイトーシス 214
ファイバーFISH法 206
風媒花 37
フォイルゲン染色法 57
不均等的 92
複式 147,170
複糸期 24
複相 152
複相胞子生殖 40
複二倍体 2,86,171
複半数体 152
付随体 84,92
不対合 27,121
不対合突然変異体 164
復旧核 173
不定胚 40
不等交叉 29
不稳性 44,46
負の超らせん 74
不分離 135
普遍的組換え 29
フローサイトメトリ 57
フローソーター (flow-sorter) 211
不和合性 44
ブーケ期 58
ブーケ構造 26,58
物理地図 105
部分異質倍数体 171
部分他家受精植物 38
部分不対合 144
部分不稳 114
分解能 195
分散型動原体 101
分子交雑 205
分子細胞学 3
分子マーカー 104,219
分析種 61
分染法 23,207
分裂期 18
分裂期促進因子 19

分裂指数 212
分裂面 32
プライマー 192
プラスミド 192,221
プローブDNA 192
プロテオーム 222
プロテオーム解析 4,78
プロトプラスト 49,187
プロモーター 54,192

へ

閉花受粉 38
併発 28
併発指数 28
ヘテロカリオン 189
ヘテロクロマチン 98
ヘテロプラズモン 189
ヘミ接合 142
偏動原体逆位 110
ベクター 221

ほ

胞原細胞 33
胞子型減数分裂 24
胞子体型不和合性 44,45
放射状コイルモデル 77
放射状ループモデル 77
放射線処理法 48
ホットスポット 27
葡匐枝 41
ホメオティック遺伝子 16
ホモカリオン 189
Holliday構造 29
翻訳後修飾 78
紡錘極体 58
紡錘体 22
母細胞 21

ま

マイクロコリニアリティ 72
マイクロサテライト 104
マクリントックサイクル 123
末端化現象 31
末端小粒 84
末端半球 10,59
マルチパータイト構造 11

み

未熟胚 177
ミゼット染色体 100
ミトコンドリア 10
ミニサテライト 104
ミニ染色体 100

む

ムカゴ 41
無作為染色体分離 170
無性生殖 39
無接合生殖 40
無動原体断片 122
無配生殖 42
無胞子生殖 40

め

明視野検鏡法 195
メタキセニア 39
メタボローム 223
メチル化 79

も

モノアイソソミック植物 138
モノソーム 146
モノソミック異種染色体添加系統 52
モノソミック異種添加系統 131,182
モノソミック植物 130,133,138
モノトリソミック植物 133
モノソミック植物 135
モノソミックシリーズ 136,158
モノソミック置換系統 130,145
モノソミック分析 141
モノテロソミック植物 138

や

八重咲 33
葯 33
葯培養 42,154

ゆ

雄原核　34
融合遺伝子　198
有糸分裂　17
有糸分裂促進因子　19
雄ずい　33
雄ずい先熟　38
有性生殖　39
雄性不稔系統　51
誘導組織　35

よ

ヨードアセトアミド　192
ヨウ化プロピジウム　57
葉鞘　15
葉身　15
要素　15
要素芽　15
要素根　15
要素節　15
要素葉　15
葉緑体　7,11
葉齢　15

四価染色体　168
四糸型　28
四重式　170
四倍体　86
四量体　74

ら

ラーブル構造　10,58
ライコムギ　178
卵　35
卵細胞　25

り

リガーゼ　192
リプレッサー遺伝子　54
リボソームRNA遺伝子　175
リボソーム　191
領域　7
両性花　37
量的遺伝子座　128
緑色蛍光タンパク質　198
リンカーDNA　74

リンカーヒストン　74
臨界点乾燥法　200
鱗茎　41
リン酸化　79
隣接型配置　113

れ

零式　170
連鎖地図　104
連続戻し交配　177,182

ろ

ローリングサークル増幅法　207
六倍性ライコムギ　179
ロバートソン型転座　88

わ

腕　83
腕比　82

JCOPY <（社）出版者著作権管理機構　委託出版物>		
2010	2010年7月6日　第1版発行	

改訂版
育種における細胞遺伝学

著者との申し合せにより検印省略

ⓒ著作権所有

定価3570円
（本体3400円
　税　5%）

著作代表者	福　井　希　一	
発 行 者	株式会社　養 賢 堂 代 表 者　及 川　清	
印 刷 者	株式会社　三 秀 舎 責 任 者　山岸真純	

〒113-0033　東京都文京区本郷5丁目30番15号

発 行 所　株式会社 養賢堂
TEL 東京(03) 3814-0911　振替00120
FAX 東京(03) 3812-2615　7-25700
URL http://www.yokendo.co.jp/

ISBN978-4-8425-0469-8　C3061

PRINTED IN JAPAN　　　　　製本所　株式会社三水舎

本書の無断複写は著作権法上での例外を除き禁じられています。
複写される場合は、そのつど事前に、(社) 出版者著作権管理機構
（電話 03-3513-6969、FAX 03-3513-6979、e-mail:info@jcopy.or.jp)
の許諾を得てください。